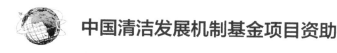
中国清洁发展机制基金项目资助

CCUS Cases Analysis and Industrial Development Suggestions

碳捕集、利用与封存 案例分析及产业发展建议

王高峰　秦积舜　孙伟善　等　编著

U0231451

化学工业出版社
·北京·

内 容 提 要

本书围绕碳捕集、利用与封存产业技术可持续发展，全面介绍了国内外 CCUS 产业技术发展状态；系统总结了国内驱油类 CCUS 矿场实践经验和关键技术；创建了气驱生产关键指标预测实用油藏工程方法；详尽调查评价了鄂尔多斯盆地 CCUS 源汇资源潜力；重点开展了基于煤化工碳源的百万吨级 CCUS-EOR 项目概念设计和经济可行性分析，提出了促进鄂尔多斯盆地 CCUS 产业发展的具体政策建议，探讨了大型 CCUS 项目风险管控办法；系统提出了促进 CCUS 产业发展的政策法规建议。

本书可供从事碳捕集、利用与封存技术综合研究和应对气候变化的宏观政策研究人员参考使用。

图书在版编目（CIP）数据

碳捕集、利用与封存案例分析及产业发展建议/王高峰
等编著. —北京：化学工业出版社，2020.8
ISBN 978-7-122-37039-6

Ⅰ.①碳… Ⅱ.①王… Ⅲ.①二氧化碳-收集-研究
Ⅳ.①X701.7

中国版本图书馆 CIP 数据核字（2020）第 084035 号

责任编辑：赵卫娟　　　　　　　　　　装帧设计：王晓宇
责任校对：王鹏飞

出版发行：化学工业出版社（北京市东城区青年湖南街 13 号　邮政编码 100011）
印　　装：北京虎彩文化传播有限公司
787mm×1092mm　1/16　印张 17¼　字数 370 千字　2020 年 10 月北京第 1 版第 1 次印刷

购书咨询：010-64518888　　　　　　　售后服务：010-64518899
网　　址：http://www.cip.com.cn
凡购买本书，如有缺损质量问题，本社销售中心负责调换。

定　　价：128.00 元　　　　　　　　　　　　　　版权所有　违者必究

本书编写组

主要编写人员：

王高峰　秦积舜　孙伟善　李永亮　翁　慧

参与编写人员（按姓氏拼音排序）：

丁建平　高　建　郝明强　黄春霞　姜从斌

江绍静　雷友忠　李花花　李　剑　李　实

李兆国　马晓红　谭俊领　王晓龙　吴　兵

余光明　张德平　赵淑霞　郑雄杰

序

　　应对气候变化、控制碳排放的途径包括节约能源、清洁能源开发利用、经济结构转型和碳封存等。碳捕集、封存与利用紧密结合（简称 CCUS）是碳捕集与封存（简称 CCS）的新发展。驱油类 CCUS（CCUS-EOR）即二氧化碳强化采油与地质封存是可实现大规模深度碳减排的 CCUS 技术。

　　2014 年以来，中国石油和化学工业联合会、中国石油天然气集团公司等单位对陕西、甘肃、宁夏和内蒙古地区二氧化碳捕集和驱油重大现场试验与规模化应用项目，开展了一系列前期工作。2014 年 9 月，中国石油和化学工业联合会，通过国家发改委向中国清洁发展机制基金（CDM 基金）申请了"陕甘宁蒙地区二氧化碳捕集、驱油与埋存重大现场试验方案编制与百万吨级示范项目预可行性研究"项目并获批准。该项目由国家发改委应对气候变化司（现生态环境部应对气候变化司）提出，财政部 CDM 基金立项支持。项目周期为 2016年 6 月至 2019 年 12 月，总体研究目标是对陕西、甘肃、宁夏、内蒙古地区百万吨级二氧化碳捕集、驱油与埋存示范项目进行预可行性研究，项目主要研究成果为《陕甘宁蒙地区百万吨级二氧化碳捕集、驱油与埋存示范项目预可行性研究报告》。为此，中国石油和化学工业联合会牵头成立了项目领导小组、咨询专家组和工作团队，确定项目研究报告编写提纲，正式启动了项目研究工作，并高质量、如期完成了该项任务。

　　研究团队用三年多时间，不仅完成了项目规划的诸多目标任务，而且取得了多项创新，诸如：扩展丰富了碳捕集利用与封存内涵；系统总结了影响二氧化碳驱油技术推广应用的七大因素；创建了基于气驱油藏工程方法的二氧化碳驱开发油藏方案设计技术；明确了鄂尔多斯盆地 CCUS 技术经济潜力；提出了基于百万吨级 CCUS-EOR 工程项目可行性分析、"央-地-企"联合促进 CCUS 产业发展的具体建议，明确提出"将二氧化碳输送管道视为应对气候变化基础设施"以推动 CCUS 产业可持续发展的重要观点。此外，中国石油长庆油田开展的鄂尔多斯盆地首个 0.3mD 油藏 CCUS 先导试验项目取得明显效果，见效井增产 50% 以上，为预可行性研究提供了重要支持，贡献和丰富了从理论到实践的宝贵经验和成果。考虑到项目研究成果对 CCUS-EOR 产业发展具有一定参考价值，研究团队以此为基础，并结合陕西、甘肃、宁夏、内蒙古地区二氧化碳捕集和驱油的一系列工作和进展，总结编著了《碳捕集、利用与封存案例分析及产业发展建议》。

　　CCUS-EOR 重大工程项目对应对气候变化，促进我国能源经济转型发展具有深远的战略意义。作为百万吨级 CCUS-EOR 重大工程项目的倡议者、参与者之一，深知其面临的挑战和困难。看到本书结集成卷，有一种发自内心的喜悦。它呈现给我们的不仅是国内 CCUS-EOR 实践的最新成果，还有石油工作者持之以恒、勇于实践、勇于创新的进取与召唤。

　　祝贺《碳捕集、利用与封存案例分析及产业发展建议》出版。这是一部建立在实践基础上的、富有综合性和创新性的 CCUS 专著，值得所有关心碳减排和 CCUS-EOR 发展的人士阅读参考。

2020 年夏于北京

前 言

　　碳捕集、利用与封存（CCUS）是符合中国国情的控制温室气体排放，以应对气候变化的重要途径。《中美元首气候变化联合声明》中 CCUS 示范工程选址在陕西省榆林—延安沿线，位于鄂尔多斯盆地。　我国在百万吨级 CCUS 工程实施和项目运作管理方面缺乏历练和经验。　立足国内实践，吸收国际先进经验，进行鄂尔多斯盆地驱油型 CCUS 资源普查，开展大型项目可行性分析，提出 CCUS 产业发展对策、建议等基础性、前瞻性研究工作，对于推动CCUS 的可持续发展具有重要意义。

　　本书第一章阐述了 CCUS 的概念起源、全球进展和发展趋势，参与编写的有秦积舜、王高峰、孙伟善、李永亮、翁慧等。　第二章总结了国内二氧化碳驱油矿场实践经验和技术，为百万吨级 CCUS 项目可行性研究提供借鉴，参与编写的有王高峰、秦积舜、赵淑霞、黄春霞、雷友忠、张德平、余光明、郝明强等。　第三章提出了气驱生产关键指标预测油藏工程方法，为 CCUS 潜力评价和百万吨级项目生产指标确定提供理论依据，参与编写的有王高峰、秦积舜、郑雄杰等。　第四章对鄂尔多斯盆地 CCUS 资源潜力进行了详细调查与评价，为二氧化碳输送管道选址提供依据，参与编写的有王高峰、秦积舜、姜从斌、吴兵、丁建平、翁慧、李花花、江绍静、李剑、王晓龙等。　第五章从油藏工程、注采工程、地面工程和经济评价等方面对百万吨级 CCUS 项目进行可行性分析，提出了促进鄂尔多斯盆地 CCUS 产业发展的具体政策建议，参与编写的有王高峰、秦积舜、李兆国、马晓红、张德平、杨思玉、谭俊领、李实、韩海水、高建等。　第六章主要从 CCUS 技术可持续发展方面，探讨了大型项目风险管控与 CCUS 产业发展政策法规建议，参与编写的有王高峰、秦积舜、李永亮等。　全书由王高峰、秦积舜、孙伟善、李永亮、翁慧统稿、审定完成。

　　本书出版受中国清洁发展机制基金项目"陕甘宁蒙地区二氧化碳捕集、驱油与埋存重大现场试验方案编制与百万吨级示范项目预可行性研究"（项目编号：2014068）资助，并得到了中国石油和化学工业联合会李润生副会长的鼓励，以及中国石油和化学工业联合会产业发展部的大力支持。　在项目研究和本书编写过程中，得到了沈平平、袁士义、赵文智、杨华、李海平、宋新民、廖广志、张连春、郑明科、高瑞民、林千果等专家的指导。　谨在本书出版之际，向以上专家表示衷心感谢！

　　CCUS 涉及学科专业深广，综合性强，加之作者学识有限，本书中难免有疏漏之处，敬请读者朋友们批评指正。

编著者
2020 年夏

第一章

CCUS全球发展概述

目录

第二章

中国驱油类CCUS技术实践

第三章

低渗透油藏气驱生产指标确定方法

目录

第五章

百万吨级CCUS项目可行性

目录

第六章

CCUS风险管控与产业发展对策建议

目录

第一章

CCUS全球发展概述

近百年来，人类大量使用化石能源，排放的二氧化碳（CO_2）等气体在大气中的浓度持续增加。诺贝尔奖得主瑞典科学家斯凡特·阿伦尼斯（Svante Arrhenius）于 1896 年预言大量排放 CO_2 将导致地球变暖，影响全球气候与环境，威胁人类生存与发展。减排温室气体应对气候变化逐渐成为国际共识和国际重大热点议题。世界各国采取了多种政策工具和管理手段减少碳排放，中国坚定不移地做全球气候治理进程的维护者和推动者。

碳封存是深度碳减排的重要途径。封存方式包括植被吸收、深部盐水层或矿藏地质埋存、深海溶解、材料合成或矿化等。不同方式封存潜力、实施难度和效益差别较大。2006 年 4～5 月，在北京香山会议第 276 次、第 279 次学术讨论会上，与会专家建议：近期 CO_2 减排必须与利用紧密结合，主要途径是 CO_2 强化采油等资源化利用。专家建议得到高度重视这被视为碳捕集、利用与封存（carbon capture, utilization and storage，CCUS）的概念的由来，CCUS 成为 CCS 的中国应用和发展。

本章主要介绍了国际社会应对气候变化的动态与特点、国内外 CCUS 发展状态与趋势，阐述了我国开展百万吨级 CCUS 工程示范的重要意义。

第一节　应对气候变化国际动态与特点

联合国政府间气候变化专门委员会（IPCC）自 1988 年成立以来，先后发表了 5 次评估报告[1]，向全球宣示地球气候变化的研究结论以及应对气候变化的策略与建议，以大量科学信息与研究数据基本确认了人为活动引起气候变化的科学结论。气候变化影响日益凸显，已成为当前全球面临的最严峻挑战之一。2015 年 12 月 12 日巴黎气候变化大会上通过的《巴黎协定》倡导签约各方将以"自主贡献"的方式参与全球应对气候变化行动，意味着全球 150 多个国家达成了削减温室气体排放、实现气温上升不超过 2℃的共识。发达国家将继续带头减排，并加强对发展中国家的资金、技术和能力建设支持，帮助后者减缓和适应气候变化。从 2023 年开始，每 5 年将对全球行动总体进展进行一次盘点，以帮助各国提高力度、加强国际合作，实现全球应对气候变化长期目标。《巴黎协定》为全球应对气候变化活动注入了新的活力。

一、全球应对气候变化活动的特点

1988 年 9 月，气候变化问题首次成为联合国大会的议题，马耳他提议气候应成为"人类共同的遗产"。1988 年 12 月，联合国大会通过了一项决议，强调气候变化是人类"共同关注的问题"，并最终促成了 IPCC 的成立。IPCC 的成立标志着气候变化问题正式登上国际政治舞台，进入了"政治化"进程，成为一个国际政治话题[2,3]。

1. 发展权之争

全球气候治理中的政治博弈反映了各国的发展权之争。众所周知，一国的经济发展水平与能源、资源的利用有着密切的关系，甚至决定了国家的兴衰。减少因使用化石能源而产生的温室气体的排放意味着一国对其能源结构和能源体系的改造及重组，这无疑会触及多数国家的发展根本和发展战略。同时，由于 CO_2 排放与经济增长之间的正相关关系，以牺牲经济增长为代价来减少 CO_2 排放，其承受力对任何国家来说都是有限的，尤其是对于广大发展中国家而言，其经济基础薄弱、人口众多，减排所带来并承受的压力会更大。因此，采取何种方式和途径实行应对气候变化策略才能达到减缓气候变化与适应气候变化之间的平衡、社会经济发展与减少排放量之间的平衡、经济增长与环境保护之间的平衡等，都是 CO_2 减排战略需要考虑和重视的问题。

2. 公平性之争

在应对气候变化的议题中，维护气候治理的公平性主要体现在发达国家与发展中国家之间对排放权的争议。就应对气候变化、维护全球环境的责任而言，全球各个国家都应承担保护气候的共同责任，但"共同"并不意味着"平等"和"均摊"。从历史轴线看，气候变化导致的环境问题主要是由于发达国家在其工业化和现代化发展过程中，持续开发利用石化燃料而不断排放温室气体造成的，因而，发达国家不应该回避"历史"责任。从现实角度看，无论是发达国家高楼林立的时尚生活方式，还是发展中国家温饱小康的脱贫发展方式，都离不开以石化燃料为能源基础的生产关系，并且这种依赖关系仍将持续相当长的一段时间。地球环境将继续承受压力。从人均排放量来看，发达国家的人均排放量远远高于发展中国家。根据 2012 年国际能源机构的统计，发达国家以占世界 25% 的人口排放了全世界 75% 的温室气体。如果不对发达国家和发展中国家的发展历史与发展现状加以区别，不全面考虑发展中国家正在面临的现实生存与发展需求，而要求发展中国家与发达国家付出同等代价、采取相同的措施，为工业革命以来数百年积累的环境危机买单，显然是有失公允的。

3. 主导权之争

在全球气候治理中充斥着国际气候话语权的争夺。全球气候治理中的国际话语权争夺主要体现在话题选择权、事务主导权、市场定价权与利益分配权、国际环境和能源制度安排规则等方面。作为工业革命的发源地，欧盟是世界上最早实现工业化的区域，主观上对环境问题认知比较深刻，较早地提出了环保理念。欧盟基于经济技术实力、能源结构特点、整体减排潜力等方面的优势，已在国际气候话语权的争夺中拔得了头筹。当前全球气候治理领域的一些耳熟能详的概念、术语和机制词语，例如："1990 基准年""2℃警戒线""2020 峰值年/转折年""低碳经济""碳交易机制"与"全球碳市场"等，都是出自欧盟。出于对欧盟话语权和主导权的挑战，美国拒绝在 1997 年《京都议定书》上签字，宣布退出已签署的《巴黎协定》，并强调将通过谈判，协商重新加入《巴黎协定》的条件。表明了美国不惜一切争取应对气候变化活动话语权和主导权的强硬势头。可以看出，掌控国际气候话语权不仅仅是向世界各国宣示"环境保护使者"的形象，更重要的是争取对全球重大事务的主导权，以实现主导国的国家利益最大化。

4. 发展模式之争

国际社会对气候变化问题的政治博弈还体现了未来发展模式之争。随着能源安全和气候变化对各国经济社会可持续发展的影响日益加重，已有的人类发展模式遇到了新的挑战。世界各国正在发展理念、发展模式、消费结构、生产方式、技术开发和推广等各方面做出全新的调整。从短期看，结合气候治理，发展绿色经济有望拉动就业、提振经济、启动区域性甚至全球的经济结构调整、理顺资源环境与经济发展的关系。从长期看，持续气候治理，推进绿色经济将更有利于全球各国的经济可持续增长，避免全球生态危机，实现人类历史上真正意义的可持续发展。因此，全球气候变化治理下的讨价还价实际上也是各国对未来绿色发展模式的竞争。谁占据了绿色经济发展的优先位置，谁就意味着在未来的国际竞争中处于优势地位。

二、国际应对气候变化活动的动力

2016 年 4 月 22 日，全球 170 多个国家领导人齐聚纽约联合国总部，共同签署气候变化问题《巴黎协定》，承诺将全球气温升高幅度控制在 2℃ 的范围之内。在《巴黎协定》开放签署首日，共有 170 多个国家签署了这一协定，创下国际协定开放首日签署国家数量最多纪录。国际社会强有力的支持不仅证明了需要对气候变化采取行动的紧迫性，而且显示出国际社会在应对气候变化方面的基本特点。表明 CO_2 减排是世界各国在许多国际重要事务上，最能达成共识的重大行动。

1. 延续性

人类社会如何应对全球气候变化的挑战，如何适应未来可能出现的气候变化以及如何有效地利用这种变化保证人类社会的可持续发展，是 21 世纪人类社会必须面对并持续应对的问题。《巴黎协定》是继 1992 年《联合国气候变化框架公约》、1997 年《京都议定书》之后，人类历史上应对气候变化的第三个里程碑式的国际法律文本，是世界各国为保卫地球家园而共同做出的有益探索，有望推进并形成 2020 年后的全球气候治理格局，彰显了世界各国应对气候变化活动延续性的深刻理解。

2. 公平性

《联合国气候变化框架公约》和《京都议定书》签署之后，经过国际社会近 20 年的努力实践，世界各国不同程度的参与并体验了应对气候变化活动的历程，认知了自身发展在应对气候变化活动中责权利的维度与空间，厘清了自身在应对气候变化活动中的希冀与需求。在这样的基础上，经过冗长的谈判、协商，再谈判和再协商，《巴黎协定》的主要内容获得了所有缔约方的一致认可，基本体现了联合国框架下各方的诉求。《巴黎协定》是一个相对平衡的协定。该协定体现共同但有区别的责任原则，同时根据各自的国情和能力自主行动，采取非侵入、非对抗模式的评价机制，是一份让所有缔约国达成共识且都能参与的协定，有助于国际间（双边、多边机制）的合作和全球应对气候变化意识的培养。欧美等发达国家继续率先减排并开展绝对量化减排，为发展中国家提供资金支持。中国、印度等发展中国家应该根据自身情况提高减排目标，逐步实现绝对减排或者限排目标。最不发达国家和小岛屿发展中国家可编制和通报反映它们特殊情况的关于温室气体排放发展的战略、计划和行动。这些原则性共识的达成，表现出了全球应对气候变化活动的公平性。

3. 长期性

全球的顶级科学家们，用各类丰富的数据和规律信息，不断完善气候变化的专项评估报告，精心描绘出全球及世界各国在未来数十年以及数百年的气候变化情景，为减缓这些变化而编制全球 CCS/CCUS 技术路线图和行动计划。以此为基础，世界各国政要们齐聚巴黎，推进与落实《联合国气候变化框架公约》（简称"气候公约"）和《京都议定书》相关条款、展示相关各国应对气候变化活动的种种努力及这些活动为人类社会带来的希望之光，讨论现阶段与未来在应对气候变化活动中的问题和挑战，制定下一步的对策。基于此，《巴黎协定》制定了"只进不退"的棘齿锁定（rachet）机制。明确各国提出的行动目标应建立在不断进步的基础上，建立从 2023 年开始每 5 年对各国行动的效果进行定期评估的约束机制。《巴黎协定》在 2018 年建立一个对话机制（the facilitative dialogue），盘点减排进展与长期目标的差距。这种放眼未来的活动机制和对话机制，体现出全球各国应对气候变化活动长期性的共识。

4. 可行性

《巴黎协定》的各缔约国在分析各自发展特点、研判自身在应对气候变化活动中责权利的维度与空间、厘定自身在应对气候变化活动中的希冀与需求的基础上，提出建立针对国家自定贡献（INDC）、资金、可持续性（市场机制）等完整、透明的运作机制以促进《巴黎协定》的执行。所有国家（包括欧美、中印）都将遵循"衡量、报告和核实"的同一体系，但会根据发展中国家的能力提供灵活性。这样就从运行机制方面保证了全球应对气候变化活动的可行性。

《巴黎协定》是 2015 年由 195 个国家达成的标志性协定，旨在遏制全球温室气体排放，为 2020 年后全球合作应对气候变化明确方向。在国际各方共同努力下，《巴黎协定》于 2016 年 11 月 4 日正式生效，成为历史上批约生效最快的国际条约之一。《巴黎协定》签署生效，显示出世界各国在应对气候变化活动中全面参与、共享担当、合作共赢的基本特点。显示出应对气候变化（减排 CO_2）是世界各国在诸多国际重要事务上，最能达成共识的重大行动。

三、国际应对气候变化活动的不均衡性

采取实际行动减少温室气体排放、不断提升对气候变化的应对能力、实现《巴黎协定》的目标主要取决于各国政府及社会各界全面执行《巴黎协定》的力度。由于全球各国的政治制度、人文特点、地缘环境、经济模式与发展阶段等均存在不同程度的差异，使得全球应对气候变化活动表现出明显的不均衡性。

1. 政治因素

从应对气候变化的概念提出，到《联合国气候变化框架公约》《京都议定书》以及《巴黎协定》的达成与签署，政治因素一直起主导作用。从巴黎气候大会的成果来看，中国、美国和欧盟已呈现出更为积极合作的态势。由于气候问题背后隐藏着深刻的国际政治背景，国际博弈不可能因一次国际峰会的成功举办而销声匿迹。事实上，全球气候治理事关各国现实的政治利益、经济利益和未来的发展空间，因此各国或利益集团的多

重竞争与博弈在所难免。那些掌握着相关资源、技术、资金的国家（包括跨国公司），总是希望按照最有利于自己发展的方式主导全球应对气候变化的活动，希望通过主导这些活动为自己的政府和国民获得最大的利益。至少当应对气候变化活动还没有成为慈善活动之前，这样做是无可厚非的。值得注意的现象是，这种主导权之争正在加大应对气候变化活动的不均衡性，进而导致世界各国在应对气候变化活动中形成的共识被破坏，其为人类社会带来的希望之光被遮挡。2017 年 6 月 1 日，美国宣布将退出《巴黎协定》。他们认为《巴黎协定》是"华盛顿签署的对美国不利而有益他国的协议中最新的证明"，是以美国工人和美国纳税人失业、降低收入、关闭工厂以及大幅减少经济产出为代价。而且强调，美国将通过谈判，协商重新加入《巴黎协定》的条件。作为综合实力排名世界第一的美国，其总统以为国家和国民争取利益的名义，坦诚表白美国将争取应对气候变化活动主导权的做法无疑是政治因素影响应对气候变化活动的直接例证。

2. 经济因素

二三十年的实践表明，应对气候变化活动呈现狭义与广义（或近期与中长期）特征。狭义的应对气候变化活动就是基于目前的资源、技术与经济条件，以经济可持续为基本衡量尺度的能够实施的应对气候变化活动。广义的应对气候变化活动就是基于未来 30 年、50 年，甚至更长时间的全球气候变化预测数据，通过产业结构调整、技术进步等，以保障并改善人类生存环境为基本衡量尺度的应该实施的应对气候变化活动。无论是狭义还是广义的应对气候变化活动，巨量的资金投入是不可避免的，全面考量各参与国的经济发展状态和经济能力是客观公允的。现实的情况是我们仍处在狭义应对气候变化活动阶段，且经济因素导致的应对气候变化活动不均衡性逐渐凸显。这里所说的经济因素主要涉及三个方面：

第一，从世界各国经济与民生现状分析，多数发展中国家面临着发展经济和保障民生的巨大压力，在经济可持续发展与发展过程中环境保护之间的难题尚未找到有效的解决途径。

第二，从世界各国参与应对气候变化活动的资金投入分析，国民经济总量与相关资金投入比例是不平衡的，政策性、示范性投入多，效益性、产业性投入少，客观原因是应对气候变化活动的投入与产出仍处于非良性的状态。

第三，实施应对气候变化活动将导致能源产业，以及大量相关产业的收支状况显著变化。以燃煤电厂为例，实施 CO_2 捕集与封存的代价是增加 1/3 的成本。目前为止，可操作的平衡此增量成本的办法尚在探索中。

3. 技术因素

许多有远见的国际公司、咨询机构乃至学者从应对气候变化的概念提出伊始，就"嗅"到了推进和做大这一概念的商机。他们或是出资赞助，或是直接介入应对气候变化的行动，先期占据了应对气候变化相关技术发展的制高点。经过二三十年的努力，我们已经看到了面向全球的推进应对气候变化活动并使之产业化的情景模式和技术发展路线图。在诸多版本的 CCS/CCUS 技术路线图中，要应用和推广实施的技术与装备，无一例外都是来自技术与资金充足的国际公司和咨询机构。按照有关技术路线图的设想，要大规模实施减排的目标地区也无一例外地在缺少技术和资金的发展中国家部署规划，同时这些国家和地区还必须提供祖先留下的发展资源进行配合。当这些国家的政府还在为解决国民温饱而努力的时候，落实《巴黎协定》基本条款的动力和约束力是弱小的。显然，不加以区分的有偿输出应对气候变化技术，将进一步加大国际社会经济发展的不均衡性。

4. 历史因素

从人类社会文明进步的足迹分析，18 世纪中叶的工业革命推动了大规模开发、使用或利用能源和各种资源，进而打破了人类生存环境的平衡性。客观的评价，工业化的发展对人类社会文明的进步既有积极作用也有消极影响。积极作用是人类正在不同程度的享受着各种便捷和时尚生活；而消极影响则是伴随工业化而产生的日益严重的大气、海洋和陆地水体等环境污染，大量土地被占用，水土流失和沙漠化加剧等，对社会、自然、生态造成巨大破坏，甚至危及人类自身生存，迫使各国对工业化的发展进行某种限制和改造。进入近代以来，发达国家通过产业转移和资本运作的方式，有计划地将资源密集、能耗密集、劳动力密集等加工型产业转移到发展中国家，实现了自身的产业转型与改造。这种产业转型与改造是以发展中国家出售自己的资源、消耗自身的能源、提供廉价劳动力和牺牲本国的环境为代价的。同时也应该看到，一些发展中国家结合自身发展特点，成功利用这种产业转型与改造的过程，在特定的时间和空间里找到了自身生存与发展的途径；而另一些（甚至数量较多的）发展中国家，由于种种原因，则不能有效的利用这种过程。从理性的角度分析，在应对气候变化活动中，发达国家和发展中国家没有根本性的矛盾，但存在协调发展的问题，存在相互理解的问题。若不能理性的求同存异，而是简单的就事论事，只能加大应对气候变化活动的不均衡性，而无益于问题的解决。

综上所述，应对气候变化，全球气候治理事关各国现实的经济利益和未来的发展空间，因此世界各国多重竞争与博弈在所难免。

第二节　中国应对气候变化行动与趋势

20 世纪 80 年代初，中国政府明确了以经济建设为中心，改革开放，全面建设社会主义小康社会的国策。在改革开放的 30 多年里，中国以年均近 10% 的增长速度，在经济建设方面取得了举世瞩目的成绩。进入 21 世纪以来，中国经济开始向创新驱动发展转型，朝着 2020 年全面建成小康社会的目标奋进。中国正以更加和谐、更加和平的方式，给世界带来一种全新的发展模式。客观地分析，中国经济建设还没有到位，中国经济建设的路上将面临产业结构完善与创新转型、可持续发展与环境治理的统一与协调等一系列的难题。

一、中国开展的应对气候变化工作

中国是温室气体排放大国，作为负责任的发展中国家，对气候变化问题给予了高度重视，成立了国家气候变化对策协调机构，组织制定了《中国 21 世纪议程——中国 21 世纪人口、环境与发展白皮书》，并根据国家可持续发展战略的要求，采取了一系列与应对气候变化相关的政策和措施，为减缓和适应气候变化做出了积极的贡献，制定并实施《中国应对气候变化国家方案》。

1. 调整经济结构，推进技术进步，提高能源利用效率

从 20 世纪 80 年代后期开始，中国政府更加注重经济增长方式的转变和经济结构的调整，将降低资源和能源消耗、推进清洁生产、防治工业污染作为中国产业政策的重要组成部分。

2. 发展低碳能源和可再生能源，改善能源结构

通过国家政策引导和资金投入，加强了水能、核能、石油、天然气和煤层气的开发和利用，支持在农村、边远地区和条件适宜地区开发利用生物质能、太阳能、地热、风能等新型可再生能源，使优质清洁能源比重不断提高。

3. 大力开展植树造林，加强生态建设和保护

自 20 世纪 80 年代以来，随着中国重点林业生态工程的实施，植树造林取得了巨大成绩，截至 2018 年，中国人工造林保存面积达到 0.693 亿公顷。

4. 加强了应对气候变化相关法律、法规和政策措施的制定

针对国际国内应对气候变化动态，中国政府提出了树立科学发展观和构建和谐社会的重大战略思想，加快建设资源节约型、环境友好型社会，进一步强化了一系列与应对气候变化相关的政策措施，进一步为增强中国应对气候变化的能力提供了政策和法律保障。

5. 进一步完善了相关体制和机构建设

中国政府成立了共由 17 个部门组成的国家气候变化对策协调机构，在研究、制定和协调有关气候变化的政策等领域开展了多方面的工作，为中央政府各部门和地方政府应对气候变化问题提供了指导。

6. 高度重视气候变化研究及能力建设

中国政府重视并不断提高气候变化相关科研支撑能力，通过组织实施国家重大科技项目、国家重点基础研究发展计划项目、国家攀登计划项目、知识创新工程重大项目等，为国家制定应对全球气候变化政策和参加《联合国气候变化框架公约》谈判提供了科学依据。

7. 加大气候变化教育与宣传力度

中国政府一直重视环境与气候变化领域的教育、宣传与公众意识的提高。积极发展各级各类教育，提高全民可持续发展意识；强化人力资源开发，提高公众参与可持续发展的科学文化素质。开展了多种形式的有关气候变化的知识讲座和报告会，举办了多期中央及省级决策者气候变化培训班，召开了"气候变化与生态环境"等大型研讨会，开

通了全方位提供气候变化信息的中英文双语政府网站"中国气候变化信息网",并取得了较好的效果。

二、中国应对气候变化面临的挑战

现有研究表明,气候变化已经对中国产生了一定的影响,例如:沿海海平面上升、西北冰川面积减少、春季物候期提前等。而且未来将继续对中国自然生态系统和经济社会系统产生影响。与此同时,中国还是一个人口众多、经济发展水平较低、能源结构以煤为主、应对气候变化能力相对较弱的发展中国家,随着城镇化、工业化进程的不断加快以及居民用能水平的不断提高,中国在应对气候变化方面面临严峻的挑战。

1. 对中国现有发展模式提出了重大的挑战

中国人口基数大,产业技术水平低,人均资源短缺是制约中国经济发展的长期因素。从 20 世纪 80 年代初开始,中国走上了以改革开放政策为强大助力的经济建设快车道。经过近 40 年的努力,中国经济建设取得了举世瞩目的发展和进步,不仅解决了 14 亿人的温饱,也对 21 世纪以来的世界经济复苏与发展做出了重要贡献。在审视中国经济发展成绩单的时候,应该清醒地看到,与欧美等发达国家相比,中国经济建设还在路上,还没有完全摆脱过度依赖资源消耗的发展模式。未来随着中国经济的发展,能源消费和 CO_2 排放必然还要持续高位,减缓温室气体排放将使中国面临开创新型的、可持续发展模式的挑战。

2. 对中国以煤为主的能源结构提出了巨大的挑战

中国是世界上少数几个以煤为主要能源的国家。表 1-1 是中国政府在 1980 年以来近 40 年改善能源结构的成果[4-6]。

表 1-1　1980 年与 2018 年中国能源结构表

能源类型		石油	天然气	煤	水电＋核能＋可再生	总量
生产结构 /%	1980 年	23.80	3.00	69.40	3.80	100
	2018 年	7.20	5.70	68.30	18.80	100
消费结构 /%	1980 年	21.10	3.10	71.80	4.00	100
	2018 年	18.90	7.80	59.00	14.30	100

在保持经济高速发展的同时,成功地将能源结构中煤炭占比由 1980 年的 71.8％降为 2018 年的 59％。由于调整能源结构在一定程度上受到资源结构的制约,提高能源利用效率又面临着技术和资金上的障碍,以煤为主的能源资源和消费结构在未来相当长的一段时间将不会发生根本性的改变,使得中国在降低单位能源的 CO_2 排放强度方面比其他国家面临更大的挑战。

3. 对中国产业结构和技术自主创新提出了严峻的挑战

联合国工业发展组织《2016 年工业发展报告》显示[7],在制造业推动经济增长的方式上,发展中国家和发达国家呈现出巨大的差异(图 1-1)。发展中国家抓住发达国家"去工业化"的机遇,利用自身的资源优势,通过引进技术与资金,对传统制造业的升级改造,实现了第一产业、第二产业生产能力的快速发展,生产能力增长的贡献主要来自资本投资、自然资源和能源;而发达国家,利用"去工业化"剥离了大量的"不良"资产,运用信息技术、互联网优势提升高端制造业的竞争力,其竞争力来自使用劳动力节约型技术和资源节约型技术,显著减少了自然资源和能源要素投入。

发展中国家和发达国家在制造业方面的巨大的差异还表现在制造业的低技术、中等技术和高技术产业的比重不同。按照全球产业增加值数据对制造业的低技术、中等技术和高技术产业的三个类别评估(图1-2~图1-4),在生产力、资本、劳动力、自然资源

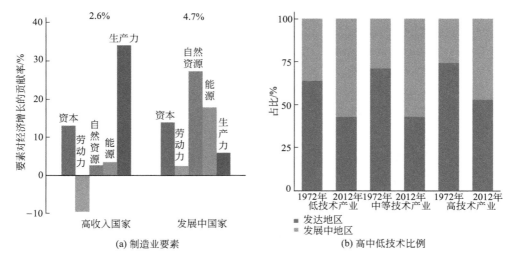

图 1-1 发展中国家与发达国家制造业要素对经济增长贡献率对比图[7]

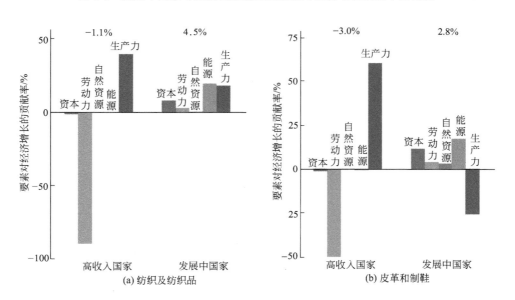

图 1-2 典型低技术产业要素对经济增长的贡献率对比图[7]

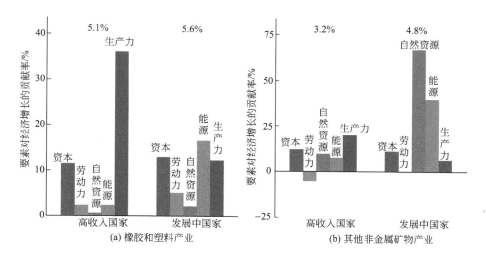

图 1-3　典型中等技术产业要素对经济增长的贡献率对比图[7]

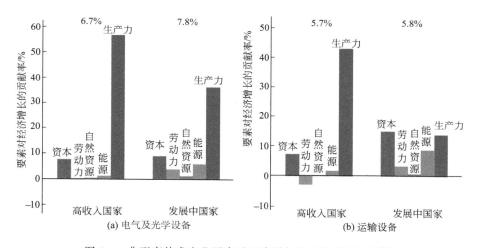

图 1-4　典型高技术产业要素对经济增长的贡献率对比图[7]

和能源五个要素中，发展中国家除生产力要素显著低于发达国家外，其他要素明显高于发达国家。由于发展中国家"继承"了发达国家的"不良"资产，在产业竞争中，处于相对较低的位置，产业结构转型的工作才刚刚开始，路途还很遥远。

应对气候变化的挑战，最终要依靠科技。中国目前正在进行的大规模能源、交通、建筑等基础设施建设，如果不能及时获得先进的、有益于减缓温室气体排放的技术，则这些设施的高排放特征就会在未来几十年内存在，这对中国应对气候变化，减少温室气体排放提出了严峻挑战。

4. 气候变化引起的其他挑战

中国的水资源开发和保护、森林资源保护和发展以及人口稠密经济活动最为活跃的沿海地区的可持续发展都面临着应对气候变化的长期挑战。

三、中国应对气候变化的原则与目标

中国经济社会发展正处在重要战略机遇期。中国将落实节约资源和保护环境的基本国策，发展循环经济，保护生态环境，加快建设资源节约型、环境友好型社会，积极履行《联合国气候变化框架公约》相应的国际义务，努力控制温室气体排放，增强适应气候变化的能力，促进经济发展与人口、资源、环境相协调[8]。

1. 指导思想

全面贯彻落实科学发展观，推动构建社会主义和谐社会，坚持节约资源和保护环境的基本国策，以控制温室气体排放、增强可持续发展能力为目标，以保障经济发展为核心，以节约能源、优化能源结构、加强生态保护和建设为重点，以科学技术进步为支撑，不断提高应对气候变化的能力，为保护全球气候做出新的贡献。

2. 原则

根据规划，中国应对气候变化要坚持以下原则：

① 在可持续发展框架下应对气候变化的原则；
② 遵循《气候公约》规定的"共同但有区别的责任"原则；
③ 减缓与适应并重的原则；
④ 将应对气候变化的政策与其他相关政策有机结合的原则；
⑤ 依靠科技进步和科技创新的原则；
⑥ 积极参与、广泛合作的原则。

科技部原部长万钢在第八届清洁能源部长级会议边会活动之"碳捕集、利用与封存技术（CCUS）部长论坛"上建议，为加速 CCUS 的发展，须充分考虑以下三个原则：一是凝聚发展 CCUS 的政治意愿，与各自国情和发展目标紧密结合；二是给予 CCUS 和其它清洁能源技术同等待遇，促进其技术研发与示范；三是注重知识产权保护、技术成果和研发经验的交流。

3. 总体目标

中国应对气候变化的总体目标是：控制温室气体排放取得明显成效，适应气候变化的能力不断增强，气候变化相关的科技与研究水平取得新的进展，公众的气候变化意识得到较大提高，气候变化领域的机构和体制建设得到进一步加强。2020 年的目标是气候变化领域的自主创新能力大幅度提高；一批具有自主知识产权的控制温室气体排放和减缓气候变化关键技术取得突破，并在经济社会发展中得到广泛应用；重点行业和典型脆弱区适应气候变化的能力明显增强；参与气候变化合作和制定重大战略与政策的科技支撑能力显著提高；气候变化的学科建设取得重大进展，科研基础条件明显改善，科技人才队伍的水平显著提高；公众的气候变化科学意识显著增强。

中国将针对不同时间阶段的特点，制定应对气候变化的具体目标，主要考虑有效控制温室气体排放、增强适应气候变化能力、加强科学研究与技术开发、提高公众意识与管理水平等。

四、中国应对气候变化的政策和措施

按照全面贯彻落实科学发展观的要求，把应对气候变化与实施可持续发展战略、加快建设资源节约型、环境友好型社会和创新型国家结合起来，纳入国民经济和社会发展总体规划和地区规划。一方面抓减缓温室气体排放，一方面抓提高适应气候变化的能力。中国将采取一系列法律、经济、行政及技术等手段，大力节约能源，优化能源结构，改善生态环境，提高适应能力，加强研发能力，提高公众气候变化意识，完善气候变化管理机制，为全球应对气候变化做出重要贡献[8]。

① 能源生产和转换、提高能源利用效率与节约能源、工业生产过程、农业、林业和城市废弃物等列为中国减缓温室气体排放的重点领域。

② 强化能源供应行业的相关政策措施，加快火力发电的技术进步，优化火电结构；在保护生态基础上有序开发水电，把发展水电作为促进中国能源结构向清洁低碳化方向发展的重要措施；此外，将积极推进核电建设，把核能作为国家能源战略的重要组成部分，逐步提高核电在中国一次能源供应总量中的比重。

③ 大力发展天然气产业，推进生物质能源的发展，并积极扶持风能、太阳能、地热能、海洋能的开发和利用。

④ 强化钢铁、有色金属、石油化工、建材、交通运输、农业机械、建筑节能以及商业和民用节能等领域的节能技术开发和推广。在工业生产过程中发展循环经济，走新型工业化道路，强化钢材节约，限制钢铁产品出口，推动生产企业开展清洁发展机制项目等国际合作。

⑤ 大力加强能源立法工作，加快能源体制改革，推动可再生能源发展的机制建设。2014～2015 年，中国宣布"中国计划 2030 年左右 CO_2 排放达到峰值，碳排放强度比 2005 年下降 60%～65%"；2016 年 9 月，中国批准加入《巴黎协定》。中国政府郑重承诺，将积极采取措施应对气候变化，坚定不移地做全球气候治理进程的维护者和推动者，在实现国内发展的同时，努力推动全球绿色、低碳、可持续发展。2018 年我国碳排放强度已比 2005 年下降 45.8%[9]。

第三节　国内外CCUS发展概况

一、国际 CCS/CCUS 发展现状

作为应对气候变化活动的重要抓手，自 20 世纪 80 年代后期，欧美等发达国家开始了减排 CO_2 技术研发与工业示范活动。实践表明，除了节能与提高能源效率、发展新能源与可再生能源、增加碳汇，CCS/CCUS 技术将是未来减缓 CO_2 排放的重要技术选择。欧美等发达国家不断投入大量资金进行该技术的研发与示范，积极推动相关政策、

法规与机制的制定，并取得重大进展。

1. 全球 CCS/CCUS 项目数量与分布现状

CCS/CCUS 是学术界和工业界公认的碳减排主流技术。近十年来，国内外在建和运行的 CCS/CCUS 工业项目持续增加，其中 CCUS 项目所占比例始终保持在 2/3 左右。据全球碳捕集与封存研究院统计[10,11]，2015 年全球 8 万吨以上规模的 CCS/CCUS 项目超过 60 个，22 个处于建设和运行阶段，38 个处于论证阶段，见图 1-5。2018 年，全球有 43 个大型 CCS/CCUS 项目，18 个处于商业运行阶段，5 个为在建项目，处于论证阶段的有 20 个。

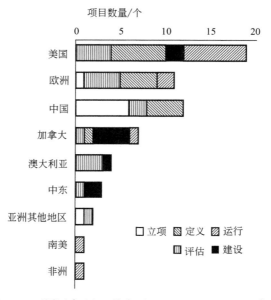

图 1-5 不同国家/地区的大型 CCS/CCUS 项目状态[10]

2. 国外 CCS/CCUS 发展的动因

从 CCS/CCUS 技术发展与相关项目实施的轨迹分析，欧盟国家起步最早，典型的 CCS 项目是挪威 Sleipner 盐水层封存 CO_2 项目。欧盟国家起步最早的原因有二：一是欧洲作为世界上最早实现工业化区域，同样也是最早感受到严重环境问题的地区，主观认知比较深刻；二是欧盟希望能利用其在环境保护领域的成熟经验和技术，通过掌握全球环境治理议程的主导权，进一步扩大自身的发展实力。

从 CCS/CCUS 项目数量分布分析，CCUS 项目所占比例在 2/3 以上，主要原因是 CCS 项目尚看不到现实的经济收益，而 CCUS 项目将 CO_2 资源化利用（例如 CO_2 驱提高石油采收率、铀矿 CO_2 浸采），可以获得现实的经济收益。从 CCS/CCUS 项目分布地区（域）分析，欧洲、美国、加拿大、澳大利亚等国家和地区的项目总和超过 2/3，主要原因是上述国家或地区的产业基础相对完善，发展 CCS/CCUS 不存在技术方面的障碍，例如，美国的 8000km 以上的 CO_2 运输管道，每年管输超过 6000 万吨的 CO_2，有长达 50 年的安全运行经验，为低成本输送 CO_2 和匹配源汇提供了基础设施。另外，上述国家或地区更看好 CCS/CCUS 的商业发展潜力。

从过去 20 年的全球 CO_2 封存量数据和长远的发展预测数据分析，CCUS 将是碳减排的主要方式，也是碳减排的主流发展方向，见图 1-6。

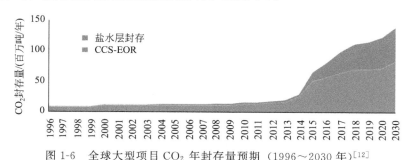

图 1-6　全球大型项目 CO_2 年封存量预期（1996～2030 年）[12]

3. 全球 CCUS 技术发展方向

（1）捕集技术发展趋势

适用于发电和高能耗行业的碳捕集技术要重视通用技术的有效集成，改进综合环境控制系统（如氨排放控制）、负载下的系统灵活性等。溶剂吸附技术要优化溶剂性能和管理，实现更有效接触和循环，降低溶剂成本、能耗和设备体积。固体吸附要开发新材料改善性能，减小设备尺寸。膜技术要开发聚合物膜，深化膜特性、竞争吸附、浓度和压力影响分离特点及耐用性研究。化学链燃烧和钙循环技术要提高现有技术效率，优化固体燃料反应器中的燃料转化过程，解决化学反应活性等问题。还要开发用于高温高压燃烧系统、极端温度条件的材料，改善低阶煤气化炉性能，设计和改进富氢燃气轮机组件以适应较高的燃烧温度和冷却要求，并降低过程和系统成本[13]。

（2）利用技术的发展方向

国际上，驱油类 CCUS、地浸采矿类 CCUS、驱替煤层气或天然气类 CCUS，以及驱水类 CCUS 都是比较有吸引力的技术发展方向。其中，美国 CCUS-EOR 技术在 20世纪 80 年代就已经商业化，目前年产油超过千万吨；CCUS-EUL（二氧化碳铀矿浸出增采）是全球天然铀矿开采技术和产量的重要组成部分；北美已经开展过万吨规模注入的 CCUS-ECBM（二氧化碳驱替煤层气开发）技术的工业试验，虽然比纯粹埋存的 CCS 有收益，但 CCUS-EWR（二氧化碳强化深部咸水开采）技术的经济效果依然较差，美国和澳大利亚等国还是开展了一定规模的示范。

世界范围内，注气驱油技术已成为产量规模居第一位的强化采油技术；在气驱技术体系中，二氧化碳驱技术因其可在驱油利用的同时实现碳封存，兼具经济和环境效益而备受工业界青睐。二氧化碳驱技术在国外已有 60 多年的连续发展历史，技术成熟度与配套程度较高，凸显出规模有效碳封存效果。美国在利用二氧化碳驱油的同时已经封存二氧化碳约十亿吨。二氧化碳驱油技术在各类 CCUS 技术中实际减排能力居首位，也是美国最为重视的二氧化碳利用与减排技术。

（3）CCUS 全流程运行的优化

创新设计流程和商业模式，使产品更具竞争力。评估全流程各环节实现的净减排量。通过设计热集成工厂、完善的环境控制系统和灵活运行来优化流程。与其他技术协同作用，如使用可再生能源和智能电网。根据不同碳利用途径的浓度和杂质需求，确定最佳的碳源。验证用于缓解气候变化的某些碳利用技术的效率。加强碳排放交易的监管。

二、国内 CCS/CCUS 发展现状

经过多年国际交流与推介，CCUS 概念已在全球范围内得到接受与使用。国际石油工程师协会（SPE）和油气行业气候倡议组织（OGCI）都成立或设置了 CCUS 的专门指导委员会或议题，中国也于 2013 年成立了 CCUS 产业技术发展联盟来推动 CCUS 产业化发展。十余年来，CCUS 产业技术取得较大进步，新型技术不断涌现，技术种类不断增多。CCUS 技术在减排的同时可以形成新业态，对促进 CCUS 可持续发展具有重大意义。十余年来，在国家、企业、社会各界的共同努力下，我国在示范运行的各类CCUS 项目已超过 20 个。

1. CCUS 技术类型

十多年来，CCUS 技术的进步主要体现在从捕集到利用再到封存各个产业链条的新技术不断涌现（图 1-7），技术种类亦不断增多并日趋完善：

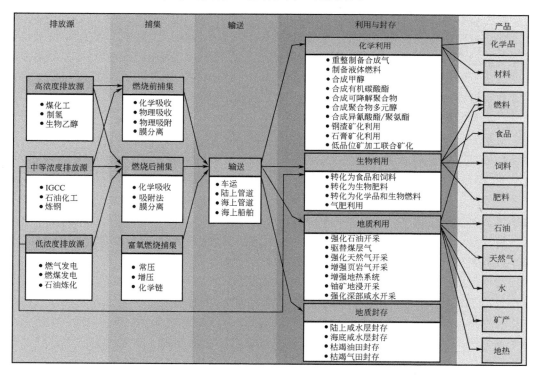

图 1-7　CCUS 技术流程及分类示意图[14]

① 燃烧前、燃烧后和富氧燃烧等不同捕集阶段和捕集方式大类里都包括多个具体

的捕集技术选项，可以覆盖煤化工、火力发电厂、天然气净化厂、石化厂、日化厂等常见的主要碳排放源类型。

② 适合先导试验阶段中小规模注入液相二氧化碳的罐车拉运和海船拉运，适合工业应用阶段较大规模注入需求的管道气相输送和超临界态输送，在 CCUS 技术研发的起始阶段都有明确的定位。

③ 地质利用、化学利用、生物利用和纯粹地质封存的二氧化碳利用与封存技术，在石油石化、核能、煤炭、电力、化工等工业行业都可找到相应的工程实践。我国尤其聚焦二氧化碳的地质利用，特别对二氧化碳驱提高石油采收率、二氧化碳强化天然气开采、二氧化碳驱替煤层气、二氧化碳地浸开采铀矿、二氧化碳驱替排采地下水、二氧化碳用于微藻养殖等 CCUS 的重点研究方向均有部署并给予了有力的研究条件的支持[14]。二氧化碳与基性-超基性岩层成矿固化、二氧化碳矿渣化学反应发电等概念和做法也逐步涌现。

总之，丰富的 CCUS 技术选项为形成具有可观经济社会效益的新业态，促进 CCUS 产业技术的可持续发展产生了重要和积极的影响[15]。

2. 中国 CCUS 发展部署

CCUS 作为一项有望实现化石能源大规模低碳利用的新兴技术，是我国未来减少 CO_2 排放、保障能源安全和实现可持续发展的重要手段。作为负责任的发展中国家，中国高度重视、积极应对全球气候变化，通过国家自然科学基金、国家重点基础研究发展计划（973）、国家高技术研究发展计划（863）、国家科技支撑计划、国家科技专项和国家重点研发计划等一系列国家科技计划和专项支持了 CCUS 领域的基础研究、技术研发和工程示范等，有序推进 CCUS 技术研发和示范。近年来，中国在 CCUS 各技术环节均取得较大进步，已经具备大规模示范基础；中国高度重视 CCUS 技术的研发与示范，积极发展和储备 CCUS 技术，并为推动其发展开展了一系列工作。

① 明确了 CCUS 研发战略与发展方向。2011 版路线图明确了 CCUS 的技术定位、发展目标和研发策略；《"十二五"国家碳捕集利用与封存科技发展专项规划》部署了 CCUS 技术研发与示范；已经出台的部分"十三五"科技创新规划指明了 CCUS 技术进一步研发的方向。

② 加大了 CCUS 技术研发与示范的支持力度。通过国家 973 计划、863 计划和科技支撑计划，围绕 CO_2 捕集、利用与地质封存等相关的基础研究、技术研发与示范进行了较系统的部署，见表 1-2。2019 年共有 15 个地质利用类 CCUS 项目在运行。目前正在部署实施的"十三五"期间国家重点研发计划以及准备部署启动的面向 2030 年的重大工程计划，也将 CCUS 技术研发与示范列为重要内容。

③ 注重 CCUS 相关的能力建设和国际交流合作。成立了中国 CCUS 产业技术创新战略联盟，加强国内 CCUS 技术研发与示范平台建设，推动产学研合作；与国际能源署（IEA）、碳捕集领导人论坛（CSLF）等国际组织开展了广泛合作，与欧盟、美国、澳大利亚、加拿大、意大利等国家和地区围绕 CCUS 开展了多层次的双边科技合作等。

表 1-2   中国代表性 CCUS 试验项目

序号	项目名称
1	中石油吉林油田 CCUS-EOR 研究与示范
2	中石油大庆油田 CCUS-EOR 研究与示范
3	中石油长庆油田 CCUS-EOR 研究与示范
4	中石化胜利油田燃煤电厂 CO_2 捕集与 EOR 示范
5	中石化中原油田 CO_2-EOR 项目
6	中联煤层气公司 CO_2-ECBM 开采煤层气开采项目
7	华中科技大学 35MW 富氧燃烧技术研究与示范
8	国电集团天津北塘热电厂
9	华能石洞口电厂碳捕集系统
10	华能绿色煤电 IGCC 电厂捕集利用和封存示范
11	延长石油陕北煤化工 CO_2 捕集与 EOR 示范
12	中核北方铀业公司通辽钱家店 CO_2-EUL 工程

3. 中国 CCUS 技术发展特点与趋势

过去 10 多年，国内涌现出许多 CCUS 新技术，如何在科技政策层面引导新旧技术的有序发展，合理布局不同技术的支持力度、方式和节奏，是当前急需解决的问题。随着过去 20 年 CCUS 技术的密集研发和技术示范，其发展趋势和现状逐渐明朗。

① CCUS 技术正在向低成本、低能耗方面需求突破。近年来，随着科技不断进步，集成各类 CO_2 捕集、利用与封存技术的 CCUS 集中向低成本、低能耗方面需求突破。根据 2013 版 CSLF-CCUS 路线图报告，低成本、低能耗的 CCUS 的根本特点在于 CO_2 捕集技术的创新，随着整体煤气化联合循环发电系统（IGCC）、富氧燃烧和燃烧后等技术的发展，CCUS 高耗能、高成本和高风险等问题将得到逐步解决。

② CCUS 技术面临资金短缺、商业模式不健全、技术选择不明朗等新形势。在现有政策条件下，CCUS 技术发展将面临严峻形势。如果不及时落地有针对性的政策，CCUS 技术的发展将面临竞争性挑战。例如：现有 CCUS 技术的规模化示范过程中出现了基础建设投入大、运行资金需求量大与经济评价效益偏低的问题；还有商业模式不健全，CCUS 技术选项前景不明确等挑战。CCUS 作为一种能够实现规模化减排的气候变化应对技术，具有跨行业、跨学科、空间规模大、时间跨度长、成本高、风险大等特点。无论是研发与示范，还是产业化，都需要政策支撑。

③ CCUS 产业发展技术路线有待进一步明确。电力行业碳排放量约占全国的 40%，有关专家认为降低 CCUS 系统成本的根本在于碳捕集技术的创新；碳捕集技术研发集中于优化工艺节能降耗和材料节约以降低成本，实现代际技术接替；目前燃烧后捕集成本约 300~400 元/吨，即使二代技术能够降低成本 25%，届时单位捕集成本在 225 元以上，仍然无法和煤化工高浓度二氧化碳仅 100 元/吨左右的捕集成本相比拟。在本书第四章可以看到，鄂尔多斯盆地的煤化工排放量是巨大的，对 CCUS 产业发展的政策

和资金支持应聚焦于能够充分利用煤化工碳源的地区，这关系到中国 CCUS 技术发展路线图设定的碳封存目标的实现。

④ 地质利用技术基本配套，加快推广应用是主要努力方向。经过近 20 年攻关研究，驱油类 CCUS 基本完成技术配套，近几年在气驱油藏工程方法和油藏管理方面更为系统和成熟，已不属于前沿技术。经过近十多年攻关研究，驱煤层气类 CCUS 目前科学认识和配套技术基本成熟，在示范工程放大、降低成本和安全监测方面有待突破。我国地浸采铀 CCUS 技术的示范工程已连续稳定运行多年，与国外技术已无明显差距，目前处于工业应用阶段。

二氧化碳驱油兼具经济和环境效益而备受国内工业界青睐，因其已被证明的可以实现大规模封存的特点，在各类 CCUS 技术中脱颖而出，尤其得到了能源界的重视。截至 2019 年底，我国石油行业累积向地下油藏注入约 500 万吨二氧化碳用于驱油。目前在我国处于商业应用的初级阶段，因跨行业协调二氧化碳气源难度大等问题，该技术大规模推广进展缓慢。

4. 中国 CCUS 的发展目标与愿景

中国 CCUS 的发展目标与愿景是构建低成本、低能耗、安全可靠的 CCUS 技术体系，推进产业化，为化石能源低碳化利用提供技术选择，为全球应对气候变化活动提供技术保障，为全球经济可持续发展提供技术支撑。

① 近期目标。基于现有 CCUS 技术的工业示范项目，验证 CCUS 各个环节的技术能力，加速推进 CCUS 的工业化能力。重点形成陆上输送 CO_2 管道安全运行保障技术，提升部分现有利用技术的利用效率等，总结集成 CCUS 规模化运行的经验。

② 中长期目标。推进 CCUS 基础设施建设和核心装备国产化，夯实 CCUS 技术商业应用的物质基础。进一步降低捕集技术的成本及能耗，建成 3～4 条陆上百公里长距离输送 CO_2 管道干线，扩大利用技术的应用规模，建成百万吨级全流程 CCUS 工程，打造千人规模 CCUS 项目运营人才队伍，形成产业化能力。

③ 长远目标。实现相关行业 CCUS 战略对接，实现 CCUS 活动跨行业、跨地域、跨部门协同，CCUS 技术得到大规模的广泛的商业应用，累积碳封存量达到亿吨级。

三、CCUS 内涵的延伸与拓展

作为一种含碳燃料，甲烷广泛存在于冻土、陆地斜坡、深海、煤层、油气藏中。其中，我们最为熟知的是存在于天然气藏或与原油伴生气中的甲烷，它是人们日常生活离不开的重要燃料。然而，甲烷也是一种温室气体。研究发现，甲烷的温室效应是等量二氧化碳的 20 多倍，大气中的甲烷越多，气候变化越快；反之，全球温度每升高 1℃，甲烷排放量就会增加 20%。据报道，北美洲北部地区的气温已经比 1951～1980 年间平均气温上升了约 2℃，西伯利亚部分地区气温已经比 1951～1980 年间平均气温升高 3℃。北极地区不仅仅是一块易碎的反射镜，也是碳和甲烷的巨大的存储库——这些温室气体被固定在冻土之中或被埋藏在海床之下的冰结构中。全球变暖使永久冻土带面临着融化风险。

1.西伯利亚和北极甲烷大爆发

一项令人震惊的科学考察发现，西伯利亚东部海域的海水像煮开了一样沸腾起来，这一现象是由从海底升起的甲烷气泡造成的。该海域的甲烷浓度要比全球平均值高6～7倍，甲烷浓度升高正是永冻层解冻造成的。2017年，俄罗斯科学家曾对西伯利亚北极地区出现的巨坑进行过勘察，这些巨坑是由地下大量的甲烷气泡形成的。甲烷气泡散逸出露后，首先聚集在隆起的圆形小丘内部［图1-8(a)］，而这些小丘出现在永久冻土层中，由一层土壤和一个较大的冰核组成。气泡一旦起火或爆炸，就会形成巨大的坑。早在2006年，沃尔特就在《自然》杂志上撰文，警告人们随着西伯利亚永久冻结带的融化，甲烷释放量的增长可能会加速气候的变化。但是，她本人也没有预料到变化速度如此之快。她说："西伯利亚的湖区面积比我在2006年的测量数据增大了5倍，这是全球性事件，生活方式的惯性使得更多的永久冻土带加速融化。"

(a) 冻土甲烷地面聚集   (b) 甲烷爆破引起的地面坑穴

图1-8　西伯利亚地区冻土甲烷聚集爆破引起的地面坑穴[16]

近年来俄罗斯北极地区发生了多次大爆炸，导致地表形成壮观的坑穴。研究者认为，不断上升的气温导致甲烷气体释放，进而导致了爆炸。研究人员称："我们需要认真对待甲烷气泡在永久冻土层出现的情况，这可能导致难以预计的后果，地狱入口——坑穴［hellmouth crater，图1-8(b)］已经扩展到超过800m长、约90m深，随着永久冻土层的融解，还在以每年10～30m的速率在扩展"。

北极地区的永久冻结带正在快速融化，到处是冰水融化成的湖泊，甲烷从湖水中汩汩涌出。有人预测，2030年的北极可能再无夏冰。过去30年间，地球平均升温不足1℃，但北冰洋大部分地区却上升了大约3℃；一些冰原消失的地方，气温甚至上升了5℃。北极的迅速变暖意味着，很可能在21世纪末，地球最北端将升温10℃。北极会越来越快地释放出温室气体。

这种剧烈变暖并不仅限于北冰洋和西伯利亚地区，还延伸到周围的雪原、冰原和永久冻土带，深入阿拉斯加、加拿大、格陵兰和斯堪的纳维亚半岛的大部分地区。美国地质勘探局估计，到了2100年，16%～24%的阿拉斯加永冻土将会融化。同样的事情也在南极发生，那里的冰架正在以创纪录的速度萎缩。

2. 甲烷大爆发的影响

冰原消失的后果不只是让依靠海冰捕猎的北极熊面临困境。更大的问题是变暖的北极将改变整个地球，潜在后果将会是灾难。比如，洋流变化会干扰亚洲季风，而将近20亿人依靠这些季风提供的雨水来种植粮食。更可怕的是，从融化的永久冻土带释放出的甲烷有可能产生反馈，导致全球气候失控。假如更多的甲烷被释放出来，那么，无论我们再怎样大幅消减温室气体排放，地球都会变得更热。

俄罗斯科学家称，亚马尔半岛和格达半岛有大量的甲烷气泡即将随着冻土融解而释放出来。亚马尔半岛是俄罗斯主要的天然气开采区。人们担心甲烷气体的爆炸会破坏重要的能源设施，研究者描述道："这些温室气体气泡将是非常严重的警告，当我们把野草和土壤层挖开之后，气体便喷涌而出，随着永冻土的融化，地表形成了数量众多的小孔，甲烷由此逃逸到大气中。"

在一项发表于《科学报告》（Scientific Reports）杂志的研究中，科学家对加拿大麦肯锡河三角洲永冻土进行了调查。一直以来，科学家知道这片多达一万平方公里的区域储藏着天然气和石油，其中含有大量的甲烷。研究结果表明，已经深度解冻的永冻土释放出的甲烷占该地区所测得甲烷总量的17%。更令人震惊的是，这些排放热点仅占永冻土表面积的1%。在永冻土中，微生物分解也会产生甲烷，但它们释放出的甲烷峰值浓度远远低于上述情况，两者相差13倍。这表明，甲烷还有地质来源。全球变暖将导致永冻土逐渐解冻，加速甲烷释放，从而进一步加剧温室效应，由此形成恶性循环。目前尚不清楚气候变化将如何迅速地引发甲烷释放，也不清楚有多少甲烷将会侵入大气中。此外，科学家还担心永冻土融化可能会导致休眠上万年的病毒复活。

没有人能确定这一切发生的可能性。事实上，IPCC的科学家已经做出一些报告，但在确定这类事件的可能性上却没能达成一致意见。鉴于北冰洋夏季海冰的缩减速度远远超过了IPCC模型预测，我们不能忽视这些可能性。

"全球碳项目"是一个分析碳循环的研究网络，共同主持该项目的菲利普·西艾斯说，仅东西伯利亚这一个地方就含有5000亿吨碳。他还指出，2007年夏季，东西伯利亚时有比正常气温高7℃的情况。高温意味着上层土壤的季节性融化延伸到超过正常的更深区域，永久冻土的下层开始融化。微生物能够分解任何融化层中的有机物质，不仅释放出碳，还会产生热，从而导致更深层的融化。西艾斯说："由有机质分解腐烂所产生的热是另一个加快冻土融化的正反馈"。融化在永久冻土中的碳既能以二氧化碳的形式也可以甲烷的形式进入大气，后者是更强效的温室气体。在这些地区典型的沼泽土壤和湖泊的低氧条件下，有机物质会分解出更多甲烷。在低洼地带，随着含冰量很高的冻土融化，土地体积的缩减会导致地面塌陷，融化的冰水会形成热融湖泊。卫星勘察显示，这类热融湖的数目正在增加。最新的研究描绘了一幅令人不安的景象。现有的模型没有包括物质分解所产生热量的反馈作用，所以，冻土实际融化的速度要比一般设想得更快，最深的永久冻土带有可能用不了500年，而是在100年内就会消失殆尽。

虽然自从前工业时代起，大气甲烷水平已经比过去增加了一倍，但在过去的10年前后，却没有多大变化。可是随后，在2007年，几百万吨的额外甲烷神秘地进入了大气层。利用甲烷监测器进行详细分析的结果表明，这些甲烷大部分来自远北地区。西艾斯说，西伯利亚的永久冻土带看起来像是最大的来源，这种说法还有争议。麻省理工学院全球改变科学中心的马特·里格比曾经分析过甲烷激增，他说："我们还不能断定融化冻土的释放就是主要促成甲烷增高的原因，但 2007 年西伯利亚异常温暖，而在气温升高的时候，我们有可能看到释放量的增多。"浓度升高可能仅仅是一种暂时现象，或某一大事件的开始。西艾斯说："一旦这个进程启动，很快就会变得不可阻挡。"沃尔特同意这种说法。她估计，现在只有几千万吨的甲烷被释放，但是，还有几百亿吨可能被释放，全球变暖的速度越快，释放量提高得就越快。储存在远北的碳，有可能将全球温度提高 10℃ 或更高，这导致释放出更多的温室气体，这些释放物再引起进一步升温——这种恶性循环最终将可能使气候失去控制。在北半球，有 1/4 的陆地地表包含永久冻土，即永久冻结的土壤、水和岩石。在一些地方，永久冻土是在最后一个冰河时代形成的，那时海平面很低，这些永久冻结带延伸在海洋之下，深藏于海床下。现在，大面积永久冻结带开始消融，结果是土壤被快速侵蚀，高速公路和管道扭曲，建筑物坍塌，以及森林"醉倒"。

没有人确切地知道永久冻结带中锁定了多少碳，但其数量似乎远比我们想象的要多。2008 年，由佛罗里达大学爱德华·索尔领导的一项国际合作研究表明，永久冻结带的碳含量约 16000 亿吨，是先前估计的两倍，大约是全世界土壤中碳总量的 1/3，是大气中碳含量的两倍。然而，永久冻土并不是甲烷的唯一来源，浅海的沉积物也可能含有丰富的甲烷水合物，这是一种赋存甲烷的冰，甲烷含量高的称为可燃冰。让人担心的是，人们认为北冰洋下面储有大量的甲烷水合物。由于这里的水非常冷，人们可以在更接近地表的地方发现甲烷水合物。这些浅表沉积物对于地表水的升温更为敏感。

3. 甲烷捕集利用与封存

索尔按照标准情况估计，21 世纪将有 1000 亿吨的碳会被解冻释放出来。如果这些碳都以甲烷的形式出现，其产生的温室效应以目前二氧化碳年排放水平计，相当于 270 年的排放量。这是一种缓慢运转的定时炸弹。

世界各地的科学家都在呼吁，如果我们现在不采取行动，生机盎然的地球将无法返回。由于缺少对甲烷的监测，科学家惊异于甲烷的激增，从 2007 年开始增长，2014 年及 2015 年进一步加速增长。在这两年中，大气中仅仅是甲烷的浓度便增长了近五万分之一，使总量达到 1830ppb（1ppb＝10^{-9}）。这是令研究全球变暖的科学家担忧的一个原因。

《环境研究快报》（Environmental Research Letters）杂志上的研究暗示甲烷的增长令人瞠目结舌。2016 年全球甲烷预算报告的作者发现，在 21 世纪初，甲烷的浓度每年只增长 0.5ppb，而 2014 年以及 2015 年其每年却增长 10ppb。自 20 世纪 50 年代以来，科学家通过各种不同的方式来追踪二氧化碳的排放，二氧化碳的排放量正趋于稳定，而对于甲烷排放却知之甚少。

尽管世界各国政府去年在巴黎作出承诺，在工业化前的水平上，将全球变暖温度控制在 2℃ 内，但却没有几个国家对他们如何实现其目标作出解释。美国总统特朗普也对参与减排提出质疑。斯坦福大学地球系统科学系的教授罗伯特·杰克逊（Robert Jackson）警告：“甲烷也应当成为努力控制气候变化的关键点，然而，几乎所有关于全球甲烷的测算信息都不全面、不清楚。”

因此，提出甲烷捕集利用与封存具有很重要的环保意义，也具有可观的社会和经济价值。国家关于甲烷捕集利用的规划应该超过目前天然气的发展规划。国家和能源企业在搞好各类天然气藏的开发，天然气的密闭输送的同时，还要对煤层甲烷排放、偏远边际油田伴生气的排放、致密油和页岩油溶解气的回收，以及天然气水合物开采等问题高度重视。2017年，由中国地质调查局组织实施的南海北部神狐海域天然气水合物降压试采工程取得成功[17]。建议国家加强CO_2置换甲烷以及冻土层甲烷逃逸控制研究的支持力度，并鼓励相关企业加入全球性的含碳温室气体检测、捕集利用与封存项目，为人类的长远发展贡献力量。

四、CCUS-EOR发展情况

1. 欧美地区CO_2驱技术沿革

美国历史文化和社会经济与欧洲高度融合，很多工业技术的发展与欧洲密不可分。同海上油田相比，陆上油田实施CO_2驱等提高采收率技术具有便利性，这是CO_2驱在美洲大陆而非北海油田获得重大发展的重要原因。

20世纪中叶，美国大西洋炼油公司（The Atlantic Refining Company）发现其制氢工艺过程的副产CO_2可改善原油流动性，Whorton等于1952年获得了世界首个CO_2驱油专利。这是CO_2驱油技术较早的开端，是对前人在20世纪20年代关于CO_2驱油设想的技术实现。

1958年，壳牌公司率先在美国二叠系储集层成功实施了CO_2驱油试验。

1972年雪佛龙公司的前身加利福尼亚标准石油公司在美国得克萨斯州Kelly Snyder油田SACROC区块投产了世界首个CO_2驱油商业项目，初期平均提高单井产量约3倍。该项目的成功标志着CO_2驱油技术走向成熟。

1970～1990年间发生的3次石油危机使人们认识到石油安全对国家经济的重要作用。一些石油消费大国不断调整和更新能源政策和法规，强化采油（EOR）技术研发与相关基础设施建设，以降低石油对外依存度。美国在1979年通过了《石油超额利润税法》，促进了CO_2驱等EOR技术发展。1982～1984年间美国大规模开发了Mk Elmo Domo、Sheep Mountain等多个CO_2气田，建设了连接CO_2气田和油田的输气管线。这些工作为规模化实施CO_2驱油项目提供了CO_2气源保障。1986年美国CO_2驱油项目数达到40个。

2000年以来，原油价格持续攀升，给CO_2驱油技术发展带来利润空间，吸引了大量投资，新投建项目不断增加。据2014年数据，美国已有超过130个CO_2驱油项目在实施，CO_2驱年产油约1600万吨（与我国各类三次采油技术年产油总和相当），超过70%的碳源来自CO_2气藏。

2014年至今，国际油价持续低位徘徊，对CO_2驱相关技术推广带来不利影响，CO_2驱项目数基本稳定。

加拿大 CO_2 驱技术研究开始于 20 世纪 90 年代，2014 年实施 8 个 CO_2 驱项目，最具代表性的是国际能源署温室气体封存监测项目资助的韦伯恩项目。该项目年产油近 150 万吨，气源为煤化工碳排放，通过综合监测，查明地下运移规律，以建立 CO_2 地下长期安全封存技术和规范。

巴西有 4 个 CO_2 驱项目，其中 1 个是深海超深层盐下油藏项目。特立尼达有 CO_2 驱项目 5 个。

据雪佛龙石油公司学者 DonWinslow 对三次采油类项目的统计，北美地区 CO_2 驱提高采收率幅度为 7%～18%，平均值为 12.0%。

2. 亚非地区 CO_2 驱发展历程

俄罗斯 CO_2 驱油技术研发开始于 20 世纪 50 年代，并开展了成功的矿场试验，因其油气资源丰富且经济体量不大，对强化采油技术应用没有迫切需求，油田注气仅为小规模的烃类气驱项目。

中东和非洲油气资源丰富。2016 年，阿布扎比国家石油公司（ADNOC）开始向 Rumaitha 和 Bab 油田注气，2018 年开始将钢厂捕集的 80 万吨 CO_2 注入陆上 Habshan 油田。阿尔及利亚仅有 In Salah 这一个纯粹的二氧化碳地质封存项目。根据目前资料判断中东和北非两个地区 CO_2 驱油与埋存技术（驱油型 CCUS 技术）的大规模商业化应用将于 2025 年前后获得突破。

东南亚和日本与 CO_2 驱油相关的研发和应用开始于 20 世纪 90 年代，至今仅有零星的几个注 CO_2 项目，但随着海上高含 CO_2 天然气藏的大规模开发，CO_2 驱油料将快速发展。

中国国情和油藏条件的复杂性造就了 CO_2 驱油技术发展的不同历程。20 世纪 60 年代，大庆油田开始了注入 CO_2 提高采收率技术的最早探索。1990 年前后，大庆油田和法国石油研究机构合作开展 CO_2 驱油技术研究和矿场试验，取得一系列重要认识。2000 年前后，江苏油田、吉林油田、大庆油田相继开展多个井组试验，进一步探索或验证多种类型油藏 CO_2 驱提高采收率可行性，获得了一批重要成果。2005 年前后，在应对气候变化政策的导向下，学术界和工业界根据国情明确了我国碳减排要走 CO_2 资源化利用之路，形成了碳捕集、利用与封存的概念（CCUS）。十多年来，我国大型能源公司陆续设立了多个科技和产业项目，初步形成了有特色的 CO_2 驱油与埋存配套技术，建成了若干代表性驱油型 CCUS（CCUS-EOR）示范工程。我国 CO_2 驱目标油藏类型主要是低渗透油藏，提高采收率幅度在 3.0%～15%，平均在 7.4% 左右。我国陆相沉积储层及流体条件较差，注气技术现场应用规模较小，气驱油藏经营管理的经验积累有待丰富，CCUS 技术还有较大的发展空间。

第四节　开展百万吨级CCUS示范的意义

CCUS 技术对我国应对气候变化意义重大。一方面，我国已经成为世界上最大温室气体排放国，到 2030 年实现碳排放达峰值前，碳排放总量仍将保持增长趋势，2030 后的深度减排压力巨大。因此，必须在继续坚持能源结构调整、节能增效的同时，大力发展以 CCUS 为代表的大规模深度减排技术。另一方面，受我国富煤、少气、贫油的资源禀赋和正处于城镇化、工业化过程的发展阶段约束，我国以煤炭为主能源结构短时间内无法改变。预计到 2050 年，化石能源消费占比仍在 50% 以上。作为一项可以实现大规模深度减排的看得见的技术，CCUS 在实现我国化石能源行业低碳绿色发展战略转型中的地位显得尤为突出。

一、CO_2 驱油有望成为低渗透油藏开发主体接替技术

CO_2 驱油利用是 CCUS 产业链的重要环节，是现阶段 CCUS 实现经济效益的主要方式，也是实现我国低碳绿色发展转型战略中的一项重要技术。20 年来，我国系统开展驱油类 CCUS 技术攻关研究，启动了数十个规模不等的矿场试验项目，累积向油藏注入约 500 万吨 CO_2。其中，中石油所属的大庆油田和吉林油田 CCUS 项目的 CO_2 注入量都超过了 150 万吨，实现了注入、驱替、采油和循环利用全流程密闭，获得了丰富的项目运营经验。

1. 发展 CO_2 驱油技术是提高低渗透油田采收率的现实需要

我国已探明低渗透地质储量逾 170 亿吨。低渗透油藏水驱动用困难，已开发低渗油田水驱平均采收率仅 20% 左右，低渗透油藏水驱开发存在注入性差、开采效果较差等问题。目前，低渗透油藏可采储量采出程度过半，亟须开发接替技术。矿场注气试验表明，气体注入能力为水的 5 倍以上，可快速补充油藏能量。从油气混相能力、工程安全性、气体存储性、吨油操作成本以及气驱生产效果等方面综合分析，CO_2 作为驱油介质要比空气、N_2、CH_4、C_2H_6 等优势突出。美国 CO_2 驱年产油超 1400 万吨，主要针对低渗透油藏，CO_2 驱已被证明能够大幅度提高采收率，作为三次采油技术应用的 CO_2 驱项目平均提高采收率 12.0%。

2. 发展 CO_2 驱技术契合国家绿色低碳发展战略

中国将于 2030 年左右使 CO_2 排放达到峰值并争取尽早实现，2030 年单位 GDP 的 CO_2 排放比 2005 年下降 60%～65%。2016 年，中国签署气候变化《巴黎协定》。国务院《关于印发"十三五"控制温室气体排放工作方案》的通知，对"十三五"时期应对气候变化、推进低碳发展做出全面部署，要求 2017 年全国碳排放权交易市场全面启动，覆盖石化、化工、钢铁、造纸、电力和航空等 18 个重点碳排放行业，2020 年力争建成制度完善、交易活跃、监管严格、公开透明的全国性碳排放权交易市场。初步研究认为，碳排放权交易价格达到 200 元/吨才能真正发挥低碳转型引导作用，目前我国碳交易价格在 20～50 元/吨，预计 2030 年将达到 100 元/吨左右。国家为企业碳排放设立额度，将对石化业务产生不利影响，对超配额碳排放征税或对公司利润形成明显挤压。化工企业尾气或驰放气经处理后，获得高纯度 CO_2 用于驱油和封存，可实现碳减排，减少碳税上缴。碳减排已成为能源企业践行国家绿色低碳发展理念，提高生态文明建设水平的重要责任。开展 CO_2 驱油技术应用则是大型石油企业开展碳减排

工作的重要抓手。

3. CO_2 驱具有增产石油和碳减排的双重功能

驱油与封存机理表明，CO_2 驱油过程可以实现提高石油采收率和碳减排双重目的。原油中溶解 CO_2 可增加原油膨胀能力，改善地层油的流动性。地层压力足够高时，CO_2 可萃取原油的轻-中质组分，逐步达到油气互溶（混相），减少地层中的原油剩余。CO_2 溶于地层水，与岩石反应成矿固化，被地层吸附，或者为构造所圈闭捕获，可永久滞留于地下（美国驱油项目 CO_2 最终封存率为 23%～61%）。CO_2 驱油过程中，部分 CO_2 永久封存地下，产出 CO_2 回收处理循环注入，全过程零碳排放。当油藏条件适合，并且 CO_2 气源价格足够低时，CO_2 驱油与封存项目（即驱油类 CCUS 项目）将会具有显著的经济与社会效益。

4. CO_2 驱初步具备大规模推广条件

2000 年以来，国家和各大石油公司对 CO_2 驱油和封存技术研发高度重视，相继设立了多个不同层次的 CO_2 驱油相关的研发项目，包括国家重点基础研究发展计划（973 计划）、国家高技术研究发展计划（863 计划）、国家重大科技专项、国家重点研发计划以及各大油公司设立的重大支撑项目。经过多年攻关，我国基本形成 CO_2 驱油试验配套技术，建成 CO_2 驱油与封存技术矿场示范基地，例如：中石油在吉林油田建成了国内首套含 CO_2 天然气藏开发与 CO_2 驱油封存一体化系统，包括集气、提纯、脱水、超临界注入、集输处理、循环注气等模块；中石化在胜利油田建成了国内外首个燃煤电厂烟气 CO_2 驱油与封存一体化系统；延长油田建成了国内首个煤化工 CO_2 驱油与封存系统等。在运行的 CO_2 驱油矿场试验提高采收率幅度有望达到 10%，小井距 CO_2 驱试验项目提高采收率幅度有望超过 13%。评价认为，中国石油、中国石化和延长石油三大陆上石油公司技术可行 CO_2 驱潜力约 68.4 亿吨，油价 \$75/bbls（美元/桶）时的经济可行潜力 34.4 亿吨，我国 CO_2 驱年产油有望达千万吨规模，年减排 CO_2 有望超过 3000 万吨，驱油类 CCUS 技术的发展潜力巨大。从技术准备、资源潜力和国家碳减排形势判断，驱油类 CCUS 技术在我国初步具备大规模推广的现实条件。中石油组织和承担主要驱油类 CCUS 研究项目见表 1-3，适合驱油类 CCUS 技术应用的油藏资源潜力评价结果见表 1-4。

表 1-3　中石油组织和承担主要驱油类 CCUS 研究项目

项目名称	执行周期	项目来源
温室气体提高石油采收率的资源化利用及地下封存	2006～2010 年	国家"973"
CO_2 减排、储存和资源化利用的基础研究	2011～2015 年	
CO_2 驱油提高石油采收率与封存关键技术研究	2009～2011 年	国家"863"
含 CO_2 天然气藏安全开发与 CO_2 利用技术/示范工程	2008～2010 年	国家重大科技专项
CO_2 驱油与封存关键技术/示范工程	2011～2015 年	
CO_2 捕集、驱油与封存关键技术研究及应用/示范工程	2016～2020 年	

续表

项目名称	执行周期	项目来源
含 CO_2 天然气藏安全开发与 CO_2 封存及资源化利用研究	2006～2008 年	
吉林油田 CO_2 驱油与封存关键技术研究	2009～2011 年	中石油重大科技专项
长庆低渗透油田 CO_2 驱油及封存关键技术研究与应用	2014～2018 年	

表 1-4　三大陆上石油公司 CO_2 驱油资源潜力

石油公司	技术可行潜力/亿吨	油价 \$75/bbls 时的经济可行潜力/亿吨
中石油	36.2	18.3
中石化	16.8	8.1
延长石油	15.4	8.0
合计	68.4	34.4

二、鄂尔多斯盆地具有开展大规模 CCUS 项目的客观条件

鄂尔多斯盆地是一个整体升降、坳陷迁移、构造简单的大型多旋回克拉通盆地，沉积盖层总厚度 5000～10000m。在安定组杂色泥灰岩沉积之后，沉积了厚达千米的志丹统棕红色砂砾河流冲积相和杂色砂泥岩互层干旱型湖泊碎屑物。下白垩系志丹统沉积后，燕山运动第三幕使区域构造得到定型，基本面貌保持迄今。在盆地大构造沉积格局控制下，形成以多物源供给，多水洗汇聚为特征的大型缓坡三角洲沉积，多期次河道砂体交错叠置，与煤系烃源岩的垂向组合一起构成良好储盖条件。初步测算，鄂尔多斯盆地废弃油藏 CO_2 可封存量约 10 亿吨以上，盆地内深部奥陶系灰岩盐/咸水层可封存 CO_2 达数百亿吨。

一方面，鄂尔多斯盆地涵盖的陕西、甘肃、宁夏、内蒙古等省区，煤化工碳排放量巨大，其中宁东、榆林和平凉等地区的 95％ 以上的高浓度碳排放即具有开展 CCUS 工作得天独厚的优势。在当地开展试验示范，将煤化工产生的高浓度 CO_2 捕集利用，通过注入低渗透难开采的油藏实现驱油增产和 CO_2 地质封存，具有非常广阔的产业前景。另一方面，鄂尔多斯盆地油气资源量 249 亿吨，已探明石油地质储量 80 多亿吨，年产油气约 7000 万吨（油当量），是我国产量最大的含油气区，且多为难以开采的低孔特低渗透油藏，原油采收率很低，通常不到 20％。中石油长庆油田就是典型的低渗透/特低渗透油田，通过水驱开采增产的难度越来越大。国内外实践表明，CO_2 驱采油平均可提高采收率约 10％，并将驱油过程中注入 CO_2 总量的 50％～80％ 永久封存，注 CO_2 驱油技术可延长油田寿命 10 年以上。对于石油企业来讲，实施 CO_2 驱油与封存既是自身发展和确保国家能源安全的需要，也是对生态文明和环境保护事业的重要贡献。

此外，由于陕北地区水资源匮乏、环境脆弱亟须保护，CCUS 也是陕北缺水地区保护环境的有效手段。通过开展 CCUS 项目，把"碳捕集-提高油田采收率-碳封存-碳减排"融为一体，逐步将油田现有增产手段由注水向注气转变，降低油田开发的耗水量，

是区域内石油化工产业实现温室气体减排和可持续发展的一种必然选择。

国内业已形成 CO_2 驱油与封存理论和配套技术，鄂尔多斯盆地石油蕴藏丰富，又适合作为 CO_2 封存场所，延长油田和长庆油田已经开展或正在开展 CO_2 驱油与封存试验工作。鄂尔多斯盆地目前已经具备了开展规模化 CO_2 驱油与封存工程项目可行性研究的自然资源和诸多客观条件。

三、鄂尔多斯盆地开展大规模 CCUS 项目得到多方认同

在全球应对气候变化大背景下，2014 年 11 月 12 日，中美两国在北京发表了具有历史意义的《中美气候变化联合声明》。这一声明明确提出，推进碳捕集、利用和封存重大示范，经由中美两国主导在中国建立一个重大碳捕集新项目，以深入研究和监测利用工业排放 CO_2 进行碳封存，并就向深盐水层注入 CO_2 以提高淡水采水率新试验项目进行合作。

由中国石油和化学工业联合会、中石油集团、神华集团联合主办的"陕甘宁蒙地区 CO_2 捕集驱油及封存工作研讨会"于 2014 年 4 月 17~18 日在北京举行。国家发改委、国家能源局、中科院、中国工程院、中国石化联合会、中石油、神华集团、延长石油集团等单位的近百名代表与会，从 CCUS 涉及的政策、技术、产业发展等各方面进行了深入研讨并提出了相应的对策、建议，与会领导、专家一致认为，鄂尔多斯盆地开展 CCUS 工作的优势得天独厚，捕集煤化工高浓度 CO_2 并用于低渗透难采油藏强化开采前景广阔。

鄂尔多斯盆地，地质结构稳定、构造简单和断层不发育，是我国陆上实施 CO_2 地质封存最有利和最安全的地区之一。同时，该地区能源资源丰富，是国家新兴的能源化工基地，具有发展 CO_2 捕集、利用与封存的资源和产业优势，气源与封存点同处一地。在该区域开展 CO_2 驱油与封存工作，有利于在 CO_2 运输过程中降低风险和成本，在煤化工和石油行业间形成良性循环，不仅得到相关企业和政府的大力支持，也已经成为一种事关国际形象的重要政治任务。

四、鄂尔多斯盆地开展百万吨级 CCUS 项目选址的遵循

2015 年 9 月 25 日，中美共同发布了《中美元首气候变化联合声明》。明确提出，关于 2014 年《中美气候变化联合声明》中所提的 CCUS 项目，两国已选定由延长石油运行的位于延安-榆林地区的项目场址。该项目成为中美两国应对全球气候变化对话与合作的重要进展之一。

作为"中国二氧化碳捕集、利用与封存产业技术创新战略联盟"和"中美清洁能源联合研究中心清洁煤技术联盟"成员单位，陕西延长石油于 2009 年启动了 CO_2 捕集、封存与提高采收率技术示范项目，目前已经形成了具有鲜明特色的 CCUS 一体化减排模式，在陕北油区建成两个 CO_2 驱油及封存先导性试验区，累计注入液态 CO_2 超过 13 万吨，取得明显增油效果，同时累计动态封存 CO_2 达 10 万吨，节约了大量水资源。2015 年，延长石油靖边项目通过了碳封存领导人论坛（CSLF）的国际认证，成为中国

第一个独立得到认证的 CCS 项目。在中美气候变化工作组提交的第六轮中美战略与经济对话的报告中，将延长石油与美国西弗吉尼亚大学、怀俄明大学及美国空气化学品公司的合作，作为两国加快 CCUS 部署的重要途径之一。

《中美元首气候变化联合声明》已选定由延长石油运行的位于延安-榆林地区的项目作为场址。榆林能化建成的 36 万吨每年捕集工艺沿用榆林煤化 5 万吨每年 CO_2 捕集工艺，36 万吨每年的 CO_2 管道输送工程项目也即将启动建设。可以预计，未来大规模 CCUS 项目仍然会选择在资源潜力最大的鄂尔多斯盆地进行。因此，在延长石油 36 万吨每年 CCUS 项目的基础上，超前谋划更大规模 CCUS 产业项目，开展数百万吨级项目的预可行性研究，对于进一步扩大区域内 CCUS 成果，增加中国自主减排国际话语权，具有十分重大的意义。

《中美气候变化联合声明》选定延长石油碳捕集、利用与封存项目为中美双边合作项目，不仅为延长石油继续开展碳捕集、利用与封存工作注入了强大动力，也为区域内其它能源企业开展碳捕集、利用与封存及选址工作提供了重要指导作用。前已指出，鄂尔多斯盆地碳排放量巨大，仅榆林地区及 CCUS 试验区沿线的碳排放就有千万吨规模，在我国应对气候变化和低碳发展这一大背景下，该区域的 CCUS 工作一定会善始善终、善作善成，而不会虎头蛇尾，鄂尔多斯盆地的 CCUS 产业未来一定会做大。

五、控制二氧化碳排放具有紧迫性

美国国家海洋与大气管理局（NOAA）报告指出，2019 年全球大气中的 CO_2 浓度增加了 2.64ppm，温室气体指数再创新高；而过去 40 年（1979～2019 年）全球大气中的 CO_2 浓度每年增加 1.84ppm，过去 10 年（2009～2019 年）平均增加 2.4ppm。2019 年大气中的温室气体浓度为 500ppm，其中 410ppm 来自 CO_2。因此，全球温室气体减排形势依然严峻，并且控制 CO_2 的排放仍然是温室气体减排的重点。

国家要求 2030 年碳排放强度比 2005 年下降 60％～65％。2018 年全国碳排放强度同比下降约 4％，超过年度预期目标 0.1％，2018 年碳排放强度比 2005 年下降 45.8％，未来将加快推进全国碳市场相关制度建设，落实 2030 年的国家自主贡献目标。

应对气候变化司已转隶到生态环境部，生态环境部希望将二氧化碳和大气污染物协同控制，这与德国征收二氧化碳排放税的做法不谋而合，2019 年基本完成二氧化碳环境税制方案。碳税一旦开征，势必加重传统能源企业的负担。2019 年 12 月财政部印发《关于碳排放交易有关会计处理暂行规定》，要求重点碳排放企业的会计核算增设碳排放权资产科目，核算通过购入方式取得的碳排放配额。

2019 年 5 月 15 日，港交所发布检讨《环境、社会及管治报告指引》及《上市规则》条文的咨询文件，对企业发布的 ESG 报告提出了五个方面的修改建议，标志着港交所 ESG 披露升级。其中，包括环境方面新增有关气候变化的层面及修订环境关键绩效指标，特别强化了气候变化相关的信息披露，要求上市公司描述气候变化的重大影响及应对行动。近期，煤炭、石油、电力等能源企业集团的金融和环保部门纷纷参与组建气候变化基金或低碳发展机构，欧盟的环境商贸公司也多次表达购买我国石油行业上游碳排放指标的意愿，国内电力企业出现碳减排自觉性。

根据以上信息可以判断，包括石油、石化在内的传统能源行业将面临巨大的碳减排压力。美国二氧化碳驱油项目已经累积封存十亿吨规模的二氧化碳。可以说，驱油型CCUS 作为一项经过长期验证的能够实现大规模地质封存减排技术，能够在能源企业甚至国家碳减排进程中发挥重要作用。鄂尔多斯盆地开展百万吨级 CCUS 工程项目示范占尽"天时、地利、政通、人和"。

参 考 文 献

[1] IPCC. 政府间气候变化专门委员会第五次评估报告 [D]. 2015.

[2] 马建英. 全球气候治理政治化现象和实质 [J]. 中华环境，2016 (1).

[3] 唐双娥. 后京都时代我国面临的碳减排挑战及其应对 [J]. 法商研究，2011 (5).

[4] 中华人民共和国国家统计局.《中国统计摘要 2019》. 北京：中国统计出版社，2019.

[5] Richard E. World energy outlook to 2000 [R]. Cambridge，UK. 1982.

[6] 英国石油公司. 世界能源统计年鉴 [M]. 2017.

[7] 联合国工业发展组织. 2016 年工业发展报告 [R] 2015.

[8] 中华人民共和国国务院. 中国应对气候变化国家方案 [R]. 2007.

[9] 中华人民共和国国务院. 中国应对气候变化的政策与行动年度报告 [R]. 2019.

[10] Global CCS Institute. The Global Status of CCS. 2016.

[11] Global CCS Institute. The Global Status of CCS. 2017.

[12] Global CCS Institute. The Global Status of CCS. 2018.

[13] Kapetaki Z, Miranda B E. CCUS Technology Development Report [R]. Luxembourg：European Commission，2019.

[14] 中国 21 世纪议程管理中心. CCUS 技术评估报告 [R]. 2020.

[15] 中华人民共和国科技部. 中国 CCUS 技术发展路线图 [R]. 2019.

[16] Vasily B. Crater formed by exploding pingo in Arctic erupts a second time from methane emissions [N]. The Siberian Times. 2018.

[17] 中国地质调查局. 中国地质调查成果快讯. 2017.

第二章

中国驱油类CCUS技术实践

世界范围内累计实施驱油类 CCUS 项目超过 180 个，驱油类 CCUS 技术在国外已被证明是一种可大幅度提高石油采收率并实现 CO_2 地质封存的成熟技术。2000 年前后至今，中国政府和大型石油公司投入巨资发展驱油类 CCUS 技术，基本实现大幅度提高低渗透油藏采收率、规模有效埋存目标，全流程技术已基本配套，正在深入检验。整体上，我国 CCUS-EOR 技术处于工业化试验阶段。

本章主要介绍我国代表性 CO_2 驱矿场试验，总结驱油类 CCUS 实践认识，简述中国 CCUS-EOR 关键技术，为后续百万吨级项目可行性分析的可靠性奠定基础。

第一节　代表性矿场试验项目

多年来，我国石油企业累计开展 30 多个 CO_2 驱油与封存的现场试验项目[1-4]，下面简要介绍若干代表性项目的基本情况。

一、黑 59 区块 CO_2 驱先导试验

吉林油田黑 59 区块试验的目标是评价探索弱未动用特低渗透油藏 CO_2 驱提高采收率可行性及其潜力。试验方案要点为：试验区位于吉林省松原市乾安县境内的大情字井油田，试验区面积为 2.0km²；目的层为青一段 7、12、14、15 号层，有效厚度 9.4m，平均渗透率 3.5mD；地质储量 78 万吨；地层温度 98.9℃，注气前地层压力约 17MPa，最小混相压力 22.3MPa；采用 160m×480m 反七点井网，5 个注气井组，22 口生产井；采取混合水气交替注入和周期生产联合的方式（HWAG-PP），实现早期混相驱开发；单井 CO_2 日注量 30~40t，注气前 3 年单井平均产量 5.92t/d，平均采油速度 3.83%，评价期 15 年；期末水驱采出程度 20.44%，评价期末 CO_2 驱增加采出程度 9.0%。

2008 年 4 月开始注气，截至 2017 年 6 月底，累积注入 25.2 万吨 CO_2。目前，地层压力高于最小混相压力。阶段累积产油 11.6 万吨，阶段采出程度 14.9%，见效高峰期单井产量 3.6t，气驱增产 1.5 倍，采收率提高约 6%。鉴于已完成试验使命及产量变化情况，2014 年 7 月通过对该项目验收，终止注气。黑 59 区块产量变化见图 2-1。

二、黑 79 南区块 CO_2 驱先导试验

吉林油田黑 79（H79）南区块试验的目标是评价水驱开发油藏低渗透油藏 CO_2 驱提高采收率可行性及其潜力。试验方案要点为：试验区位于大情字井油田，目的层为青一段 2 号层，有效厚度 4.0m，渗透率 19mD，试验区面积 7.2km²，地质储量 240 万吨；地层温度 98.3℃，最小混相压力 22.5MPa，注气前地层压力 18MPa；开始注气时采出程度 12.0%，综合含水 38%，单井产量 2.35t/d；采用 160m×480m 反七点井网，18 个注气井组，60 口生产井；选择混合水气交替注入和周期生产联合的方式，实现早

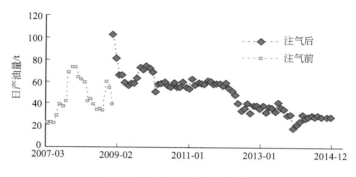

图 2-1　黑 59 区块产量变化

期混相驱开发；先连续注气 1 年（0.1PV），地层压力恢复到混相压力后，转入水气交替（WAG）方式注入；交替注入的水气段塞比为 1∶1，单井 CO_2 日注量 40t，单井日注水 30t；初期连续生产，采油速度 4%，CO_2 驱提高采收率 8.0%。

　　2010 年 3 月开始注气，累积注入 38.6 万吨 CO_2。地层压力接近最小混相压力，阶段累积产油 23.1 万吨，阶段采出程度 9.65%，见效高峰期单井产量 3.2t，气驱增产 1.31 倍。鉴于已完成使命，2014 年 7 月通过对该项目验收，注气已终止。黑 79 南区块产量变化见图 2-2。

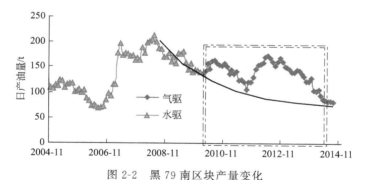

图 2-2　黑 79 南区块产量变化

三、黑 79 北小井距 CO_2 驱先导试验

　　吉林油田黑 79 北小井距试验的目标是加速完成 CO_2 驱全生命周期，快速评价高含水特低渗油藏 CO_2 驱的技术效果。试验方案要点为：试验区位于大情字井油田，目的层为青一段 11、12 小层，渗透率 4.5mD，有效厚度 6.4m。试验区面积 0.94km²，地质储量 36.3 万吨。最小混相压力 22MPa，原始地层压力 20.1MPa。注气时采出程度 21.6%，综合含水 81%，单井产量 0.8t/d。采用 80m×240m 反七点井网，10 注 19 采。利用老井 13 口，新钻井数 16 口（8 注 8 采），形成两个中心评价井组。核心区高峰期采油速度 4.0%，预计 CO_2 驱提高采收率 13%。

　　试验区于 2012 年 7 月开始注气，平均日注气 93.9t，到 2014 年项目验收累积注气量约 26 万吨。黑 79 北试验证实，在小井距情况下 CO_2 混相驱仍然可以显著提高低渗透、高含水油藏单井产量和采收率，见效后单井产量可以在 1.35t/d 稳定生产，气驱增产倍数实际值约 1.7，预计提高采收率幅度可以达到 15%，明显高于常规井距下的采收率增加幅度。黑 79 北小井距单井产量变化情况见图 2-3。

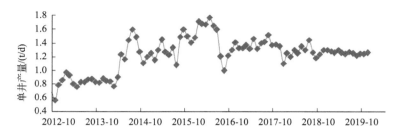

图 2-3   黑 79 北小井距单井产量

四、树 101 区块 CO_2 驱扩大试验

大庆油田树 101 区块 CO_2 驱试验目的是探索 CO_2 驱动用特超低渗油藏可行性，方案要点为：试验区位于宋芳屯油田，目的层为扶杨油层 YⅠ、YⅡ 组，渗透率为 1.02mD，有效厚度为 9.6m；试验区面积 2.5km²，地质储量 90 万吨；地层温度 108℃，最小混相压力 32.2MPa，地层油黏度 3.6mPa·s，原始地层压力 20.1MPa；属于未动用油藏注气类型，采用超前注气开发；采用井距 300m 和 250m、排距 250m 的反五点井网，7 个注气井组，17 口生产井；单井日注气 17.0t，CO_2 驱提高采收率 10.1%。

2007 年 12 月 2 口注气井投注，2008 年 7 月投注 5 口，注气半年后油井投产。初期单井日注气 25 吨，单井产量平均约为水驱的 1.6 倍，CO_2 驱油井不压裂投产初期单井产量与压裂投产树 16 区水驱压裂产量相当。累积注气量 17.78 万吨，累积产油 6.62 万吨，阶段采出程度 5.58%，阶段换油率 0.38tCO_2/t 油。地层压力保持水平高，吸气厚度比例高，目前地层压力为原始地层压力的 107.3%，有效厚度吸气比例在 84.6% 以上，1.0mD 油藏得到有效动用。

大庆油田树 101 试验区产量见图 2-4。

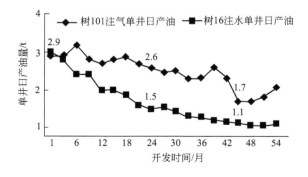

图 2-4   大庆油田树 101 试验区产量

五、贝 14 区块 CO_2 驱先导试验

大庆油田贝 14 区块试验的目标是探索 CO_2 驱动用特超低渗强水敏油藏的可行性。矿场试验方案要点为：试验区位于大庆油田的海拉尔盆地，目的层为兴安岭 XI、XII 组，有效厚度 26m，渗透率 1.12mD，强水敏油藏；试验区面积 0.65km^2，地质储量 159 万吨；地层温度 71℃，最小混相压力 16.6MPa，地层油黏度 4.7mPa·s，原始地层压力 17.6MPa；注气前采出程度 3.1%，无法正常水驱；采用 300m×250m 五点井网，先导试验一期 4 注 15 采；CO_2 驱预计提高采收率 17.3%。

2010 年 9 月贝 14-X54-58 井首先实现单井注入，吸气能力较强，注入压力稳定。必须建集气站和注入站，才能实现试验规模、稳定注入。截至 2017 年底，累积注入 CO_2 约 15.5 万吨，换油率（每吨油耗气量）指标表现良好。见效高峰期单井产量高于 2.0t/d。CO_2 驱采油井地层压力逐步上升，比注气前上升了 2.2MPa，比同期相邻水驱区块高 2.9MPa。CO_2 驱能够提高低渗透强水敏油藏单井产量，气驱增产 1.57 倍。大庆海拉尔油田贝 14 试验区产量见图 2-5。

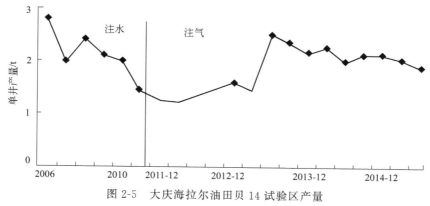

图 2-5　大庆海拉尔油田贝 14 试验区产量

六、草舍油田 CO_2 驱先导试验

江苏草舍油田 CO_2 驱先导试验目的是探索利用 CO_2 驱提高复杂断块油藏原油采收率可行性。方案要点为：试验区为草舍油田主力含油层系泰州组，油藏类型为构造油藏，含油面积 0.703km^2，储量 142 万吨，孔隙度 14.08%，渗透率 46mD；地层温度 119℃，注气前地层压力 26.6MPa，最小混相压力 29.3MPa，5 个注气井组，10 口生产井；连续注气方式，单井 CO_2 日注量 20～30t。

2005 年 7 月开始注气，至 2013 年 12 月结束，累积注入 17.98 万吨 CO_2。阶段累积增油 6.65 万吨，阶段提高采收率 4.68%，CO_2 封存率 86.1%。草舍 CO_2 驱提高采收率先导试验区产量见图 2-6。

七、高 89 区块 CO_2 驱先导试验

胜利油田高 89 区块 CO_2 驱先导试验目的是探索 CO_2 驱提高特低渗难采储量采收

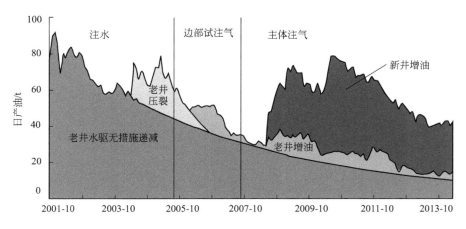

图 2-6　草舍 CO_2 驱提高采收率先导试验区产量

率的可行性。方案要点为：高 89-1 断块含油面积 4.3km²，储量 252 万吨，主力含油层系沙四段，发育 4 个砂层组 15 个小层。平均孔隙度 12.5%，平均渗透率 4.7mD；地层温度 126℃，注气前地层压力 24MPa，最小混相压力 29MPa；五点法井网，10 个注气井组，14 口生产井；采用连续注气，单井 CO_2 日注 20t；预计提高采收率 17%，换油率 2.63tCO_2/t 油，CO_2 封存率 55%。

2008 年 2 月开始注气，截至 2016 年 12 月，累积注入 26.1 万吨 CO_2。阶段累积增油 5.86 万吨，阶段提高采收率 3.4%。高 89 区块 CO_2 驱提高采收率先导试验区产量见图 2-7。

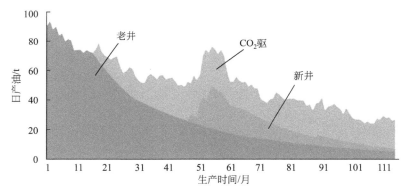

图 2-7　高 89 区块 CO_2 驱提高采收率先导试验区产量

八、濮城沙一下 CO_2 驱先导试验

中原油田濮城沙一下 CO_2 驱先导试验目的是探索水驱废弃深层油藏注气提高采收率的可行性。方案要点为：濮城沙一下地质储量 1050 万吨，主力含油层系沙一下，发育 2 个含油小层，平均渗透率 690mD，地层温度 82.5℃；注气前地层压力 19MPa，最小混相压力 18.42MPa；行列井网，注气井 22 口，生产井 38 口；采取水气交替注入，

单井 CO_2 日注量 40～50t，预计提高采收率 9.0％。

　　先导试验 2008 年 6 月开始注气，扩大试验，2009 年 9 开始注气，至 2017 年 6 月注气井总数达到 10 口，覆盖储量 265 万吨，累计注入 CO_2 32.1 万吨，阶段注水 32.7 万吨，阶段累计增油 1.4 万吨，阶段提高采收率 0.5％，预计提高采收率 8％，阶段增油换油率 $25 t CO_2 / t$ 油。

　　濮城沙一下 CO_2 驱阶段产油及含水变化见图 2-8。

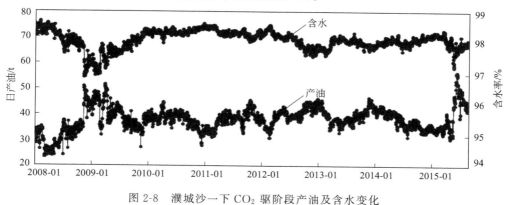

图 2-8　濮城沙一下 CO_2 驱阶段产油及含水变化

九、靖边乔家洼 CO_2 驱先导试验

　　为探索 CO_2 驱动用特超低渗强水敏油藏的可行性设立该试验，矿场试验方案要点为：乔家洼试验区面积 $1.2 km^2$，目的层为延长组长 6 油层，储层有效厚度 11.5m，平均渗透率 0.7mD，地质储量 39.4 万吨；地层温度 53℃，注气前地层压力 3MPa，最小混相压力 22.74MPa，200～300m 不规则反七点井网，5 个注气井组，14 口生产井；采用混合水气交替非混相驱，单井 CO_2 日注量 10～20t，单井日注水 $10 m^3$，注气前单井平均产量 0.2t/d，平均采油速度 0.3％；评价期 15 年，期末增加采出程度 8.9％。

　　靖边乔家洼井区于 2012 年 9 月投注第一口 CO_2 注气井，截至 2017 年 5 月，注入井组 5 个，单井平均日注 15～20t 液态 CO_2，累计注入 7.3 万吨，见到较好的增油效果。

　　靖边乔家洼 CO_2 试验井区生产曲线见图 2-9。

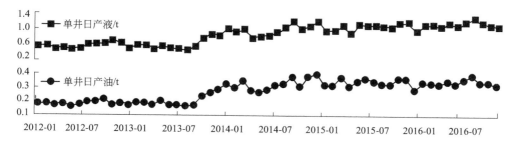

图 2-9　靖边乔家洼 CO_2 试验井区生产曲线

十、黄 3 井区 CO_2 驱油与埋存先导试验

长庆油田黄 3 井区试验目的是探索 CO_2 驱动用 0.3mD 超低渗裂缝型油藏可行性，方案要点如下：试验区位于姬塬油田，目的层延长组长 8_1 砂组；有效厚度 10.5m，渗透率 0.37mD，超低渗裂缝型油藏；试验区面积 3.5km²，地质储量 186.8 万吨，注气前采出程度 3.5%；150m × 480m 菱形反九点井网，9 注 35 采，预计提高采收率 10.2%。

黄 3 井区新建综合试验站 1 座，规模为 5 万吨/年；与综合试验站合建建成注入站 1 座；依托山城 35kV 变 10kV 供电线路，新建 10kV 线路 0.3km；新建进站道路 0.5km；完成 47 口井的井口和井身完整性评价和维护。经多方沟通，落实碳源。已于 2017 年 7 月投注，截至 2019 年底 9 个井组累计注入 6.6 万吨液态 CO_2。26 口见效井日产油从 0.8t 升到 1.3t，综合含水率下降，首次证实了区域内超低渗油藏 CO_2 驱可行性。长庆油田黄 3 试验区地面工程和生产情况见图 2-10。

(a) 黄3试验区综合试验站

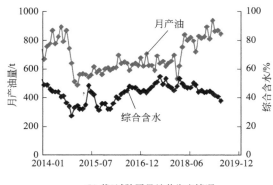

(b) 黄3试验区见效井生产情况

图 2-10　长庆油田黄 3 试验区地面工程和生产情况

统计分析上述 CO_2 驱试验项目可知，我国 CO_2 驱技术应用主要针对低渗、特低渗油藏，主要目的是探索 CO_2 驱提高我国低渗、特低渗储量动用率和采收率新途径。通过多年试验攻关，在吉林油田建成了国内首套含 CO_2 气藏开发-CO_2 驱油与封存一体化系统，在大庆油田建成了国内产油规模最大的 CCUS 循环密闭系统，在胜利油田建成了国内外首套燃煤电厂 CO_2 捕集、驱油与封存一体化系统，在延长油田建成国内首套煤化工 CO_2 捕集-CO_2 驱油与封存系统，在中原油田建成国内首套水驱废弃油藏利用石油化工尾气 CO_2 驱油与封存系统，基本完成了 CO_2 驱提高石油采收率技术配套，引起了国际社会和国家多部委广泛关注。

第二节　二氧化碳驱油实践认识

通过多年试验攻关，逐步形成了关于低渗透油藏 CO_2 驱生产动态的系统知识[5-11]，下面将结合具体实例，介绍 CO_2 驱提高采收率实践取得的一些油藏工程学科方面的认识。

一、不同 CO_2 驱替类型与效果

1. 注入气驱替类型划分

根据气驱油效率的高低和距离最小混相压力的远近，可将最小混相压力图划分为远离混相区、中等混相区、近混相区和混相区 4 个区域，见图 2-11。其中，远离混相区和中等混相区属于通常所说的非混相情形，而中等混相区连同近混相区与计秉玉教授等提出的半混相区相当。在 4 个区域中，气驱油效率仅在远混相区低于水驱情形。

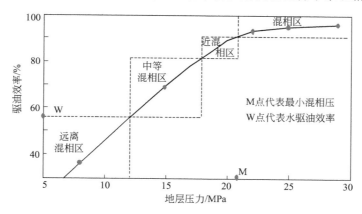

图 2-11　按混相程度划分的 4 种气驱类型

按照混相程度不同，气驱类型分为混相驱、近混相驱和非混相驱三大类。根据美国能源部的经验，结合我国研究经验，建议：若注气后见气前的地层压力比最小混相压力高 1.0MPa 以上，可定义为混相驱；若注气后见气前的地层压力比最小混相压力低 1.0MPa 以内，可定义为近混相驱；若注气后见气前的地层压力低于最小混相压力 1.0MPa 以上，可定义为非混相驱；对于能够正常注水开发的油藏，若注气后且见气前的地层压力低于最小混相压力的 75%，则不建议实施 CO_2 驱。

2. 混相驱项目

理论与实验均表明，对于给定油藏，CO_2 混相驱的采收率明显高于非混相驱，美国 CO_2 驱替类型主要为混相驱，混相驱项目数和 EOR 产量远大于非混相驱。以 2014 年数据为例，CO_2 驱总项目数为 139 个，其中混相驱项目数 128 个；CO_2 驱总产量为

1371 万吨/年，其中混相驱产量 1264 万吨/年。CO_2 混相驱项目成功率较高，2014 年美国 CO_2 混相驱项目中获得成功的项目为 104 个，占比 81.2%。当然，美国 CO_2 驱技术成功的商业应用与有利政策法规支持和 2000 年以来油价持续走高是密不可分的。据雪佛龙石油公司学者 Don Winslow 对三次采油类项目的统计，北美地区 CO_2 驱提高采收率幅度为 7%～18%，平均值为 12.0%。

在国内，走完全生命周期的注气项目较少，矿场试验规模不大，气驱技术尚处于试验和完善阶段。诸如江苏草舍 CO_2 混相驱试验、吉林大情字井地区 CO_2 混相驱试验、大庆海塔 CO_2 混相驱试验、中原濮城 CO_2 混相驱试验、吐哈葡北天然气混相驱试验和塔里木东河塘天然气混相驱试验已获得良好技术效果，大力发展混相驱有助于增加人们对注气提高采收率的信心，有助于气驱技术在我国快速发展。

3. 非混相驱项目

非混相驱与混相驱在工艺流程上并无明显区别，在油藏管理和实施难度上并无过高要求。非混相驱项目的经济性也未必不好。中石化胜利油田高 89、中石化东北局腰英台油田 BD33、中石油大庆油田树 101 和树 16、延长油田吴起和乔家洼等试验区的 CO_2 驱替类型都属于非混相驱，均取得了明显增油效果。同一油藏混相驱或近混相驱增油效果好于非混相驱，而有些油藏很难实现混相驱替。根据可能具备的现实条件选择油藏的合理开发方式是油田开发的基本要求。

据统计，全球实施的 CO_2 非混相驱项目 40 个，其中美国 11 个，加拿大 1 个，特立尼达 5 个，中国 8 个；全球非混相 CO_2 驱项目提高采收率幅度为 4.7%～12.5%，平均值为 8.0%，平均换油率 3.95tCO_2/t；我国的 CO_2 非混相驱项目提高采收率幅度为 3.0%～9.0%，平均值为 5.5%左右。非混相驱技术在不同埋深的轻质、中质和重油油藏中都有应用。

二、CO_2 驱生产经历的阶段

以吉林油田黑 59 试验区为例，5 个先导试验井组最高日产 120t，井网不加密条件下的 CO_2 驱稳产期采油速度高达 2.7%，综合含水率从 50%下降到 35%～40%。特低渗油藏 CO_2 驱试验效果突出表现在：

① 较高产油速度下，仍然具有很强的稳产能力；

② 含水大幅度下降，一些井甚至不产水；

③ 大井距下，不压裂也能够快速见效，节省大量储层改造与措施费用；

④ 水气交替注入能有效抑制气窜。

特低渗油藏 CO_2 驱试验的生产动态及监测成果表明，特低渗储量得到有效动用，稳产能力提高，黑 59 区块日产油能连续 4 年保持在 60t 左右，采油速度保持在 2.5%以上。尽管试验区平均注气效果较好，但全区仍存在着南北井组动态反应差异大、同井组内油井受效不均衡、气窜控制难等问题。整个注气试验可分为七个阶段。

1. 注气准备阶段

2008 年初开始了注采井况普查，包括井身技术状况普查、更换注气井口、更换耐

压井口等；还进行了注气前背景资料监测，包括地层压力监测、注水能力测试、注入压力测试以及其他基础测试。测压结果表明 2008 年初试验区平均地层压力为 16MPa，而地层最小混相压力为 22.3MPa。5 口注入井于 2008 年 3 月开始注水补充地层能量及有关资料监测工作，并关闭了大部分油井恢复地层压力。

2. 补充地层能量阶段

黑 59 试验区块的注气井黑 59-12-6 井和黑 59-6-6 井自 2008 年 4 月底开始注气，黑 59-4-2 和黑 59-10-8 井于 2008 年 6 月底开始注气，黑 59-8-41 井于 2008 年 10 月上旬开始注气，试验区油井除南部黑 59-4-2 井组 5 口油井外，其余全部关井恢复地层压力。黑 59 试验区地层压力快速恢复得益于早期高注气速度与低采速（含部分油井停产）的协同配合。

3. 高套压井试采阶段

2008 年 12 月实际测压显示试验区地层压力已达到 25MPa；试验区北部黑 59-12-6 井组的平均地层压力更高。试验区于 2009 年 1 月油井试采，呈现"油井自喷、产量翻番、含水大幅度下降、注气反应显著"的生产特征。从地质上看，见效最显著的高套压井是由于优势流动通道勾通注采井形成的，高速试采阶段会加速气窜，减小波及系数，缩小注入气的波及体积，给后续生产带来更大被动。因此，该阶段并非是必须存在的。

4. 正式投产阶段

根据压力测试结果，当全区地层压力高于最小混相压力时，油井全部开井，见到了明显注气效果。2009 年全年，试验区综合含水下降 10%，动液面升高 600m。北部未注水区域实现了混相驱替。在 2010 年 1 月份开井前，试验区北部压力得到有效恢复。黑 59-12-6 井组和黑 59-10-8 井组在开井后，有 4 口井自喷生产，7 口井产油量大幅上升，含水下降，开井初期其产量超过了投产初期的产量，注气反应明显。

5. 生产调整阶段

针对油井陆续见气的这一情况，尤其针对气窜较严重的井组应用了注入方式转换、CO_2 驱调剖以及控制液面生产等调整技术，相应井组注气压力有所上升，生产井气油比明显下降，见到了调整的效果。在黑 59-12-6 井，分两个阶段实施了泡沫凝胶调剖，共注入调剖液上千立方米，注入压力上升明显，井组矛盾得到有效缓解。注入井陆续实施了水气交替注入，使生产气油比稳定，但气驱的气油比还是比较高，泵效偏低。由于气源不稳定与不利天气等原因，实际注入量达不到配注要求。

6. 产量递减阶段

从 2012 年，单井产量开始下降，试验区产量进入了递减阶段，认识到 CO_2 驱也是存在递减阶段的。从 2009 年正式开井生产，黑 59 试验区连续稳产四年，采油速度保持在 2.5% 左右，处于较高水平，是水驱的 1.5 倍。特低渗油藏气驱也有递减阶段且递减较快，这是高采速必然导致高递减的客观规律决定的。经历四年的稳产期，并保持了较高的采油速度。出于经济效益的考虑，递减阶段实施水气交替注入，以节省注气量。生产动态是气驱自身规律在区块地质实际和注采调整情况的综合表现，由于现有技术手段和水平不可能完全认识储层和渗流的实际过程，也就导致了实际动态与预计的存在不同程度差别。

7. 后续水驱阶段

从 2014 年下半年起，黑 59 试验区注气量逐渐减少，到 2015 年停止注气，进入后续水驱阶段。由于前期注气量较大，存气率较高，地层含气饱和度较高。即使进入了后续水驱阶段，前期注入并存留的气体仍然会发挥一定的驱替作用以及地层能量保持作用。

生产动态是气驱自身规律在试验区块实际地质条件和注采调整情况的综合表现，由于现有技术手段和水平不可能完全认识真实储层和渗流实际过程，也就导致了实际生产动态与预测生产指标之间存在不同程度的差别。

三、混相气驱可快速补充地层能量

注气能够快速补充地层能量，黑 59 和黑 79 北小井距大约经过半年，地层能量快速升高，超过了最小混相压力 22.3MPa，实现了混相驱。以黑 79 北小井距注气试验为例，该油藏开始注气时已是高含水，单井产量从 0.8t/d 升高至 1.35t/d，开井后，井组整体含水率大幅度下降，产液和产油较平稳，表现出混相驱替特征，采收率也将会相应地提高。黑 79 南区注气后，产量止跌回升，增油效果是明显的。黑 59 区块和黑 79 北加密区地层压力变化分别见图 2-12 和图 2-13。

图 2-12　黑 59 区块地层压力变化

四、二氧化碳驱原油混相组分的扩展

CO_2 驱最小混相压力受控于原油组分、组成和油藏温度。对于给定油藏，原油中的中-轻质组分含量对 CO_2 驱最小混相压力有决定性影响。国际上一般认为，$C_2 \sim C_7$ 之间的轻组分含量影响 CO_2 驱最小混相压力，并且 CO_2 可以蒸发萃取的原油组分也主要是这些轻质组分。中国石油勘探开发研究院研究认为，随着地层压力升高，被 CO_2 蒸发萃取的组分是逐渐扩展增加的；压力高到一定程度时，$C_2 \sim C_{15}$ 之间的组分都可以被 CO_2 抽提突破油气界面，进入气相区；混相条件下，$C_{15} \sim C_{21}$ 之间的组分都可以被

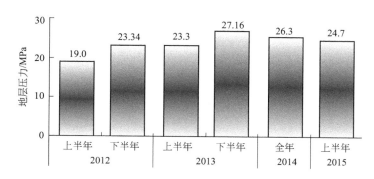

图 2-13　黑 79 北加密区地层压力变化

CO_2 抽提，这在多个 CO_2 混相驱油矿场试验中都被观察到。由于地层油中的 $C_7 \sim C_{15}$ 的含量是比较高的，以吉林油田黑 59 为例，$C_7 \sim C_{15}$ 摩尔分数高达 33.28%，这些中质组分进入气相区可以深度富化注入的 CO_2，起到了加速混相过程的作用，也起到了提高采收率的作用。

不同压力下 CO_2 蒸发的原油组分变化见图 2-14。

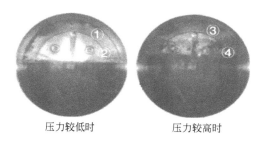

图 2-14　不同压力下 CO_2 蒸发的原油组分变化

①—气相区，CO_2 为主，少量 $C_2 \sim C_5$；②—近油气界面，气相组分 $C_2 \sim C_6$ 增加；
③—气相区，颜色加深，组分扩展为 $C_2 \sim C_{10}$；④—油气界面附近，气相组分扩展为 $C_2 \sim C_5$

因此，扩展 CO_2 和原油混相组分具有现实意义，对于我国中西部和东部具备混相条件的油藏，应主要发展混相驱，以获取最佳开发效果；对于我国东部相当数量的一批不能混相的油藏，也要尽可能提高地层压力水平，特别是利用近注气井的高压区实现近井地带混相驱，主动提高全油藏混相程度，改善 CO_2 驱开发效果。大庆油田榆树林公司渗透率为 1mD 左右的树 101 区块实验评价认为地层压力低于最小混相压力，但通过提高地层压力，实现了近井 100m 左右范围内的混相驱，取得了好的开发效果。

五、气驱方案设计与生产技术模式

注气实践表明，采取注采联动的办法可以明显改善气驱开发效果。笔者将注气开发方案设计的技术思路归纳为"HWAG-PP"模式。其中，"HWAG"意为在水气交替注入阶段使气段塞依次变小，减小气段塞的办法有降低日注量或缩短注气时间。"PP"指周期生产，是靠采油井的间歇式开关或控制流压生产抑制气窜的办法。"HWAG-PP"

模式是一种注采联动抑制气窜，扩大波及体积，提高开发效果的办法。其技术内涵为：注入井上水气交替是通过改善流度比抑制气窜，扩大波及体积；采油井周期生产则是通过强化混相的办法提高驱油效率并借助控制生产压差来抑制气窜，兼具扩大波及体积效果。在吉林情字井地区、大庆榆树林、海塔贝 14 CO_2 试验区生产中得到应用。实际应用表明，"HWAG-PP"模式在控制气油比、扩大波及体积、改善气驱开发效果方面作用明显，是一种必须坚持的低成本的保障 CO_2 驱开发效果的主体技术。

六、低渗透油藏气驱产量主控因素

难以准确完整定量描述复杂相变、微观气驱油过程，难以准确度量三相及以上渗流，地质模型难以真实反映储层等原因导致多组分气驱数值模拟预测结果经常不可靠。应用概率论可以证明，低渗透油藏多相多组分气驱数值模拟误差往往超过 50%，实际工作经验也证实了这一论断。因此，建立气驱产量预测油藏工程方法成为必需。为增加注气方案可靠性，提高注气效益，从气驱采收率计算公式入手，利用采出程度、采油速度和递减率之间的相互关系，推导出气驱产量变化规律，结合岩心驱替实验成果和油田开发实际经验，提出了气驱增产倍数严格定义及其工程计算近似方法，建立了极具可靠性的低渗透油藏气驱产量理论方法，得到了 30 个国内外注气项目验证，符合率高于85%，可用于气驱早期配产和气驱产量的中长期可靠预测。研究发现低渗油藏气驱增产倍数由气和水的初始驱油效率之比以及转驱时广义可采储量采出程度决定。

七、气驱见气见效时间影响因素

自 20 世纪 60 年代至今，国内取得明显增油效果的气驱项目已逾 30 个，对各类砂岩油藏注气动态已有较多认识，找到普遍化定量气驱规律是油藏工程研究主要任务。气驱开发经验与理论分析都表明，气油比开始快速增加的时间，综合含水开始下降的时间，见效高峰期产量出现时间与提高采收率形成的混相"油墙"前缘到达生产井时间具有同一性，现统一称之为气驱油藏见气见效时间。西南石油大学郭平教授指出目前还没有好的办法确定混相带长度，进而预测气驱动态。因此，提出实用有效的气驱油藏工程方法就很有必要。在真实注气过程中，渗流与相变同时发生；而从结果看，驱替与相变又可分开考虑。提出将该复杂过程简化为不考虑相变的完全非混相驱替、只考虑一次萃取的相变以及油藏流体的一次溶解膨胀三个步骤的简单叠加，即用"三步近似法"来简化真实气驱过程，以便于进行油藏工程研究。基于"三步近似法"和气驱增产倍数概念，研究了注入气的游离态、溶解态和成矿固化态三种赋存状态分别占据的烃类孔隙体积以及气驱"油墙"或混相带规模，得到了描述气驱开发低渗透油藏见气见效时间普适算法，并以多个注气实例验证其可靠性。敏感性分析发现见气见效时间对见气前的阶段地层压力及其接近最小混相压力的程度、注入气地下密度和理论体积波及系数较为敏感。因此，提高见气前的阶段地层压力和增加体积波及系数是延迟见气的两项基本技术对策。

笔者曾对吉林、大庆、胜利、冀东、青海和中原等油田以及加拿大 Weyburn（韦伯恩）油田等十个 CO_2 驱或天然气驱项目见气见效时间进行了计算，与实际生产数据对比得到平均相对误差为 8.3%（表 2-1），表明该见气见效时间预报方法具有很好的可靠性和普适性。统计我国低渗透油藏 CO_2 驱项目可知，CO_2 地下密度平均值为 544 kg/m³，见气见效时间累积注入量的平均值为 0.078HCPV（基于转驱时的剩余地质储量），所用时间为 1 年左右，且非混相驱往往意味着较早见气。理论和实践都表明，气窜会导致低渗透油藏产量快速下降，这意味着须在注气一年内完成扩大气驱波及体积技术配套。

表 2-1　十个注气项目的见气见效时间对比

试验区块	水驱采收率/%	水驱油效率/%	地层压力/MPa	混相压力/MPa	气密度/(kg/m³)	见气时间(HCPV) 理论值	见气时间(HCPV) 实际值
黑 79 北加密区	25	55	22	23	580	0.115	0.103
黑 59 北	20.3	55	25	22.3	600	0.083	0.076
黑 79 南	28	57	20	22.4	550	0.111	0.122
高 89	15	56	20	29	380	0.042	0.039
柳北	22	55.5	27	29.5	600	0.069	0.061
树 101	12	43	25.7	28	520	0.054	0.048
韦伯恩	37	62	15	15	580	0.149	0.14
马北（CH_4 驱）	14	58	9.8	32	74	0.026	—
海塔贝 14	10	43	17.1	16.6	540	0.043	0.039
濮城 1-1	46	59	18.5	18.5	520	0.216	0.209
CO_2 驱低渗项目平均	20.8	53.3	21.5	23.2	544	0.082	0.078

八、低渗透油藏气驱"油墙"形成机制

当地层压力和混相程度较高时，注入气将萃取地层油的较轻组分朝着油井移动并在井间形成高含油饱和度区带，即"油墙"，这是高压气驱和水驱地下流场的重要区别。地下流场的不同将使生产动态进入一个崭新阶段："油墙"前缘到达生产井的时间称为气驱油藏见气见效时间，自此进入真正意义上的气驱见效产量高峰期。

根据气驱油效率的高低和距离最小混相压力的远近，可将最小混相压力图划分为远离混相区、中等混相区、近邻混相区和混相区 4 个区域。凡涉及气驱"油墙"概念时，均限于气驱油效率高于水驱油效率的中等混相区、近混相区或混相区。在吉林油田、长庆油田和大庆油田外围的大量低渗透油藏地层油黏度都低于 5mPa·s，实施 CO_2 驱达到较高混相程度，实现混相驱或近混相驱并非突出问题。一般地，在经历见气见效前的增压见效阶段后，地层压力能达到对于 CO_2 和地层油的最小混相压力的 0.8 倍以上，使得气驱油效率能够高于水驱。下面对高压气驱"油墙"形成过程予以分析和描述：

当油气充分接触后会发生相变，出现气液分离和液液分层现象，形成富气相-上液相-下液相（RV-UL-LL）体系。根据对注入气接触地层油产生富气相（RV）组成的分析，并借鉴凝析气藏开发经验，"加速凝析加积"机制对"油墙"贡献的组分主要是 $C_5 \sim C_{20}$，显然这是饱和凝析液的组分；根据对密度较轻的上液相产状和组成分析，"差异化运移"机制对"油墙"贡献的上液相（UL）组分则以 $C_1 \sim C_{30}$ 为主，可认为上

液相属于挥发油。两种成墙机制产生的是一种介于饱和凝析液和挥发油之间的一种较轻质的液相——统称为成墙轻质液（具有较低黏度和较低密度）。

从上可知，由于轻质组分被萃取后的剩余油的黏度高于被萃取物黏度而流速较慢，这种"差异化运移"造成被萃取物始终更快地向前堆积成墙，再加上注入气向前接触新鲜油样，前缘混相带黏度远高于连续气相黏度，压力梯度陡然增大，导致被萃取物凝结析出并滞留，这种"加速凝析加积"使得"油墙"主体含油含饱和度最高。气驱"油墙"形成机制可概括为"差异化运移"和"加速凝析加积"。两种成墙机制体现了各流动相的动力学和热力学特征在运动中的变化和差异；两种成墙机制亦是"油墙"物理特征描述的重要依据。高压气驱"油墙"形成过程可分解为"近注气井轻组分挖掘—轻组分携带—轻组分堆积—轻组分就地掺混融合"四个子过程。

如上所述，"油墙"是成墙液轻质和地层原油掺混融合而成，"油墙油"本质上是一种"掺混油"，"油墙"区域原本就存在地层油。随着注气持续进行，这部分原状地层油的轻组分也会被萃取并被采出。由此，可区分出两种"油墙"类型：一种是见气见效之前形成的，成墙轻组分来自注入井周围一定范围，可称之为"先导性显式油墙"。该类"油墙"运移到生产井的那一刻成为见气见效阶段的肇始，并且它决定了见效高峰期产量情况和含水率"凹子"的深度。另一种则是见气见效之后形成的，成墙轻组分主要来自"先导性显式油墙"所覆盖区域，可称之为"伴随性隐式油墙"。由于形成时间和采出时间较晚，其首要作用在于延长气驱见效高峰期。只有保持较高地层压力水平，"伴随性隐式油墙"才能发育良好，才能有效延长气驱见效高峰期，甚至可以期望随之而来更好的气驱生产效果。反之，如果该阶段地层压力保持水平低，"伴随性隐式油墙"发育不良，相应地生产动态则是一种很差的尾部状态。可以讲，"伴随性隐式油墙"是见效高峰期产量重要来源，也是该阶段中后期生产动态的地下流场条件。显然，区分出两类"油墙"对于正确认识见气见效阶段生产动态特征和维持气驱见效高峰期生产效果有重要指导作用。

九、气驱开发阶段定量划分方案

气驱生产经历的阶段划分以生产面临的主要任务为依据，是定性的描述；而气驱开发阶段划分主要以气驱生产指标变化特征为主要根据，可以进行定量研究，获得普适性结论。气驱开发阶段根据划分依据不同，将有不同的划分方案，可从注气方式、生产见效特征、流场变化特征等方面进行划分，见图 2-15。一般来说，连续注气数月到一年左右即可使地层压力恢复到相当程度，此所谓增压见效阶段，"油墙"亦在此期间发育并成型；紧接着便整体进入见气见效阶段，地下流场高含油饱和度"油墙"开始被集中采出，生产上的体现是出现气驱见效产量高峰期，该阶段宜采用水气交替注入与高气油比井周期生产相结合（HWAG-PP）的开采方式；然后进入较高气油比的"油墙"分散采出阶段或气窜阶段，须以更大力度的生产调整对策维持气驱效果，仍须注采联动扩大波及体积，这是一个相当长的时期；在最后的阶段里，气驱效果较差甚至继续注气可能不经济，应考虑转水驱开发，确保有效益。

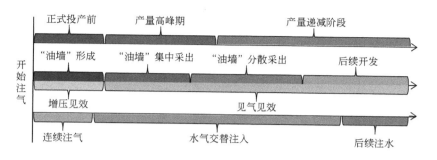

图 2-15　气驱开发阶段划分方法

　　"油墙"集中采出时间从属于见气见效阶段，也是气驱效果最明显的阶段。"油墙"采出时间可分为两个阶段：第一阶段是"油墙"集中采出阶段；第二阶段是"油墙"分散采出阶段，主要受生产调整措施及其力度所控制。"油墙"集中采出阶段属于气驱见效产量高峰期，"油墙"分散采出阶段是气窜阶段。在气窜阶段早期，如果采油工艺和生产调整措施得当，仍然可以有效延长产量高峰期。故提出"油墙集中采出时间"概念，以定量描述"油墙"集中采出阶段持续时间，该时间也近似等于气驱见效高峰期或者从见气见效到整体气窜的时间。气驱"油墙"几何特征描述可以确定气驱稳产年限。气驱开发阶段的定量划分的关键是见气见效时间的确定和气驱稳产年限的确定。显然，定量划分气驱开发阶段有助于超前部署和准备气驱生产与调整工作。

十、适合 CO_2 驱低渗透油藏筛选程序

　　高度重视油藏筛选是 CO_2 驱效果的根本保障。不同试验项目的换油率，即采出每吨原油需要注入的 CO_2 量差别较大，受裂缝发育情况、开发阶段、地层水无效溶解、气窜低效循环等因素影响，国内 CO_2 驱项目的换油率一般在 $2\sim7tCO_2/t_{油}$，这造成项目之间的经济性悬殊。以中石油为例，CO_2 驱换油率为 $3.2tCO_2/t_{油}$，按 2019 年试验项目平均碳价 225 元计算（主要是目前大庆和吉林注气量占比较大），采出每吨原油仅 CO_2 介质费用就达到 720 元（14.1 美元/桶）。显然，低油价下需要高度重视油藏筛选，从根本上保障项目的经济性。

　　现有筛选标准缺乏判断注气是否具有经济效益的指标。理论分析和注气实践还表明，低渗透油藏注气多组分数值模拟预测结果误差往往超过 50%，极易造成利用数值模拟评价注气可行性环节失效。这是北美地区经济性差与不经济注气项目占 20% 以上的重要原因。国内注气项目更易出现不经济的问题，主要原因有：碳交易制度和碳市场不成熟以及驱油用气源主要构成不同；国内地层油与 CO_2 混相条件更苛刻及陆相沉积油藏非均质性强造成换油率较高（即吨油耗气量较多）以及采收率较低；国内实施 CO_2 驱油藏埋深较大等。有必要完善现有气驱油藏筛选标准。鉴于产量是最重要的生产指标，故提出向现有筛选标准中增补能够反映气驱经济效益的指标——单井产量相关指标。

　　将注气见效高峰期持续时间视作稳产年限，见效高峰期产量为稳产产量。当产量递

减率（据油藏工程法获得）确定时，评价期整个气驱项目的经济效益就取决于稳产产量，整个气驱项目盈亏平衡时的稳产产量即为气驱经济极限产量。根据这一考虑，引入一种新的经济极限气驱单井产量概念，并建立其计算方法。结合低渗透油藏气驱见效高峰期单井产量预测油藏工程方法，得到判断气驱项目经济可行性的新指标：若气驱高峰期单井产量高于气驱经济极限产量，则为经济潜力；若气驱见效高峰期单井产量高于经济极限产量，则注气项目具有经济可行性。

在此基础上提出适合 CO_2 驱的低渗透油藏筛选须遵循"技术性筛选—经济性筛选—可行性精细评价—最优注气区块推荐"的"4 步筛查法"程序，避免注气选区随意性，以从根本上保障注气效果。

十一、气驱油藏管理的理念创新

吉林油田和中国石油勘探开发研究院气驱研究人员于 2008～2009 年总结提出将"保混相、控气窜、提效果"作为 CO_2 驱油藏管理的主导理念。2016～2017 年，中国石油集团咨询中心认为气驱技术还有待完善，因为一些老问题还没有解决，一些新问题又有出现，比如"应混未混"气驱项目的出现。吉林油田黑 46 区块自 2014 年 10 月开始注气，到 2016 年 5 月已注入二十多万吨 CO_2，生产气油比从 $35m^3/m^3$ 升至 $500m^3/m^3$，日产油不增加反而有下降趋势。是注采井网有问题，还是地下流体性质有特殊性，该如何治理？作为中石油首个 CO_2 驱工业推广项目，各方都关心这个问题。

对于气窜严重井数众多的大型特超低渗油藏，很难全面测压及时准确的获得地层压力以判断地下驱替状态。笔者依据注气开发油藏见气见效时间预报、低渗透油藏气驱产量预测、气驱"油墙"物理性质描述和混相气驱生产气油比预测等气驱油藏工程方法研究后认为，天然裂缝不发育的黑 46 区块确实已进入整体见气阶段，但生产气油比不该数倍于混相驱"油墙"溶解气油比，实际日产油量不该仅为混相驱理论值的 60% 左右。另一方面，根据最小混相压力与原始地层压力差别不大认为黑 46 项目本该混相。在和吉林油田交流后，将黑 46 项目定性为"应混未混"气驱项目，并提出"油藏恢复、油墙重塑"的治理理念及对策，并排除了提高 CO_2 注入量、增注氮气等快速抬高地层压力以及调剖等控制气窜的想法。该治理理念与对策经过近 3 年的实施，丘状气油比平台逐渐消失、日产油持续升高，综合含水率持续下降，黑 46 区块 CO_2 驱开发形势持续向好并符合预期（见图 2-16）。

"保混相、控气窜、提效果"在混相驱油藏管理方面发挥了重要作用。现实中还存在大量非混相驱项目，促混相的提法显然更有普遍意义；控气窜主要是为了扩大注入气的波及体积或保障正常生产；提效果自然是一切油田开发项目生产调整的出发点。

黑 46"应混未混"项目的成功治理启示和验证了气驱生产气油比和含水率在一定程度上可以向注气前的水平恢复，即气驱过程的可逆性。"油藏恢复"是利用可逆性的唯一目的，也是"油墙重塑"的必要条件。不论是概念的内涵或目的还是手段，"利用可逆性"与"保混相、控气窜"都是不同的。因此，重视并利用可逆性是气驱油藏管理的理念创新，气驱油藏管理的理念可以进一步概括为："促混相、控气窜、重可逆、提效果"。

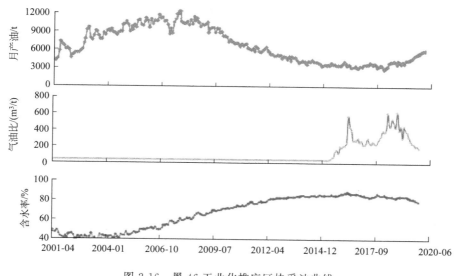

图 2-16　黑 46 工业化推广区块采油曲线

十二、CO_2 驱接替油田开发的条件

CO_2 驱油技术在北美地区早已配套和成熟，在 20 世纪 80 年代就已经进入了商业化应用阶段，实现了数百万吨的规模产量。与之相应的是，国家层面的动力、配套财税资源、廉价充足的气源、网络化输气管道等有利于 CO_2 驱油与封存技术工业化推广的重要因素的成熟。下面参考国外情况，结合国内实践，讨论了 CO_2 驱油技术在我国成长为油田开发接替技术的条件。

1. 政策环境

1970～1990 年间发生的 3 次石油危机使石油生产国和消费国认识到石油自给和石油安全的重要性。为减小石油对外依存度，以美国为代表的一些国家不断调整和更新能源政策和法规，激励本土石油公司和民间资本投资提高采收率技术研发与相关基础设施建设。例如，美国在 1979 年通过了《石油超额利润税法》，其中包括对利用 EOR 方法获得的利润进行减税的规定，促进了 EOR 技术及其配套产业的发展。

2. 气源保障

1982～1984 年间美国大规模开发了 Mk Elmo Domo、Sheep Mountain 等 CO_2 气田，建设了 Bravo Dome 管道等连接 CO_2 油气田的输气管线，为规模化实施 CO_2 驱油项目提供了气源保障。超过 70% 的 CO_2 气源是由这些天然气藏稳定供应的，通过总长超过 6500km 的网络化管道输气。此外，还有部分 CO_2 气源来自大型煤化工项目。CO_2 气源价格大多数不超过 30 美元/吨，充足的气源、稳定的供应、可接受的价格都为 CO_2 驱油与封存项目实施提供了重要物质保障。事实上，我国 CO_2 驱油技术研究开展的并不算晚，但始终没能发展壮大，很大程度上是气源问题所致。事实上，我国有大量煤化工项目，高纯度碳排放量巨大，但由于缺少长距离输送管道等基础设施，拉运到

井口的 CO_2 价格过高，影响了一批重大试验项目的顺利运行。

3. 税收因素

1992 年美国正式签署了《联合国气候变化框架公约》并承诺实现公约的目标。碳税是应对全球气候变化问题的重要手段之一。碳税由于理论设计上的优点和实践操作上的便利，目前已经在很多国家实施。1991 年以来，挪威在一些部门实施了 CO_2 税，包括海上石油生产。不同时期和不同部门的碳税也不同。1996 年，海上石油生产的碳税为 50 美元/吨。这在很大程度上推动了在挪威从事油气生产的公司实施碳减排行动。1991 年 12 月，美国明尼苏达州立法机构通过并发布了"植树计划"，建议化石燃料上必须征收碳税，每吨碳征收 6 美元。将 CO_2 驱油封存项目纳入全国 ETS（碳排放权交易体系），碳税征收将对 CO_2 驱技术在国内的扩散起到明显促进作用。

4. 国际油价

2000 年后原油价格持续攀升，给气驱等强化采油技术发展带来利润空间，新投建的项目不断增加。目前，全球已有累积实施超过 180 个 CO_2 驱油项目，2012～2014 年美国的年产油量都超过 1300 万吨。油价对 CO_2 驱技术在我国的可持续发展具有决定性影响。评价认为，当油价低于 75 美元/桶时，我国大多数 CO_2 驱油项目将面临经济风险，当油价低于 65 美元/桶时，基本上所有 CO_2 驱油项目都会亏损。

5. 油藏条件

与国外海相沉积油藏相比，我国陆相沉积油藏的非均质性较强，低渗透油藏天然裂缝和人工裂缝交织，气驱波及系数小；我国油田地层油黏度较高，混相条件更苛刻，这些因素为提高 CO_2 驱油效率增加了难度；国内实施 CO_2 驱油的油藏埋深也比较大（比美国新墨西哥州和得克萨斯州二叠系油藏深约 500m）；等等。这些因素连同我国碳交易相关机制不健全、碳市场发育不成熟以及驱油用气源主要构成不同一并造成了国内注气项目的换油率较高（即吨油耗气量较多）、吨油操作成本高、采收率较低、注气项目的收益较差，这是油藏条件对 CO_2 驱项目成败和效益构成的挑战。

6. 气驱油藏管理

油藏管理不仅仅是提出预防性维护措施或是解决某一问题，也不仅仅是制定一个规划或设计一个开发方案或编制一个开采过程中的实施计划。虽然油藏管理包含上述任何一个方面，但油藏管理不仅有针对性，还有综合性、系统性。

我国的部分注气项目出现了过早气窜、井网与裂缝系统匹配差、气驱油井合理工作制度确定方法不完善，一些"应混未混"项目的出现，都表明我国气驱油藏管理经验积累不够，以及我国气驱油藏管理技术水平相对落后。由于缺乏管理大规模注气项目的系统性历练，有必要开展全流程规模化 CCUS-EOR 试验项目锻炼油田气驱开发管理队伍，提高我国气驱油藏管理水平，为我国气驱技术的推广和项目效益的提升打下人才队伍基础。

7. 商业模式

全流程项目运营和商业模式尚不明确。除了前期投资大、运行成本高、经济风险高之外，大型全流程 CCUS 项目还往往具有跨行业、跨地域和跨部门特点，涉及"国家—地方—企业"关系。寻找恰当的商业模式和项目运营模式,能够在利益相关方之间合理配置资源,使项目得以顺利运行,并使项目效益最大化,促进 CCUS 技术可持续发展。然而,在具有上述"三跨"特点的大型商业化项目运作方面,中国还没有成功的实践和成熟的经验。

只有油藏条件、气源保障、国际油价、油藏管理、商业模式等重要条件都基本具备,辅以国家层面支持和财税政策导向,CO_2 驱才能成长为中国低渗透油田开发的主体接替技术,CCUS 在能源企业才能落地生根、开花结果,长期发展下去。

十三、中外气驱发展条件比较

1. 危机感和政策导向助推北美气驱大发展

通过本国原油快速增产应对石油危机。世界第一次石油危机使美国工业生产下降 14%。加大国内勘探开发力度,推广气驱等强化采油技术快速增产,成为美国降低石油对外依存的重要举措。

通过政策法规导向激活美国国内石油市场。美国立法机构通过了《能源安全应急法案》,放松了油价管控,出台有利的税收和市场准入政策,吸引各类企业增加投资,全面激活其国内油气勘探生产市场,包括建成了 CO_2 长输管道。

美国适合 CCUS-EOR 的资源条件优越。美国在低渗透油藏、高渗透油藏、过渡带油藏都有商业成功的 CO_2 驱项目,证实了适合 CO_2 驱的油藏资源是庞大的。美国能源部 2006 年发布的报告显示,适合 CO_2 驱储量超过 120 亿吨。美国巨型气藏通过管网输送 70% 以上驱油用气,建立了多元化的 CO_2 气源供给体系,彻底解决了气源问题。美国每 5~6 年进行一次油气资源评价,为 CCUS 源汇匹配和输气管网等基础设施规划建设提供了重要依据,推动了美国 CO_2 驱的持续发展与应用。

2. 中国 CO_2 驱油与封存技术推广应用存在瓶颈

第一,气源供给问题突出。国内主要石油公司内部可用碳源规模小而分散,企业外部碳源市场尚未形成,价格高且不可控。由于 CO_2 气源不落实、不稳定、价格过高等因素造成一批重大试验难以运行,已运行试验项目的技术经济效果亦受严重影响。比如,吉林、大庆、冀东、长庆、新疆先导试验外购 CO_2 价格为 400~1000 元/吨,长庆试验项目 CO_2 井口价格高达 500~750 元/吨。当前,CO_2 气源问题突出,成为制约我国 CO_2 驱工业化推广的瓶颈。

第二,油田与碳源之间缺少桥梁(输送管网),导致大量高浓度 CO_2 源不能转化为驱油资源输送到油田,也使得石油企业难以启动大型 CO_2 驱油与封存项目。CO_2 输送管网建设与运营既涉及跨行业的上下游企业,也涉及地企关系,难以一蹴而就。

第三,CO_2 驱油技术效果还不够明朗。低渗透油藏单井基础产量比较低,注气后增产 30%、50%,甚至 100% 的幅度,绝对增量仍然较低,是否还有大幅度提高的可能性存在还须探索。我国完成全生命周期的注气项目甚少,注气效果未能完整展现和评估,在一定程度上影响投资决策。

第四,低油价不利 CO_2 驱油与封存技术推广。CO_2 驱油与封存项目具有高技术与资金密集的特点，项目前期资金需求量大，投资回收期偏长，低油价下推动 CCUS-EOR 技术应用难度增大。

此外，国内正在运行的 CO_2 驱油与封存项目多数是由示范项目延续而来，普遍存在规模偏小、各类资源匹配难度大、边建设边实践边积累边提高的状况。

第三节　全流程CCUS-EOR技术

经过近二十余年攻关研究，我国基本建立了 CO_2 驱油与封存配套技术[11-27]，形成了从碳捕集到输运，再到注入、驱替、举升、集输处理与循环注入全流程系统密闭的技术系列，保障了驱油类 CCUS 工程的安全稳定运行和项目实施效果。

一、二氧化碳捕集技术

(一) 碳捕集技术概述

CO_2 捕集，从本质上说是 CO_2 气体的分离过程。对于 CO_2 捕集技术的分类，大多数学者采用联合国政府间气候变化专业委员会（IPCC）特别报告中给出的针对化石燃料和生物质利用过程捕集 CO_2 的方案，包括燃烧后捕集、燃烧前捕集、富氧燃烧三类。此外还有工业过程中的 CO_2 捕集，其中物理吸收法在现代煤化工领域处于绝对优势地位[12-15]。

1. 燃烧后捕集

燃烧后捕集是将化石燃料或生物质空气燃烧后烟气中的 CO_2 进行捕集分离的过程，这种技术系统原理简单，很容易与现有锅炉或窑炉结合，适应范围广。但由于烟气量大，CO_2 含量低，体积分数一般在 $3\%\sim15\%$，杂质成分多，因此脱碳过程能耗大，运行成本高，如用于电厂烟气的 CO_2 捕集，对电厂效益有一定的负面影响。

2. 燃烧前捕集

燃烧前捕集是将氧气、水蒸气和化石燃料一起进入气化炉内反应，气化生成以 H_2 和 CO 为主要成分的合成气，再经水煤气变换，将 CO 转化成 CO_2 和 H_2。这种方式产生的混合气体中 CO_2 浓度相对较高，体积分数一般在 $15\%\sim60\%$，易于捕集，得到高纯 H_2 进入氢燃气轮机燃烧室进行燃烧，燃烧后产生的烟气基本不含 CO_2。目前燃烧前脱碳已被拟建或规划中的 IGCC 及多联产示范电厂采用。

3. 富氧燃烧

富氧燃烧是使用纯度为 $95\%\sim99\%$ 的氧气替代空气，与化石燃料及与燃烧后返回的部分高浓度 CO_2 一起，在燃烧室参与燃烧反应，生成以水汽和 CO_2 为主的烟气。这种烟气含有高浓度 CO_2（体积分数在 80% 以上），一部分返回燃烧室参与燃烧，另一部分经冷却和压缩等除去水汽，再进一步处理，得到所需高浓度 CO_2。因此，富氧燃烧

技术在 CO_2 捕集方面有一定优势。

4. 工业过程

化石燃料和生物质转化利用的工业过程是目前使用 CO_2 捕集技术最集中和最成熟的领域，许多捕集技术已经工业应用了多年。脱除 CO_2 的方法包括溶剂吸收法、吸附法、低温分离法和膜分离法等技术。这些技术是石油化工和煤化工行业中主流的 CO_2 捕集技术。工业过程中常见的二氧化碳捕集技术见图 2-17。

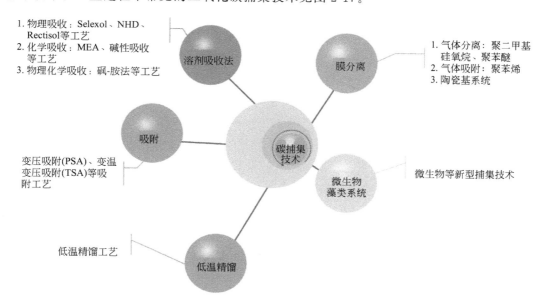

图 2-17　工业过程中常见的二氧化碳捕集技术

（二）碳捕集技术成熟度

1. 不同碳捕集技术情况

（1）化学吸收工艺

化学吸收工艺，尤其是一乙醇胺（MEA）吸收捕集技术在 CO_2 脱除技术中应用最为广泛，全世界 90% 的应用都是采用化学吸收法。90% 以上的电厂燃烧后捕集 CO_2 的工艺采用化学吸收工艺。此工艺技术比较成熟，但是其仍然面临许多问题：传统再生工艺再生能耗高；受到吸收液 CO_2 负荷限制，需要足够的胺液循环量；碱性溶液对设备腐蚀较为严重；填料塔内溶液出现溢流、液泛等现象；氨水吸收剂再生过程氨挥发严重。目前的化学吸收系统工艺改进也只是针对上述问题提出改进，优化系统性能。其运行成本大致在 150～400 元/吨。

（2）物理吸收工艺

物理吸收工艺是溶解的气体与溶剂或溶剂中某种成分并不发生任何化学反应的吸收过程。吸收过程的推动力等于气体的分压与溶液溶质气体的平衡蒸汽压之差。物理吸收时会产生近于冷凝热的溶解热。物理吸收法主要包括低温甲醇洗法（Rectisol）、塞勒克索尔法（Selexol）、聚乙二醇二甲醚法（NHD）、碳酸丙烯酯法（PC）和 N-甲基吡咯烷酮法（NMP）等。其中低温甲醇洗工艺和NHD工艺是最常用工艺，适用于CO_2分压较高的情况。低温甲醇洗工艺在现代煤化工领域处于绝对优势地位，技术成熟性高，其运行成本大致在100元/吨。对于年产30万吨及以下规模的传统煤化工项目，有部分采用NHD吸收工艺，其他工艺只占有少量市场。

（3）吸附工艺

1986年，西南化工研究设计院有限公司开发了用变压吸附从各种富含CO_2的混合气（如石灰窑、烟道气、合成氨长变换气等）中提纯CO_2的技术，并获得了专利；1987年第一套从石灰窑气中提纯CO_2的工业装置在四川省眉山县氮肥厂投入运行；1989年第一套从合成氨厂变换气回收CO_2的工业装置在广东江门氮肥厂投产，装置能力为$10\sim12t/d$，产品CO_2的纯度大于99.5%。随后对技术进行多项改进和发展，一是筛选分离性能更好的吸附剂；二是对工艺流程优化，使得变压吸附脱碳技术取得了长足的进步，并已成功应用于大、中型工业脱碳装置中。该工艺也比较成熟，该技术的难题是对CO_2选择性吸附性能好、吸附量大、回收率高且廉价易得新型吸附剂的研发与应用。其运行成本大致在$200\sim400$元/吨。

（4）膜分离工艺

1979年，美国孟山都公司首次推出膜分离器，用于从合成氨厂弛放气中回收氢气，并一举获得成功。美国Envirogerics System公司1983年开发出一种名为"Gasep"的膜分离装置，是采用醋酸纤维素不对称膜的螺旋卷式膜组件，从天然气中分离回收CO_2，该膜装置使用3年无明显损坏。2006年10月底，中国海洋石油总公司海南福山油田投产运行了国内第一套膜分离脱CO_2装置，该装置由中科院大连化学物理研究所设计，所用膜来自美国空气产品公司和日本UBE公司。装置设计年处理量为$1360\times10^4 m^3$，原料气中CO_2含量超过80%（摩尔分数）。从技术成熟度来讲，该工艺目前大致处于研发阶段。膜分离工艺技术难点在于寻找高通量、高分离性能、耐污染、耐腐蚀、价格低的CO_2复合气体分离膜。

（5）低温精馏工艺

该工艺优点在于能够产生高纯度、液态的CO_2，且液态CO_2密度大，便于管道输送及公路低温槽车运输；但工艺设备投资较大、能耗较高。低温精馏工艺对从高浓度（摩尔分数大于60%）CO_2原料气中回收CO_2较为经济，目前常用于食品级CO_2的制备过程。神华10万吨/年CO_2捕集工艺采用的技术即为该工艺，目前装置运行良好，捕集成本为284元/t。从技术成熟性来讲，该工艺较成熟。其关键问题在于如何优化工艺，减少能耗。

2. 技术匹配情况

根据中石化胜利油田公开报道显示，其开发了四种不同浓度的CO_2捕集工艺，其使用规模和运行成本如表2-2所示。

根据延长石油实践，其对CO_2进行分类捕集：对于高浓度的碳，采用低温甲醇洗工艺，能耗低、直接提高浓度，压缩捕集。对于低浓度的碳，采用高效复配胺吸收法，压缩捕集。低温甲醇洗工艺的捕集成本大致100元/t，胺法捕集成本大致240元/t。

表 2-2 中石化胜利油田 CO₂ 回收工艺经济比较

膜法脱碳系统	变压吸附脱碳系统	化学吸收脱碳系统	低温分馏脱碳系统
适用于:中小规模 试验规模:1000m³/d 运行成本:80元/t	适用于:中小规模 试验规模:1000m³/d 运行成本:115元/t	适用于:大规模,中低 CO₂ 含量 试验规模:30000m³/d 运行成本:120元/t	适用于:大规模,高 CO₂ 含量 试验规模:5000m³/d 运行成本:108元/t

结合目前项目应用及相关工艺的原理、流程、特点、核心技术、能耗、运行成本、应用程度、存在的问题及技术成熟度的分析,得出各工艺技术匹配,如表 2-3 所示。

表 2-3 碳捕集技术匹配

工艺技术	膜分离	变压吸附	化学吸收	低温精馏	低温甲醇洗或 NHD
特点	流程简单、能耗较小、理想分离膜的开发难度大	流程简单,能耗较小,理想吸附剂的开发难度	能耗较大,成本低,应用较多	处理量大、运行成本低、易于工程化	处理量大、运行成本低、易于工程化、应用广泛
匹配	中小规模、高浓度的 CO₂ 的捕集	中小规模、高浓度 CO₂ 的捕集	低浓度 CO₂ 的捕集,目前多应用于电厂烟气 CO₂ 捕集	大规模、高浓度 CO₂ 的捕集,目前常用于食品级 CO₂ 的制备	大规模、高浓度 CO₂ 的捕集,目前在煤化工领域应用较多

对于煤化工项目而言,从低温甲醇洗装置排放的尾气是 CO_2 捕集的重点,捕集的性价比也比较高。该装置排放的 CO_2 尾气有两部分,一是低温甲醇洗工艺自产的 CO_2 浓度为 98.5% 以上的产品气,二是 CO_2 浓度 40%～80% 的尾气。前者的纯度已满足驱油使用要求,只需进行加压即可供后续装置使用,其投资与运行成本如表 2-4 所示;后者的捕集工艺建议采用低温精馏工艺,捕集运行成本大致为 280 元/t。

表 2-4 3 万吨/年合成氨 NHD 工艺与低温甲醇洗工艺的能耗及运行成本

	项目	NHD工艺			低温甲醇洗		备注
		脱硫	脱碳	制冷	脱硫、脱碳	制冷	—
1	装置能力/(吨/年)	300000	300000	300000	300000	300000	—
	操作压力/MPa	3	3	3	3	3	—
	操作温度/℃	40	−8	−12	−60	−38	—
2	装置性能						—
	净化气 CO₂ 含量/%		0.2		10^{-5}		—
3	装置消耗						以吨氨计
	低压蒸汽/kg	470	—		190	—	50 元/t
	循环冷却水/m³	40	—	15	10	35	0.1 元/m³
	电/kW·h	34	49	12	21	39.5	0.4 元/(kW·h)
4	操作费用/元	44.14	124.72	6.3	79.46	19.3	—
	合计/元		157.16		98.76		—

续表

项目		NHD工艺			低温甲醇洗		备注
		脱硫	脱碳	制冷	脱硫、脱碳	制冷	—
5	装置投资/万元	4565	3043	507	9782	1184	—
	合计/万元	8115			10966		—
6	工艺生产成本/元	207.35			144.2		以吨氨计
	操作费用/元	175.16			98.76		
	维护费用/元	9.92			14		投资的3.5%
	管理费用/元	2.83			4		投资的1.0%

成熟的低温甲醇洗流程有林德（Linde）流程、鲁奇（Lurgi）流程和大连理工流程，其中 Linde 低温甲醇洗工艺流程见图 2-18，典型的 NHD 脱碳工艺流程见图 2-19。

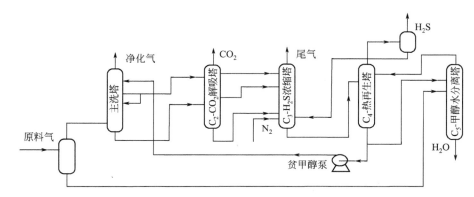

图 2-18 Linde 低温甲醇洗工艺流程

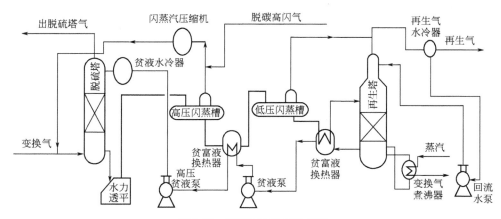

图 2-19 NHD 脱碳工艺流程

低温甲醇洗工艺的关键是吸收剂，要求对 CO_2 的溶解度大、选择性好、沸点高、无腐蚀，吸收能力大，吸收剂用量少，再生容易，工艺条件为低温、高压；采用降压闪蒸或者常温气提的方法，能耗较低，投资与操作费用也较低。甲醇做溶剂时，其易挥发，即使是在低温下操作，甲醇的蒸发量也不能忽视，一般情况下每处理 $1000m^3$ 的有效气（H_2+CO）约消耗 $0.5\sim1.0kg$ 的甲醇。NHD 及其他有机物作溶剂时，其成本较高、处理气量较少。

物理吸收工艺存在安全风险。吸收剂往往是易燃液体，为重点监管的危险化学品，若吸收剂处理不当将产生一定的废液危险，泵和闪蒸汽压缩机等设备存在噪声危害。提高技术成熟度，深化 CO_2 吸收与解吸动力学研究，探索经济环保吸收剂，加强系统安全风险分析，科学制定严格的操作规程，可以避免安全事故发生。

二、二氧化碳存储与输运技术

为了达到提高采收率对注入供给 CO_2 品质和数量上的要求，提高液化、储存和运输效率，通常需要将 CO_2 进行地面处理，将 CO_2 从天然气或者废气中分离或者捕获出来，然后再进行 CO_2 液化（或者压缩）和储存，最后将 CO_2 运输到现场后注入地层。

(一) 二氧化碳存储技术

1. CO_2 地面处理技术

目前，CO_2 地面处理技术相对较成熟，主要方法有吸收法（包括物理吸收、化学吸收和混合溶剂吸收法）、膜分离法、低温蒸馏法和吸附法；每种分离方法都存在一定的适用范围，且大都存在成本高、能耗高、分离效率低以及纯度较低的缺点。目前，回收和储存 CO_2 的费用约为 $50\sim60$ 美元/吨，其中 CO_2 捕集和分离的成本约占 80%。经济分析表明，各国经济上可以承受的相关费用仅为 10 美元/吨，特大型分离技术现状和期望值之间存在很大差距。

2. CO_2 液化技术

CO_2 液化可采用氨循环制冷工艺。CO_2 干气经过滤后进入换冷器冷凝为液态，液态 CO_2 进入闪蒸器进行分离，塔底得到 CO_2 液体，塔顶气作为尾气，部分不能液化的不凝性气体通过闪蒸器顶部排出；闪蒸后的液态 CO_2，通过节流降压和二台冰机制冷换热后使压力为 2.2MPa，温度为 $-20℃$ 后送入液态 CO_2 贮罐，再用计量泵将液态 CO_2 加压送出界区。该技术适用大规模 CO_2 的液化处理。技术特点：

① 设备简单，对设备和输送管道的材质要求低，普通碳钢；

② 液化系统操作压力适宜，安全方便，所有阀门、仪表可实现国产标准化，通过经济比较，建设安装投资可减少 30%；

③ 装置操作压力低，相对操作安全性好；

④ 液化率高，除少量不凝气体外，CO_2 液化率达 100%；

⑤ 节能，CO_2 闪蒸气设计了节流回收冷量装置。

（1）常温高压液化

常温高压液化法采用提高压力的方法使 CO_2 在常温条件下变为液体，其虽具有工艺简单、不需要低温制冷设备等优点，但由于压力高和采用钢瓶贮存，存在以下缺点：

① 生产能力受限制。每吨液态 CO_2 需 40 只钢瓶贮存，年产万吨 CO_2 规模每天需 1200 只钢瓶贮存；

② 设备投资大。因压缩机及净化系统均处于高压状态，设备管道、阀门投资大，钢瓶投资更大，以 15d 周转周期为例，需钢瓶 24000 只，资金 700 万元以上；

③ 运输费高。钢瓶重量为充灌液态 CO_2 重量的 3 倍，即 2/3 的运输费为钢瓶容重；

④ 灌装处钢瓶的装卸需操作人员多名，劳动生产率低，劳动强度大；

⑤ 钢瓶的维修费用较高；

⑥ 灌装时要排放每批管道内剩余液态 CO_2，造成产品的浪费损失。

（2）低温低压液化

从 CO_2 的热力学性质可知，CO_2 的温度越低，液化压力越小。低温低压液化在国外已普遍使用，其优点是在低温条件下采用比较低的液化压力，降低了设备耐压要求和投资费用，可大幅提高生产能力，为用户连续使用带来极大方便，同时方便了运输（尽管它需要低温储存运输）。我国近年来已有一定数量单位进行 CO_2 生产技术改造，建造低温低压液态 CO_2 生产线，扩大了市场。

3. CO_2 储存设备

CO_2 液化后的体积仅为气体的 1/500，经冷凝液化后的低温液态 CO_2 流入储罐存放，CO_2 储罐主要由耐低温容器钢制成，液态 CO_2 储存采用低温低压储罐。实现 CO_2 的液态储存，主要是控制罐内 CO_2 的温度、压力始终处于一定的参数范围，杜绝罐内 CO_2 与罐外产生热交换。CO_2 储罐储存时压力范围：$1.5 \sim 2.5MPa$，温度范围：$-26 \sim -30℃$。一般工作压力为 $1.6 \sim 2.5MPa$，罐内设有自动控制的小型供冷系统装置，以保证罐内液态 CO_2 不因大气热量传入而升温，从而避免罐内压力升高造成超压危险，此罐也可制成真空夹套保温结构。罐体装有低温液位显示装置和高位报警装置，同时还设有双组超压报警和泄漏装置。由于液态 CO_2 经喷射降压会发生相变，产生低温干冰，使罐体温度骤降，影响钢材强度。因此，在罐体使用过程中严禁上述现象发生，以确保安全运行。

CO_2 储存设备特点：

① 液态储存设备体积小、占地面积少、投资节省；

② 罐体内部采用真空粉末绝热保冷工艺，外部采用聚氨酯现场浇注保冷工艺，保冷工艺成熟，现场施工方便，不需制冷源；

③ 罐体内衬 304 不锈钢防 CO_2 腐蚀；

④ 有 $50m^3$、$100m^3$、$200m^3$、$500m^3$ 4 种类型，满足不同储存规模需要。

(二) 二氧化碳输运技术

CO_2 的输送状态可以是气态、超临界状态、液态、固态，但是从大规模运输的可行性来看，流体态（气态、超临界状态和液态）CO_2 更便于大规模的运输。目前已经实践的输送方式主要有罐车输送、轮船输送和管道输送。国外绝大多数大规模 CO_2 输送采用超临界长距离输送技术。中国 CO_2 管道输送技术起步较晚，尚无成熟的长距离输送管道。这些管道属于油田内部的集输管道，算不上真正意义上的 CO_2 输送管道。

1. CO_2 管道输送

国际上在 CO_2 管道输送方面已有多年、大量的工程实践，大部分位于美国，正在运营的独立 CO_2 管道超过 50 条（包括专线、干线、支线以及洲际与州内的），管网的长度超过 8000km，总输送量达到 6.8×10^8 吨/年。目前，中国 CO_2 的运输主要以低温储罐公路运输为主，CO_2 管道输送方面的技术研究起步较晚。大规模、长距离 CO_2 输送管道都是将 CO_2 压缩至 8MPa 以上的压力，以避免二相流和提升 CO_2 的密度，因而便于运输和降低成本。通过工艺可行性、安全性和经济性等指标综合评估[16-18]，对不同输送相态进行适应性分析研究。按相态划分的 CO_2 输运方式见表 2-5。

表 2-5　按相态划分的 CO_2 输运方式

输送方式	适用性
气相输送	1. 运行压力较低，操作安全性高 2. 管道不需要保温，对不同输送量适用性强、管径大、投资高 3. 适用于小输送量、短距离输送，介质来源属于气相工况，且与超临界相比更适合于人口密集区域
一般液相输送	1. 运行压力较低，管道需要保冷，投资费用高 2. 适用于小输送量、短距离的油田内部集输管道，介质来源属于液相工况
超临界/密相输送	1. 运行压力高，投资较低，管道不需要保温，对不同输送量适应性强 2. 适用于大输送量、长距离的管输，介质压力较高 3. 国外已建成管道基本采用超临界输送，且管道沿线人口密集度较低

目前，CO_2 的运输方式主要有管道运输、汽车槽车运输、铁路运输和船舶运输四种方式，这四种方式各有优缺点，都存在一定的适用范围。其中管道运输成本最低。据 APEC 官方统计，如果每年管道的运输量大于 1000 万吨，运输费用为 $0.02 \sim 0.06$ 美元/(km·t)，但管道运输只适用于特定的条件，尤其是要解决运输过程中的腐蚀和泄漏问题，初始投资大，只适用于输送量大的情况。槽车运输成本最高，运输费用可达 0.17 美元/(km·t)，但其比较灵活，适合于输送量小的情况。铁路运输成本比槽车低，运输量大，但必须依托轨道设施。船舶运输的运输量和火车运输相当，比汽车槽车运输量大，但必须借助海洋或河流，成本也比较高，存储 CO_2 的设备必须要承受高压或低温条件。总之，这四种运输方式各有优缺点，大多数都存在运输成本高、储存密度低、损耗高、运输效率低和安全性等问题。运输方案的选择必须综合考虑运输量、运输设备的压力和温度条件、运输距离、市场需求和市场价格、沿线交通载体（海洋、河流、铁路、公路）布局等因素。美国科学应用公司通过研究认为，可采用上述运输方式中的一种或两种，或其相结合方式将 CO_2 从气源地运输到油田。例如，用集输管线把含 CO_2 的天然气运输到处理厂，用管道干线将纯 CO_2 运输到 EOR 矿区附近，再用汽车或小口径管线把 CO_2 气体送到 CO_2 注入井场。

2. CO_2 输送管道设计关键技术

（1）气体组分控制

对进入输送管道的气体组分进行控制，考虑满足目标市场对气质的需求，如对于 EOR 采油，主要是满足混相驱油的要求；考虑满足管道安全输送的要求，主要是控制 H_2S 等有毒气体和腐蚀性气体的含量，此外要严格控制水露点，确保管道输送和压缩过程中不会有水析出。在满足这些要求的基础上，尽可能降低上游对气体处理的成本。常见的输运纯度要求见表 2-6。

表 2-6　驱油用 CO_2 输运纯度要求

要求	组分	浓度限制	备注
终端需求	CO_2	≥96%	混相条件
	N_2+CH_4	≤4%	
安全要求	H_2O、H_2S、O_2、H_2、NO_2、SO_2	据材质严格明确	防腐及防断裂

（2）输送相态控制

为了确保 CO_2 管道安全和降低运行成本，首先需要控制管输介质在输送过程中维持稳定的相态，因此一般选择气相输送或超临界态输送，北美地区一般采用超临界态输送，该压力高于目前天然气管道常用的压力范围。如果采用气相输送，压力一般不超过 4.8MPa，以避免出现 4.8~8.8MPa 之间的压力变化而形成两相流。很显然，对于大输送量、长距离，采用超临界输送更具优势。

（3）阀室设计原则

为了控制管道发生破裂事故时的泄漏量及方便管道维修，一般在管道上每隔一段距离设置一个线路截断阀室。阀室间距过大会导致阀室间管存量大，发生事故时泄漏量大；阀室间距过小会导致征地面积和工程量增加，阀室本身也是易泄漏点，不易设置过多。CO_2 管道阀室间距的设置可结合国内外标准规范以及国内人口密集程度确定，见表 2-7。

表 2-7　国际标准表

参考标准	设置情况
IEA	根据管道位置,阀间距通常为 16~32km,在重要地点(域)如公路、河流跨越和城市内,间距应减小
GB 50253 GB 50251	按照地区等级划分:一级地区不大于 32km、二级地区不大于 24km、三级地区不大于 16km,四级地区不大于 8km
CAS-Z662-7	按照人口密集程度划分为 4 个地区等级,其中一级地区不设阀室,二、三、四级地区阀室间距设置为 15km

（4）CO_2 管道设计原则

在管道路由选择上，要符合地方政府规划、避开环境敏感点、文物保护区、地质灾害区、压覆矿区等区域外，还要重点考虑管道与周边村庄、乡镇、工矿企业、动物保护区的位置关系，包括风向、地势、通风情况等。依托 GIS 三维设计平台中的影像与高程数据，开展管道沿线的路由设计，可以满足数字化、智能化管道建设的数字化移交要求。同时可依托三维设计平台中的 CO_2 淹没分析模块以及高程数据，开展管道沿线重点敏感区域的 CO_2 淹没分析，准确分析管道泄漏时危险区，满足管道管理要求，为 CO_2 管道的安全运营及事故抢维修提供设计环节技术保障。

（5）管道延性断裂扩展控制

与天然气管道相比，CO_2 管道具有较宽的减压波平台，杂质组分一般较多，不同组分对于减压波的影响不同，给管道延性断裂扩展控制带来影响更大。因此，CO_2 管道的延性断裂扩展更值得关注。一般采用 Battelle 双曲线法确定 CO_2 管道的止裂韧性要求，其模拟计算结果与介质组分、钢级、压力、温度、管径、壁厚等因素都有关系，尤其是杂质含量、管径、钢级和温度等。

（6）输送安全性评估

通过 HYSPLIT、ANSYS 等软件对 CO_2 泄漏及放空时扩散动态影响区域进行模拟预测分析认为，阀室间距不是浓度限的影响范围的主导因素，大阀室间距时的影响持续时间长。风速是泄漏浓度影响范围主导因素，风速越大，浓度影响范围越小。开展 CO_2 管道泄放试验，对不同尺寸泄放口的轴向、侧向与立体的 CO_2 浓度、温度、压力等参数随距离、时间和风速风向的演化关系进行物理模拟研究，为管道安全性设计提供必要实证依据。

（7）管道涂层、设备和材质选用

根据国外 CO_2 管道建设和运行经验，不建议使用内涂层防腐或减阻。选择的外防腐涂层应该具有较好的耐低温性能。管道在投产充压过程，需要控制压力的增长速度，避免由于压力快速升高导致较大的温升，造成涂层失效。为提高管道系统的密封性能，对设备、阀门、润滑剂也可以提出要求，采取合适的材质还可以提高管材止裂性能。

有关 CO_2 管道设计更为详细的考虑，可参考《二氧化碳输送管道工程设计标准》（SH/T 3202—2018）。

3. 二氧化碳管道输送实践

CO_2 管道输送系统类似于天然气和石油制品输送系统，包括管道、中间加压站及其辅助设备。由于 CO_2 临界参数较低，其输送可通过气态、液态和超临界态三种相态实现。气态 CO_2 在管道内的最佳流态处于阻力平方区，液态与超临界则在水力光滑区。由于 CO_2 在高压下密度大、黏度小，当管输压力在 8MPa 以上时，可保持较高的 CO_2 输送效率，从而降低管径，提高输送量，对杂质要求不高，管线不需保温，因此超临界输送从经济和技术两方面都明显优于气态输送和液态输送。另外，超临界输送可保持管道末端高压，使 CO_2 直接注入地层，无需增设注入压缩机。但是，采用何种输送方式最经济，需根据项目 CO_2 气源、注入或封存场所实际情况优化而定。

（1）CO_2 相态特征

从 CO_2 相态特征上可将 CO_2 分为气态、液态（低温低压）、高压密相（或高压液态）、超临界状态和固态五种状态，见图 2-20。

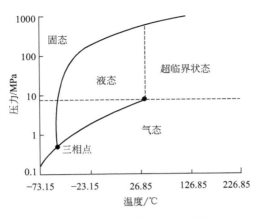

图 2-20　纯净 CO_2 相图

如图 2-20 所示，气态、液态和高压密相状态是 CO_2 输送过程最常见的相态。CO_2 的饱和线始于三相点，终于临界点。在三相点上，气、液、固三相呈平衡状态。在临界点处，气相和液相的性质非常接近，两相之间界面消失，成为一相。当温度和压力高于临界温度和临界压力时，CO_2 进入超临界态。超临界 CO_2 是一种可压缩的高密度流体，它的物理性质处于气体和液体之间，既有与气体相当的高扩散性和低黏度，又有与液体相近的密度和对物质优良的溶解能力。改变温度、压力，使得 CO_2 从气态绕过临界点进入超临界状态，然后依次进入高压密相和液态时，整个过程中 CO_2 的密度、黏度是一个逐渐变化的过程；但当 CO_2 从气态穿过饱和线进入液态，或从液态穿过饱和线进入气态时，相态发生跃变，密度和黏度突变，这在 CO_2 输送和压缩时都应该避免。

当 CO_2 气体中含有其他气体时，CO_2 的相态特征就会发生变化，例如出现气、液两相区，如图 2-21 所示。两相区的出现使得 CO_2 气体在单相状态下可操作的温度和压力范围缩小，对 CO_2 输送工艺和操作要求进一步提高。杂质气体含量越小，越有利于 CO_2 输送。

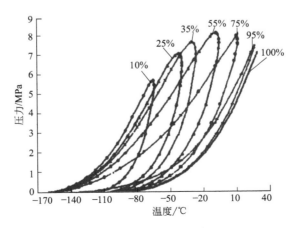

图 2-21　含杂质 CO_2 混合物的相图

（2）CO_2管输方案优化

以长岭气田净化厂副产品CO_2向大情字井油田管输为例。净化厂CO_2回收气温度为40℃，压力为0.2MPa，水露点为−10℃，CO_2纯度为99%；驱油试验区CO_2注入量为$10 \times 10^4 m^3/d$，注入压力最高达25MPa。根据CO_2相态特征，设计五种输送注入方案：

① 气态输送，液态增压注入；

② 气态输送，气态增压超临界注入；

③ 液态输送，液态增压注入；

④ 高压超临界输送，直接注入；

⑤ 低压超临界输送，高压超临界注入。

CO_2输送注入流程的模拟计算结果见表2-8。

表2-8　CO_2输送注入流程的模拟计算结果

方案	参数	集气站			管线		注入站	
		进口	出口	设备	出口	设备	出口	设备
1	压力/MPa	0.2	6	三级压缩机	5.4～5.7	X65钢 $\phi 152mm \times 4.5mm$	25	液化装置增压泵
	温度/℃	40	40		−3.09～18.63		−29.42～−29.22	
2	压力/MPa	0.2	6	三级压缩机	5.4～5.7	X65钢 $\phi 152mm \times 4.5mm$	25	二级压缩机
	温度/℃	40	40		−3.09～18.63		40	
3	压力/MPa	0.2	3	三级压缩机 液化装置	2.7	X65钢 $\phi 127mm \times 4mm$	25	增压泵
	温度/℃	40	−40		−27.71～−19.46		−13.08～−2.99	
4	压力/MPa	0.2	26.9	四级压缩机	25.1	X65钢 $\phi 108mm \times 12mm$	—	—
	温度/℃	40	40		−4.95～19.96		—	
5	压力/MPa	0.2	9	三级压缩机	8.11～8.28	X65钢 $\phi 114mm \times 5mm$	25	增压泵
	温度/℃	40	40		−4.60～20.84		9.57～45.89	

注：管线长度100km，埋地管线，仅方案4采取保温措施。

相态控制方面，采用方案2气态输送时，夏季运行（冻土层温度20℃）时，CO_2在管线中可以始终保持气态，不会液化；但冬季运行（冻土层温度5℃）时，由于环境温度低，CO_2在管线10km处就开始出现气、液两相共存状态，气、液两相区从10km处一直延伸至40km处，之后管线中的CO_2全部以液态形式存在。为避免相变，可采取的措施有：降低管线入口压力；提高管线入口温度；在管线中途增加加热站；安装保温层；深埋冻土层以下。

CO_2采用方案3液态输送时，不论夏季和冬季，都需要采取保温措施，防止输送过程中出现相变。采用方案4高压超临界输送时或方案5低压超临界输送时，输送过程中CO_2由超临界状态逐渐进入高压密相状态，虽然相态发生改变，但是在这一过程中，CO_2的密度、黏度、压力等性质是缓慢变化的过程。研究认为，超临界到高压密相的相态转变不会对CO_2的输送造成影响，管线不需采取保温措施。

成本方面，从单位 CO_2 输送注入费用来看，方案 5 输送成本最低，采用低压超临界输送，需要钢材量较少，基建费用较低，并随输送距离增加经济性更加明显；方案 4 采用大于 25MPa 高压输送，虽然输送效率很高，且流程简单，在较短输送距离内具有很高经济性，但要求较大的管线壁厚，随着距离增加，其管线铺设费用迅速增大，致使单位 CO_2 输送注入费用迅速上升。方案 2 采用低压输送，由于需要在管线末端进一步增压以达到注入要求，虽然在较短输送距离内经济性并不突出，但随着管线长度增加，管线铺设费用上优势明显增加，其单位 CO_2 输送注入费用明显低于其他方案。方案 3 采用液态输送、液态注入方式，虽然管线的输送效率较高，但是基建费用（液化装置和保温措施）和操作费用（液化费用）都很高，使得这一方案经济性最差。

（3）大情字井油田 CO_2 管输试验

大情字井油田建成两条 CO_2 输气管线：长深 2—长深 4—黑 59 和长岭净化站—黑 46（H46）—长深 4—黑 47 管线，见图 2-22。

(a) CO_2 管输线路图

(b) CO_2 压缩机

图 2-22　大情字井油田 CO_2 输送管线和装备

① 长深 2—长深 4—黑 59 管线。长深 2 井产出 CO_2 气经节流后湿气输送至长深 4 井，与该井来气汇合后经分子筛脱水，干气输送至黑 59 试验区。其中长深 4—黑 59 管线长 8km，材质 L245，2008 年投产；长深 2—长深 4 管线长 8km，湿气输送，材质 316L，2009 年投产。该管道设计压力 6.4MPa，埋深 2m，目前输气量 $6 \times 10^4 m^3/d$，输送相态稳定，管线运行良好。

② 长岭净化站—黑 46—长深 4—黑 47 管线。长岭净化站回收的 CO_2 气经增压脱水后，采用管线输送至黑 46 和黑 47 的 CO_2 驱循环注入站。该管线全长 26km，设计压力 4.0MPa，埋深 2m，设计输气量 $60 \times 10^4 m^3/d$，管线材质采用 L245。由于黑 46 和黑 47 的 CO_2 驱循环注入站未投产，该管线暂时建成未投入运行。

（4）正理庄油田高 89 块 CO_2 管道工程

经过这几年的探索与研究，在 CO_2 捕集、分离提纯、井场注入和管道输送技术的理论研究和工程设计建设方面取得了一定成果。目前项目主要包括：正理庄油田高89区块 CO_2 管道工程、齐鲁石化 CO_2 输送及驱油封存示范工程、胜利电厂百万吨 CCUS-EOR 项目、华东油气田 CO_2 驱工业化应用输送管道工程等。该工程是配合中石化集团总公司提高采收率的重点先导性试验项目。该工程主要设计一条20km的 CO_2 管线，一期设计规模4万吨/年，二期设计规模8.7万吨/年，采用气相输送，设计压力6.3MPa，管径为DN150。目前 CO_2 管道输送技术的研究部分成果已成功应用于该工程，为管道的安全运行提供了技术支持。该工程投产后已安全稳定运行3年。

（5）国际 CO_2 管道输送管网

根据平均的源汇距离以及运输系统的优化水平，IEA估算了运输管道的部署潜力，见表2-9。2020年和2050年，全球 CO_2 输送管道建设总长度将分别为1万公里及20万公里，管道投资需求分别为150亿美元及8250亿美元。

表 2-9 IEA 估算 CO_2 输送管线参数

类别	2020年 CO_2 管线数量	2020年 CO_2 管线长/km	2050年 CO_2 管线数量	2050年 CO_2 管线长/km	至2050年管道投资需求/百万美元
经合组织北美	25~30	2800~3500	250~450	38000~65000	160
经合组织欧洲	10~15	1200~1600	125~220	20000~35000	70
经合组织太平洋	5~7	700~850	110~200	17000~31000	70
中国和印度	17~20	2100~2700	360~660	55000~100000	275
非经合组织	20~25	3900~3700	460~840	70000~130000	250
全球	77~97	10700~12350	1305~2370	200000~361000	825

韦伯恩油田 CO_2 提高采收率项目采用的 CO_2 运输管线横跨美国和加拿大，是目前世界上距离最长的跨国 CO_2 输送管线。管线长约330km、直径305~356mm，管输能力超过5000t/d。管输气体的典型组分为：96% CO_2、0.9% H_2、0.7% CH_4、2.3% C_{2+}、0.1% CO，N_2 浓度小于300mg/L，O_2 浓度小于50mg/L，H_2O 浓度小于20mg/L（英国贸易和工业部，2002年公布数据）。CO_2 到达韦伯恩油田的压力为15.2MPa，中间没有加压站。1997年开始修建该管线，耗资1.10亿美元，2000年投入运行。

进行 CO_2 管输设计时，应避免 CO_2 相态突变。宜根据整个工程系统的实际情况综合研究确定 CO_2 管输方式。CO_2 由超临界态逐渐进入高压密相状态时，CO_2 密度、黏度具有渐变特征。在列举的五套 CO_2 管输及注入方案中，随管输距离增加，采用低压超临界输送、高压超临界注入方式经济性最优，其次是气态输送、超临界注入方式。从大情字井油田 CO_2 管输试验来看，采取深埋保温方式是 CO_2 管输时控制相变的有效措施之一。

三、二氧化碳驱油与封存关键技术

国际上 CO_2 驱油技术是相当成熟的，从捕集到驱油利用的全流程都非常配套完善。

中国在应用和发展 CO_2 驱油技术时学习和借鉴了欧美的成功经验，并考虑了国情和油藏特点。从功能的独立性考虑，我国发展和形成了多项 CO_2 驱油与埋存关键技术[19-27]。

① 包括燃煤电厂、天然气藏伴生、石化厂、煤化工厂等不同碳排放源的碳捕集技术；

② 包括气驱油藏流体相态分析、岩心驱替、岩矿反应等内容的 CO_2 驱开发实验分析技术；

③ 以注入和采出等生产指标预测为核心的 CO_2 驱油藏工程设计技术；

④ 涵盖 CCUS 资源潜力评价和源汇匹配 CCUS 资源评价技术；

⑤ 包括 CCUS 全过程相关材质在各种可能工况下的腐蚀规律及防腐对策 CO_2 腐蚀评价技术；

⑥ 以水气交替注入工艺、多相流体举升工艺为主要内容的 CO_2 驱注采工艺技术；

⑦ 包括二氧化碳管道输送和压注、产出流体集输处理和循环注入的 CO_2 驱地面工程设计与建设技术；

⑧ 以气驱生产调整为主要目的的气驱油藏生产动态监测评价技术；

⑨ "空天—近地表—油气井—地质体—受体"一体化安全监测与预警的 CO_2 驱安全防控技术；

⑩ 涵盖 CCUS 经济性潜力评价和 CO_2 驱油项目经济可行性评价的 CO_2 驱技术经济评价技术。

上述涵盖捕集、选址、容量评估、注入、监测和模拟等在内的关键技术，为全流程CCUS 工程示范提供了重要的技术支撑，并在 CCUS-EOR 过程中逐步完善和成熟。我国在 CCUS 技术研发与实践中已开始展现自己的特色与优势。在驱油理论方面，扩展了 CO_2 与原油的易混相组分认识，为提高混相程度和改善非混相驱效果提供了理论依据；在油藏工程设计方面，建立了成套的 CO_2 驱油全生产指标预测油藏工程方法，为注气参数设计和生产调整提供了不同于气驱数值模拟技术的新途径和依据；在长期埋存过程的仿真计算方面，基于储层岩石矿物与 CO_2 的反应实验成果，建立了考虑酸岩反应的数值模拟技术；在地面工程和注采工程方面，形成了适合我国 CO_2 驱油藏埋深较大且单井产量较低的实际情况工艺技术；在系统防腐方面，建立了全流程的腐蚀检测全尺寸中试平台，满足了注采与地面系统安全运行的装备测试需求。

(一) 二氧化碳驱开发实验评价技术

1. 二氧化碳驱油实验评价技术

针对 CO_2 试验区块目的层原油样品，开展系统的室内实验，认识和了解 CO_2-地层油驱油体系的混相条件及影响因素，描述 CO_2 驱油的驱替特征并进行适应性评价。重点研究 CO_2-地层油体系的混相条件和实现混相的技术方法。实验研究并确定试验区 CO_2 混相驱的最小混相压力和确定 MMP（最小混相压力）接近试验区地层压力所需的技术条件。提供可用于油藏工程、采油工程和地面工程研究与设计的 CO_2-原油体系的相态参数，判断在油藏条件下能否进行混相驱替，为矿场试验奠定工程应用基础。包

括提交 CO_2 驱油最小混相压力实验结果、CO_2 驱沥青和蜡沉积条件、描述沉积趋势和规律、驱替效率实验结果。

① 确定目标区 CO_2 驱油的混相条件和最小混相压力。进行相态分析、细管实验和高压油气界面张力测试，研究 CO_2 驱最小混相压力，确定混相条件。

② 分析影响混相的因素，研究改善试验区 CO_2 驱油混相条件的技术方法。分析影响 CO_2-地层油体系最小混相压力的因素，研究 CO_2 注入气与地层原油达到混相时的最小混相组成（MMC），确定 MMP 达到试验区地层压力时所需要的条件。

③ 研究 CO_2-地层油体系相态特征。进行 CO_2-原油互溶膨胀实验和多次接触实验，描述试验区 CO_2-地层油体系相态特征，分析混相/非混相驱机理；研究 CO_2 驱固相沉积趋势，明确固相沉积条件。

④ 研究 CO_2 驱油驱替特征和驱油效率。针对目标区块低渗/特低渗透、非均质的特点，进行单筒和并联双筒长岩心驱替实验，研究 CO_2 驱油效率和驱替特征，评价低渗非均质油藏 CO_2 驱流度控制的可行性。

关键技术包括低渗油藏低产井地层流体取样技术、模拟地层流体配制技术、油气最小混相压力测试技术、高温高压特低渗多相流体驱替技术等。

2. 二氧化碳地质埋存实验评价技术

注气驱油技术主要在北美得到广泛应用。据统计，美国 80% 的 CO_2 驱油藏渗透率低于 50mD，中国自 2000 年以来约 71% 的陆上气驱项目亦针对低渗透油藏。表 2-10 是油藏中 CO_2 封存与驱油潜力评价实验研究项目。

表 2-10　油藏中 CO_2 封存与驱油潜力评价实验研究项目

封存机理	实验方法	实验装置	实验分析内容
(1)构造封存 (2)自由气封存 (3)溶解封存 (4)束缚气封存 (5)矿化封存	(1)溶解度测试 (2)岩心驱替 (3)相渗测试 (4)PVT 测试 (5)地层水分析 (6)CT 扫描 (7)X 射线衍射 (8)扫描电镜	(1)溶解度测试模型 (2)长岩心装置 (3)相渗装置 (4)DBR-PVT (5)离子色谱仪 (6)CT 扫描仪 (7)X 射线衍射仪 (8)环境扫描电镜	(1)多相流 CO_2 临界流动饱和度 (2)不同温压下含油饱和度 (3)不同温压下地层水矿化度 (4)CO_2 在油、水中溶解度 (5)超临界 CO_2 的离子封存 (6)CO_2-岩石-地层水矿化反应

(二) 二氧化碳驱油藏工程设计技术

CO_2 驱油藏工程设计技术包括 CO_2 驱油藏描述、CO_2 驱油藏工程研究和 CO_2 驱油藏方案设计方法等内容。

1. 体现气驱特点的油藏描述技术

以沉积岩石学、矿物岩石学、储层地质学、测井地质学、地质统计学、构造地质学、油藏工程等学科的新理论和最新进展为指导，通过多学科交叉研究，在沉积微相与成岩作用研究的基础上，进行储层非均质性研究，并建立三维地质模型，为后续研究提供地质依据。

① 在岩心观察与层序识别的基础上，通过高分辨率层序地层学的短期基准面旋回划分和等时面对比，并辅之以沉积微相模式指导下的等厚度对比法、等高程对比法以及旋回对比法，进行小层精细对比与划分，建立小层数据库，提供该区油藏描述的基础。

② 在岩心观察与描述、样品的实验分析基础上，结合常规测井曲线的测井相分析，进行单井和平面沉积微相以及储层成岩作用研究，通过储层岩石孔隙结构特征、演化及其分布规律的研究，评价其储集性能。

③ 在关键井四性关系研究的基础上，通过储层参数的测井二次解释模型和研究区岩心分析、试油和生产数据等资料分析，进行储层参数的测井解释，提供储层三维地质建模的参数数据体。

④ 在小层划分、沉积微相与成岩作用分析的基础上，根据岩心分析数据和测井解释成果，研究储层的非均质，包括单砂体展布规律、隔夹层分布规律等研究。并在测井综合解释成果的基础上，通过对比分析，分析干层的特征，并确定干层的纵向和平面展布规律。

⑤ 以测井解释储层参数和小层数据库为支柱，以计算机为手段，应用地质、测井、测试等多种资料，利用确定性建模与地质统计学随机建模相结合、成因控制建模以及相控参数，在储层测井参数解释结果的基础上，应用 Petrel 等商用软件构建油藏三维地质模型，包括储层构造模型、砂体模型、储层属性模型，分析储层参数的平面和纵向分布特征。

2. 气驱油藏数值模拟技术

长期以来，气驱过程复杂性使人们采用多组分气驱数值模拟技术预测气驱生产指标，数值模拟技术成为目前气驱油藏工程主要研究手段。多组分气驱数值模拟技术融合如下 4 个单项技术。

① 体现气驱特点的地质建模技术。在传统油藏描述内容的基础上，还须增加气驱流动物性下限描述、注入气对储层物性改变情况或水岩作用的描述等内容，三维地质模型对于真实储层的反映程度对数值模拟结果有很大影响，地质模型的质量主要依赖于测井解释模型是否真实反映了岩性、电性和物性的关系。测井解释模型和沉积相概念模式的可靠性决定了地质模型的可靠性。

② 注入气/地层油相态表征技术。主要是利用注入气黏度、密度实验测试结果，地层油高压物性参数实验结果，注入气-地层油混合体系相态实验结果，注入气-地层油最小混相压力实验结果，来标定经验状态方程，获得注入气和地层油各组分或者拟组分的状态方程参数和临界参数，为数值模拟提供相态方面基础依据。

③ 油、气、水三相相对渗透率测定技术。相对渗透率曲线是研究多相渗流的基础，是多相流数学描述的基础。在油田开发计算，动态分析，确定储层中油、气、水的饱和度分布，与水驱油有关的各类计算中，都是不可少的重要资料。获得相对渗透率曲线的方法有数学经验模型方法和实验测定两种方法。数学模型方法最常用的是 Stone 方法，通过两相相对渗透率计算三相情形。实验测定方法比较直接，近年来也出现了 CT 双能扫描法，用于相对渗透率的直接测量。

④ 多组分多相气驱渗流力学数学描述。渗流数学模型是油藏数值模拟的基础依据。建立在目前油、水两相渗流数学模型基础之上的两相油藏数值模拟技术日臻完善，并在水驱油田开发中起着越来越重要的作用。对于气驱过程的描述主要用油、气、水三相流动数学模型来表征。

三维地质模型对于真实储层的反映程度对数值模拟结果有很大影响，测井解释模型和沉积相概念模式的可靠性决定了地质模型的可靠性。而低渗透油藏测井解释模型符合率经常低于70%。

注入气-地层油相态表征依赖于状态方程的可靠性，依赖于实验结果的有限性，依赖于地层油样品的有限性，相应地，注入气和地层油各组分或者拟组分的状态方程参数和临界参数也不可能完全反映真实，可靠性达80%已是理想状态。

获得相对渗透率曲线的方法都有其局限性和片面性。比如实际油藏岩性和岩石表面的润湿性随着时间和空间都在很快的变化，进而影响油、气、水在岩石中的分布，任何方法不可能测定所有的可能性。实际气驱过程中，地层压力在变化，同一地点在不同时间的相态发生变化，各相流体组分组成都在变化，现有方法还无法体现这一点；此外，实际气驱过程中发生的流动是除了一般认识的油、气、水的流动，还会出现上油相、下油相、气、水、沥青五相流动，这是 CO_2 高压驱替的重要特征，目前还做不到如此复杂相对渗透率的测定。这个环节的可靠性按90%来估算。

对于气驱过程，油藏条件下的复杂相变会导致出现三相乃至四、五相流动，对于其中各种界面力之间的相互作用的描述方法、流固力场耦合方法、水-岩相互作用、吸附与解吸附过程描述、复杂的多相流动是否还服从连续流、线性流达西定律等都存在争议。气驱过程多相流数学模型还需进一步完善。这个环节的可靠性按90%来估算。

在气驱开发研究工作中发现，低渗透油藏多组分多相数值模拟对气驱生产指标预测可靠性往往低于50%，主要原因是上述四个独立的单项技术都存在不同程度的不确定性。因为上述四个环节是相互独立的，根据概率论，数值模拟结果正确的可能性等于四个环节都正确的可能性之积。

3. 气驱油藏工程方法

气驱油藏工程研究包括油藏工程方法研究、数值模拟技术和试井分析三部分内容。正因为低渗透油藏气驱数值模拟方法可靠性不到50%，人们不得不转向气驱油藏工程研究。气驱油藏工程研究需要用到油藏工程学。气驱油藏工程学以物理学和油藏工程基本原理为依据，以油藏工程、油层物理和渗流力学基本概念为研究基础。它的任务是研究注气驱油过程中油、气、水的运动规律和驱替机理，快速准确地获得注气工程参数、求取合理气驱采油速度和采收率、评价气驱开发效果，以及为气驱生产注采井工作制度的确定提供依据。

气驱油藏工程研究需要对油藏产状、井网井型、开发特征等有充分的认识。至于低渗透油藏气驱油藏工程研究要明确和论证注气提高采收率的主要机理。在此基础上，研究低渗透油藏气驱产量或气驱采油速度、低渗透油藏气驱采收率、气驱综合含水、气驱的见气见效时间、高压注气油墙规模与气驱稳产年限、气驱油墙物性与生产井的合理流压、气驱的合理井网密度与极限井网密度、适合 CO_2 驱低渗透油藏筛选、气驱注采比、水气交替注入段塞比等关键注气工程参数。这些都要以系统完整的低渗透油藏气驱开发成套理论为依据，才能快速编制可靠的注气开发方案。目前我国已建立了成套的气驱生产全指标预测油藏工程方法体系，为气驱生产指标预测提供了有别于数值模拟技术的新途径。

(三) CCUS 资源评价技术

对于地下储油构造已有比较清晰的认识、注入所需的地面设施已相当配套，并且可以通过增加石油产量降低碳封存成本等因素，使 CO_2 驱油封存具有特别的优势和吸引力，但并非所有油藏都适合开展 CO_2 驱油工作。

1. 适合二氧化碳驱的油藏潜力评价

前人建立的气驱油藏筛选实用标准，如 Geffen、National Petroleum Council（国家石油理事会，NPC）、Carcoana 等提出的标准。这些标准均立足于实现混相驱，以充分发挥超临界 CO_2 萃取原油组分的能力，从而获得气驱油的最佳技术效果。标准的内容亦主要是与混相密切相关的油藏及流体参数取值范围，如地层温度不宜过高、地层压力不宜过低或油藏埋深不能太浅、原油密度和黏度不可过大以及含油饱和度不能过低。现有筛选标准缺乏判断注气是否具有经济效益的指标。以美国能源部 CO_2-Prophet 为代表的油藏筛选小型软件实现了流线生成-流管模拟-经济评价一体化，便于应用，但其内核属一维黑油模型，与实际气驱过程相距较远。理论分析和注气实践表明，低渗透油藏注气多组分数值模拟预测结果误差往往超过 50%，造成利用数值模拟评价注气可行性环节失效，这是北美地区经济性差的注气项目占 20% 以上的重要原因。

国内注气项目更容易出现不经济的问题，主要原因有：碳交易相关机制不健全、碳市场发育不成熟以及驱油用气源主要构成不同；国内地层油与 CO_2 混相条件更苛刻，以及陆相沉积油藏非均质性更强，造成换油率高（吨油耗气量较多）及采收率较低；国内实施 CO_2 驱低渗油藏埋深较大（比美国新墨西哥州和得克萨斯州二叠系油藏约深 $500m$）等。有必要完善现有气驱油藏筛选标准。鉴于产量是最重要的生产指标，故提出向现有筛选标准中增补能够反映气驱经济效益的指标——单井产量相关指标。通过引入一种新的经济极限气驱单井产量概念，结合低渗透油藏气驱见效高峰期单井产量预测油藏工程方法，得到判断 CO_2 驱项目经济可行性的新指标，进而提出适合 CO_2 驱的低渗透油藏筛选新方法。进而总结提出适合 CO_2 驱的低渗透油藏筛选须遵循"技术性筛选—经济性筛选—精细评价—最优区块推荐"所谓的"四步筛查法"程序。

将注气见效高峰期持续时间视作稳产年限，见效高峰期产量即为稳产产量。当产量递减率（据油藏工程法获得）确定时，气驱项目评价期经济效益就取决于稳产产量，盈亏平衡时的稳产产量即为经济极限产量。若气驱高峰期单井产量高于经济极限产量，则为经济潜力。若气驱见效高峰期单井产量高于经济极限产量，则注气项目具有经济可行性。我们开发了相应的计算方法，详见第四章第三节[1-3]。

2. 二氧化碳封存潜力评价技术

在油藏中 CO_2 埋存潜力评价方面，在构造储存、束缚储存、溶解储存和矿化储存等碳封存机制的基础上形成的 CO_2 埋存潜力分级分类方法以及不同层次埋存量评价方法颇具代表性：例如碳封存领导人论坛上提出的二氧化碳理论埋存量计算方法；在 Bradshaw 和 Bachu 等提出溶解效应随时间延长不可忽视的认识以后，沈平平教授等建立了考虑溶解因素的理论埋存量计算方法，并提出了考虑实际油藏驱替特点的"多系数法"有效埋存量预测方法；段振豪教授提出的不同矿化度水中 CO_2 溶解度改进模型，薛海涛等提出的原油中 CO_2 溶解度预测模型，是我国在油藏流体 CO_2 溶解度理论基础研究方面的代表性工作。

在二氧化碳埋存量分级分类方面，虽然提出了实际埋存量的概念，但还未将 CO_2 驱油项目评价期内的同步埋存量和油藏废弃后继续实施碳封存形成的深度埋存量进行区分。笔者在区分二氧化碳驱油项目评价期内的埋存量（同步埋存量）和油藏废弃后的埋存量（深度埋存量）基础上，提出了"三参量法"同步埋存量计算方法；在辨析气驱换油率概念基础上，依据物质平衡原理，考虑压敏效应、溶解膨胀、干层吸气和裂缝疏导等，得到二氧化碳换油率理论计算公式；联合油气渗流分流方程、Corey 模型和 Stone 方程等相对渗透率计算公式，给出了自由气相形成的生产气油比确定油藏工程方法；根据气驱增产倍数概念，结合水驱递减规律，预测低渗透油藏气驱产量变化情况。总结提出二氧化碳驱油与埋存项目评价期内埋存量"3 步评价法"，即"油藏筛选—三参量（产量、气油比、换油率）预测—同步埋存量计算"，完善了二氧化碳驱油与埋存潜力评价油藏工程理论方法体系。

3. 源汇匹配与选址技术

驱油类 CCUS 技术的规模应用项目在方案设计方面有别于小型矿场试验。规模化项目通常包括多个 CO_2 排放源和多个油藏碳汇，每个排放源的规模不同，每个油藏碳汇在不同时间对 CO_2 的消纳能力也可以不同。在源汇之间进行路径匹配和输气量匹配，对大型 CCUS 项目投资和运行成本都有重要影响。有必要考虑时空因素、管径搭配因素、生产指标变化因素的影响。

实际工作中，源汇匹配是在满足对驱油能力与封存规模要求的前提下，耦合 CO_2 捕集运输以及 CO_2 驱油与封存全流程技术经济参数分布特征，尽量使 CO_2 运输成本最小化和项目收益最大化的某种优化过程。源汇匹配因而成为实施大规模全流程 CCUS 项目的基础性评价工作，对于 CCUS 项目选址也有重要指导作用。国内外研究机构都推出了各具特色的决策支持系统，例如 GeoCapacityDSS、SimCCS、InfraCCS、WestCarbDSS 和 CCTSMOD 等。基于线性规划的多源多汇匹配模型[1]，在一个排放源在某时间段内注入单个碳汇以及满汇封存的条件下，实现等效封存成本最小化。实际中往往需要非线性优化，基于 GAMS 的模型可进行更为复杂的 CO_2 运输管网规划[12]，确定 CO_2 捕集与封存位置及相应量值、运输管道布局及管径，并估算全流程 CCUS 项目成本。清华大学在利用该技术分析京津冀地区案例时发现，碳捕集量在 $0\sim180\mathrm{Mt/a}$ 时，

每吨 CO_2 成本约 $181\sim260$ 元/km，比其线性规划模型 CO_2 成本减少约 20 元/km。

须指出，采用非线性拓扑规划模型尽管可以得到更优的源汇匹配路径，但都未必是最优路径。这是由于目前进行的源汇匹配的目标函数和约束条件还不尽合理，求解方法的智能性还有明显欠缺。实际确定输气管道路径时，需要借助地理信息系统（GIS），在规划模型更优解的基础上，结合几何学理论进行人工干预，最后通过 GPS 和实地踏勘确定。

(四) 二氧化碳腐蚀评价技术

随着油气田开发进入中后期，油气中的 CO_2 含量和含水率上升，以及 CO_2 驱油工艺的广泛应用，CO_2 腐蚀问题趋于严重，使材料的使用寿命低于设计寿命，造成不小的经济损失，同时由此造成的油气泄漏也会带来巨大的环境压力。从 20 世纪 80 年代末至今，国外许多石油公司、研究机构才逐渐开展 CO_2 腐蚀方面的研究，如腐蚀产物膜的成膜机制、力学性能、破坏机理及 CO_2 腐蚀电化学等。

在不同温度、压力、pH 值、流体组成、地层出砂、地应力等复杂工况下，利用 CO_2 对井下和地面系统相关材质发生腐蚀的电化学特征，建立温度-压力-电位图，分析腐蚀电化学机理，同时建立腐蚀速率的预测模型；利用原位观测系统与电化学技术结合方法，研究点蚀过程和机理，都是腐蚀规律研究的重要工作。一般来讲，温度影响化学反应速度，腐蚀产物成膜机制影响 CO_2 腐蚀。碳钢的腐蚀通常分为几种情况：

① 在低温区（$<60℃$）时，$FeCO_3$ 成膜很困难，即使暂时形成 $FeCO_3$ 膜也会溶解。因此，金属表面没有 $FeCO_3$ 膜或是只有松软而无附着力的 $FeCO_3$ 膜。腐蚀速率是由 CO_2 水解生成碳酸的速度和 CO_2 扩散至金属表面的速度共同决定，当温度高于 $60℃$ 时，金属表面有碳酸亚铁生成，腐蚀速率由垢层传质过程、垢本身固有的溶解度和介质流速的联合作用而定。

② 在中温区（$100℃$ 左右），$FeCO_3$ 膜的形成条件得以满足，基体生成厚而松、结晶粗大、不均匀、易破损的 $FeCO_3$ 膜。腐蚀速率达到一个极大值，也将引发严重的局部腐蚀。

③ 高于 $150℃$ 时，铁的腐蚀溶解和 $FeCO_3$ 膜的形成速度都很快，基体将被一层晶粒细小、致密而附着力又强的 $FeCO_3$ 膜保护起来。这种保护膜大约在钢浸入腐蚀介质的最初 20h 左右就可形成，以后就具有保护作用。因此，在这个温度腐蚀速率很小。

④ CO_2 分压低于 $0.0483MPa$ 时，易发生点蚀；当分压在 $0.0483\sim0.207MPa$ 之间，可能发生不同程度的小孔腐蚀；高于 $0.207MPa$ 时，发生严重的局部腐蚀。

CO_2 对水泥石的腐蚀作用机理与水泥石水化产物关系密切。CO_2 的腐蚀作用机理主要体现在湿相 CO_2 渗入水泥石中与水泥石水化产物发生不同的化学反应，产生不同的化学物质，最终导致水泥石的成分发生变化，严重地破坏了油井水泥石的渗透率和强度。为此，以下在了解和分析不同养护条件下油井水泥水化产物组成特征的基础上，从腐蚀产物的形貌及微观结构、主要腐蚀作用形式和腐蚀作用过程等方面深入研究分析 CO_2 对油井水泥石产生腐蚀作用机理。

CO_2 对水泥石的腐蚀机理主要体现在 CO_2 与水泥石不同水化产物的化学作用上，可见水泥石所处的地质环境对 CO_2 腐蚀水泥石起着至关重要的作用，当然水泥本身的材料组成也不容忽视，现场施工情况对水泥环的性能也有很大影响。影响 CO_2 腐蚀油井水泥环的因素可以大致分为：周围地质环境因素、施工因素和水泥材料三大类。

CO_2 驱油腐蚀防护技术包括在线腐蚀监测技术、CO_2 驱油缓蚀剂筛选评价、缓蚀剂加注工艺及配套设备等。缓蚀剂是向腐蚀介质中加入微量或少量化学物质，该化学物质能使钢材在腐蚀介质中的腐蚀速度明显降低直至停止。缓蚀剂的加注量随着腐蚀剂的性质不同而异，一般从几个 ppm（$1ppm=10^{-6}$）到千分之几，特殊情况下加注浓度可达 $1\%\sim 2\%$ 的水平。中石油吉林油田建立了全尺寸的 CO_2 腐蚀检测研究中试平台，可满足多种工况下的腐蚀研究需求。

(五) 二氧化碳驱注采工艺技术

1. CO_2 注入井筒流动剖面预测

通过对 CO_2 驱注气井井筒流体剖面理论研究，形成了 CO_2 驱注入参数及注气优化设计方法和软件，包括 CO_2 井筒流温流压预测模型、CO_2 注入井吸气能力预测、CO_2 嘴压降和温度变化计算。特别地，还建立了考虑相变的非纯 CO_2 介质注入井筒流动剖面的预测技术。

2. 分层注气工艺设计

目前认为，井下分层注气从原理上与分层采气相一致，但目前没有应用水嘴实现分层注气的工艺。因此依据 CO_2 气嘴气体稳定流动及相关理论得到气体嘴流方程。分层注气工艺立足利用老井进行 CO_2 驱井况实际，从注气井口及井下管柱等进行优化设计，从而实现地面分注和井下分注。同心双管分层注气利用同心管柱来实现地面分注，在工艺设计上需要重点考虑注气井口的设计和注气管柱的尺寸大小和优选问题。

分层注气井口设计需要保证 CO_2 驱注入安全，体现"生产安全、技术实用、经济可行"的原则，依据 GB/T 22513—2013《石油天然气工业　钻井和采油设备　井口装置和采油树》标准，结合 CO_2 驱特点和完井要求，对 CO_2 驱试验分层注气井口进行设计。主要从压力级别、材料级别、温度级别、性能级别、规范级别、密封方式、结构设计、连接方式等几个方面进行研究。井口压力设计要考虑井口的工作压力应大于井口实际关井油压，并能够满足最大作业工作压力 $1.3\sim 1.5$ 倍，在腐蚀环境下应大于 1.5 倍。井口材料级别设计包括金属及非金属材料，对材料的选择应根据不同的环境因素和生产的可变性进行考虑，在满足力学性能的条件下还要能够满足不同程度的防腐要求。CO_2 驱注气井以 CO_2 腐蚀为主，井口材质级别为 CC 级。注气井口额定温度设计应考虑装置在使用中会遇到由于温度变化和温度梯度所引起的不同热膨胀影响。选择额定温度值应该考虑到在钻井和（或）生产作业中装置将承受的温度。井口规范级别根据 GB/T 22513—2013 要求内容规定了四种不同技术要求的产品规范级别（PSL）。井口装置总成的主要零件最少包括：油管头、油管悬挂器、油管头异径连接装置及下部主阀。所有其他井口零件均为次要的。次要零件的规范级别可按与主要零件相同或低于其级别来确定。井口性能要求是对产品在安装状态下特定的、唯一的要求，所有产品在额定压力、温度和相应材质类别以及试验流体条件下，进行承载能力、周期、操作力或扭距的测试。分层注气井口结构要特别设计。研发设计的分层注气井口在井口内设计上下双油管挂结构。底部油管挂是悬挂 2⅞" 油管，作为双管分层注气的外管悬挂；顶部油管挂是悬挂 1.9" 小油管，作业双管分层注气管柱的中心管。油管四通与下部丝扣法兰直接法兰密封，丝扣法兰与 5½" 套管丝扣连接，并进行套管二次橡胶密封，密封压力在 35MPa 以上，要求井口密封胶圈耐 CO_2。井口级别为 CC 级 5000psi（34.47MPa）井口。

3. 高效举升工艺技术

受注采关系影响，CO_2 驱油井生产效果差异大。需要调控油井流压，确定合理工作制度，发挥和保持采油井产能。

针对 CO_2 驱高气液比生产井，研究设计适合低产、低流压、高气液比条件的防气举升工艺配套技术。该技术采用高效防气装置对气液实现四次分离。即在抽油泵外面套有外管，抽油泵下端连接螺旋管。气液进入套管后首先在油套环空，产生一次重力沉降分离；然后分离后的气液混合物从外管上部的进液孔进入抽油泵和外管之间的环空，产生第二次气液分离；气液继续沿环空向下流动，由于气液密度差作用，气液产生第三次沉降分离，一部分气体向上流动，从外管排气孔排出；气液向下流动进入抽油泵下端的螺旋管，产生第四次离心分离，分离出的气体经螺旋管上的缝隙向上流动，从排气孔排出。分离后的液体经螺旋管中心孔道进入抽油泵。该技术能够较好地控制低产井的合理流压。地面井口安装套管定压放气阀。从地层出来的气液混合物首先经过泵外防气装置实现气液分离，分离出的油水混合物进入抽油泵，被抽油泵举升到地面。分离出的气体进入油套环形空间，通过地面井口的套管定压放气阀进入地面生产管线。

针对高气油比油井举升，首先采取泵下分离，使大部分 CO_2 气体进入油套环空，再采取气举助抽，从而达到控制套压、提高举升效率目的。该技术称为井下气举-助抽-控套一体化举升工艺。

气举-助抽-控套一体化举升工艺初步解决了含 CO_2 气套压高油井举升问题，但随着气油比进一步增加，泵效明显降低，高气油比油井举升需要从提高泵效着手，研发了防气泵高效举升工艺。

4. 二氧化碳驱腐蚀监测技术

相对于地面管线，油井井下管柱腐蚀监测技术没有得到很好发展。目前管柱腐蚀状况的判断主要依靠作业检管发现、产出水比色测定等方法。作业检管发现只能定性判断腐蚀状况，无法定量判断。产出水比色测定虽然能定量判断，但误差高，数据可靠性差，且无法知道井下腐蚀速率随井深的变化趋势。

井下挂环技术是指将用于腐蚀监测的钢质试环（分内环和外环）镶嵌在专门为之设计的挂环器（有内外环嵌槽和绝缘尼龙座）上，挂环器在油井提管柱作业时随油管下入井筒，下一次作业时再随油管一同起出，通过失重方法定性监测和定量计算出在井下工况条件下介质对油套管的腐蚀状况。采用井下挂环技术监测出的井下腐蚀状况完全和井下油套管的腐蚀状况相吻合，监测的腐蚀数据真实可靠，具有良好的腐蚀监测效果。然而，由于井下挂环技术监测周期长（1～3个月），取样困难，只能反映平均腐蚀速率，难以及时反映井下腐蚀的实时状况和随时间的发展趋势。

井下电化学监测采用的线性极化电阻法（LPR）测试方法，是一项集供电、存储、腐蚀监测等于一体的黑匣子式的井下腐蚀监测技术。由于井下的高温、高压环境，要求所有电子器件能耐120℃的高温，其中的模拟器件还必须在高温下具有偏流小、偏压低、温漂系数小的特点。通过自动腐蚀监测数据分析系统（SIE）可实时记录不同井深处的腐蚀速率。井下在线腐蚀监测系统的监测项目包括腐蚀电位和腐蚀速率。气相或气液混相中的腐蚀监测与纯液相中的腐蚀监测相比，难在导电回路易于中断和介质电阻的补偿，因此必须采用脉冲恒电流极化或高频交流阻抗技术测量电极之间的介质电阻，并进行自动补偿才能得到正确的腐蚀速率。

5. 缓蚀剂加注工艺及配套设备

加注缓蚀剂是减缓井下及地面管道、设备电化学腐蚀、延长使用寿命的主要技术措施之一。防腐机理是用缓蚀剂膜将钢材表面与腐蚀介质隔离开来，防止腐蚀介质对钢材表面产生化学腐蚀。缓蚀效果好坏不仅取决于缓蚀剂本身，而且取决于液态缓蚀剂在钢材表面的覆盖程度，如果钢材表面根本没有缓蚀剂存在，再好的缓蚀剂也不起作用。无论从电极过程动力学来分析缓蚀机理，还是从有机缓蚀剂吸附机理来分析缓蚀作用，液相缓蚀剂都必须覆盖在钢材被保护面上才能起到缓蚀作用。因此，加注缓蚀剂的原则是保证其在钢材表面形成覆盖表面的保护膜，使缓蚀剂能更好地发挥作用。缓蚀剂加注工艺由两部分组成，第一是预膜工艺，第二是正常加注工艺。

预膜工艺的目的是要在钢材表面形成一层浸润保护膜。对于液相缓蚀剂，这层浸润膜是为正常加注提供缓蚀剂成膜条件；对于气相缓蚀剂，这层浸润膜就是一层基础保护膜，正常加注仅仅起到修复和补充缓蚀剂膜的作用。

现场注入缓蚀剂的方法应根据缓蚀剂的特性和井内情况而定，一般有周期注入、连续注入和挤压注入三种情况。无论是注入井还是采出井体系，采用连续注入缓蚀剂是比较好的方法。这样可以在金属表面形成连续、完整的缓蚀剂保护膜，防腐保护效果最佳。在实际生产中缓蚀剂的注入多采用连续注入和间歇注入相结合的方式。间歇注入主要作用是预膜，而连续注入主要是修补膜。

集输管线用缓蚀剂加注时采用平衡注罐，通过罐与引射器高差所产生的压力将缓蚀剂滴入引射器喷嘴前的环形空间，缓蚀剂在喷嘴出口高速气流冲击下被雾化后送入注入器，喷到管道内。所以加注时可根据管线输送情况灵活选择加注点进行。为保护油井套管（内壁）和油管内外表面及井下工具，应选择在油井井口向油套环空加注缓蚀剂或者直接加注到油井底部（筛管以下）。这两种方法均可以使缓蚀剂加注到油套系统中，有效保护油井系统金属免遭 CO_2 的腐蚀破坏。对于注入井的加注点，选择在注水泵的入口端（低压端）1～3m 内，距离泵入口越近越好，即在过滤器出口至注水泵前的总管线上。对操作的要求是先启动加药泵，之后紧接着启动注入水泵，以确保注入的水中必须含有规定浓度的缓蚀剂。

(六) 二氧化碳驱地面工程技术

1. CO_2 驱地面工程模式

目前，我国 CO_2 驱地面工程已经发展形成多种设计模式。

（1）撬装液相注入模式

主要适合单井注入或少量井组的小型先导试验。拉运液态 CO_2 罐车直接连接喂液泵，增压后泵入注气井。CO_2 驱采出流体气液分离后，因二氧化碳产出量很少，直接放空可以大幅度节约成本。若出于环保考虑，可在产出 CO_2 分离并氨冷液化后注入利用，只不过会增加试验成本。

（2）集中建站液态注入模式

主要适合井数较多、规模较大的扩大试验阶段，特别是驱油试验区临近碳源和捕集储存系统时更为适合。采用集中建站模式可保障持续稳定注入，CO_2 储罐来液经喂液泵增压，计量后送入注入泵，经过注入泵加压后经阀组分配、计量后由各单井管线送入注气井口，CO_2 驱采出流体气液分离和产出 CO_2 提纯后液化循环注入。集中建站多泵多井、集中建站单泵单井可满足不同情况下的注入需要。

（3）液相-密相注入共存模式

该模式适合工业性试验阶段后期产出 CO_2 气量较大并滚动扩大注气的情况。气源地或气源井的高纯 CO_2 经液化后以罐车拉运或以气相管输运至油田，经液化后泵入注气井，注入地下油藏。产出 CO_2 在分离后经压缩机增压至较高压力和温度（CO_2 呈超临界态等密相状态），再经注气阀组分配和计量后送入液相注入之外的 CO_2 注入井，从而形成一个试验区多种注入相态共存的情况。该组合共存方式在一定程度上可以节省项目投资。

（4）超临界注入模式

该模式流程简化、经济性好，适合注入规模大、气源稳定、气源地距油藏远、可满足大规模应用情况，如吉林油田黑 46 区块 CO_2 驱工业化推广项目，以长岭气田产出的 CO_2 为气源，采用长距离气相管道输送、大型压缩机增压、超临界注入、CO_2 驱产出气不分离与来气简单掺混后全部以超临界态循环回注的方式。超临界态是密相的一种形式。

近年来，在国家有关部委指导下，中石油陆续在大庆油田、吉林油田、冀东油田、长庆油田和新疆油田开展驱油类 CCUS 实践，打通了碳捕集、管道输送、集输处理与循环注入全流程，趟出了一条在近零排放中实现规模化碳减排的有效途径，建成了两种经过生产实践长期检验的有特色、有规模的 CCUS 工业模式。吉林油田二氧化碳主要来自火山岩气藏伴生气，经长距离管道气相输送至油田，以超临界态注入地下油藏驱油利用，形成 CCUS 吉林模式，截至目前吉林油田累积注入超过 150 万吨二氧化碳。大庆油田二氧化碳来自石化厂排放尾气和火山岩气藏，经液化后以罐车或管道输运至油田，以液态或超临界态注入至地下油藏，形成 CCUS 大庆模式，截至目前大庆油田累积注入超过 150 万吨二氧化碳。CCUS 吉林模式是我国建成最早的天然气藏开发和驱油利用一体化密闭系统，CCUS 大庆模式目前在我国年产油规模最大。

2. CO₂ 输送管道设计方法

CO₂ 管道输送系统的组成类似于天然气和石油制品输送系统，包括管道、中间加压站（压缩机或泵）以及辅助设备。由于 CO₂ 临界参数低，其输送可通过三种相态实现。采用何种输送方式最经济，需根据项目 CO₂ 气源、注入或封存场所实际情况优化而定。管道设计详细考虑可参照相关行业标准。

为了确保 CO₂ 管道安全和降低运行成本，首先需要控制管输介质在输送过程中维持稳定的相态，因此一般选择气相输送或超临界态输送。如果采用气相输送，压力一般不超过 4.8MPa，以避免出现 4.8～8.8MPa 之间的压力变化而形成两相流。很显然，对于大输量、长距离的情况，采用超临界输送更具优势。CO₂ 管道路由选择、阀室间距、管道断裂延展、涂层防腐或减阻都需要认真研究。

3. CO₂ 注入模式

目前 CO₂ 驱注入工艺主要以液相注入和气相注入为主。但由于注入压力级制较高，采用气相注入必须使用压缩机多级增压，投资费用高，能耗大，级间工艺复杂。这里主要介绍工业化推广、推荐的 CO₂ 超临界注入技术。这是一种采用压缩机将 CO₂ 从气态压缩至超临界态，经配注站和站外管网去注气井注入地下的工艺方法。CO₂ 超临界注入工艺流程通常包括预处理系统和增压系统两部分，关键在于相态控制。CO₂ 气源通常为气藏中高含 CO₂ 混合天然气和工业过程烟道气回收。含 CO₂ 回注系统设计的关键问题是相平衡计算分析，一方面气源组分复杂、机械杂质含量高；另一方面饱和含水的低压含 CO₂ 混合气含水量高，对压缩工艺设计和设备安全运行具有较大影响，设计时需要考虑相平衡分析和预处理等关键因素，通常从以下几方面进行分析：绘制真实介质的相包络曲线是正确计算和修正多级压缩级间工艺参数、合理控制相态的重要前提；在含 CO₂ 混合气压缩机设计时需要脱水，采用压缩脱水或附加脱水系统使酸气的露点达到可控要求；以含 CO₂ 混合气体的相包络曲线为相态参数控制依据，分离产生的液体，确保多级增压时压缩机各级入口参数处于非两相区和非液相区；根据压缩机进气条件要求，对含 CO₂ 混合气进行预处理，除去大直径的液体和固体颗粒。工艺流程主要包括预处理系统和增压系统两部分：外来气在预处理系统经除尘、除液和除雾后，进入增压系统；在增压系统经换热至 40℃进入压缩机，经一级压缩至 7.3MPa 后冷却至 40℃，再经气液分离后进入二级压缩机，压缩到 25MPa 后，再经冷却，去站外注入干线管网。

4. CO₂ 驱采出流体集输工艺

以大情字井地区 CO₂ 驱工业化推广项目为例，建立掺水集油计算模型，对采出流体油气集输流程进行优化，将先导试验单井进站优化为环状掺输进站，将扩大试验气液分输优化为气液混输。

（1）站外管道设计

由于集输管道长度短、压降及温降较小，从工程应用角度看，逸出的 CO₂ 对温降和压降的影响可以忽略不计。

（2）油气集输流程

CO_2 驱在大情字井已建系统内进行，已建系统采用三级布站方式、小环状掺输流程。CO_2 驱实施后，油井产量上升，气油比上升，油品参数发生变化。以某接转站为例，接转站共辖油井 196 口，计量站 11 座，实施 CO_2 驱油井为 156 口，计量站 9 座（有两个边缘区块未采用 CO_2 驱）。通过对已建能力的校核，已建集油支干线不能满足生产的需求，需要敷设复线，因此对油气集输系统提出两种方案。

① 油气混输。根据单井产液及油气比的增加，对已建的油气支干线进行校核，敷设油气同输复线，对计量站进行改造，采用计量分离器对环产液进行计量。油气输送至接转站进行气液分离，分离出的产液进入已建的集油系统，分离出的气体进入循环注气处理系统。

② 油气分输。由于单井产液及油气比的增加，已建的油气支干线不能满足生产需求，为降低混相输送的沿程磨阻，对计量站进行改造，采用计量分离器对环产液进行计量同时建设气液分离操作间，将气液分离出的液体利用已建油气支干线进入已建的集油系统，分离出的气体单独建设输气管线进入循环注气处理系统。

以系统能耗最低为目标函数，建立掺水集油分析模型，对站外管网进行热力和水力计算，指导优化管网布局。站外采用玻璃钢管材，油气混输管线的敷设受到玻璃钢管材的限制，因此无法采用更大的管径降低投资，尽管采用油气混输，部分高产、高含气的计量站仍需要采用多条管线。

（3）CO_2 驱单井计量方法

液相计量方便结合气相准确的优点，设计卧式翻斗计量、三相计量、立式大翻斗计量三种新的计量方案，同时完成设计，进入现场试验，明确当气量低时采用立式翻斗，高时采用卧式翻斗计量。

（4）气液分离

对于卧式油气分离器，当控制液面为中液位时：与气处理能力有关的最佳长径比为 2.16；与油处理能力有关的最佳长径比为 4.51，近似为以气体处理能力作为设计标准时的两倍。从经济角度出发，黑 79 区块的分离器最佳长径比为 3.04，分离器尺寸为 $\phi 1600\text{mm} \times 4800\text{mm}$。

5. CO_2 驱产出气循环注入

不同的油藏类型由于地质条件的区别导致混相条件不同，经油藏工程研究后，对地面工程的注入参数进行了要求。如吉林油田大情字井油田试验区，油藏工程研究认为回注气 CO_2 含量控制在 90% 以上对最小混相压力影响不大。这个回注气 CO_2 含量的技术指标是制定地面工程 CO_2 驱产出气回注技术路线的关键指标。

① 当产出气 CO_2 含量高于 90% 时，采用超临界注入工艺直接回注。

② 当产出气 CO_2 含量低于 90% 时，与纯 CO_2 气混合后超临界注入。

③ 当产出气与纯 CO_2 混合后 CO_2 含量低于 90% 时，将产出气 CO_2 分离提纯后注入。油气田常用天然气 CO_2 分离提纯方法主要为膜分离法、变压吸附法、膜加变压吸

附法、本菲尔德法和胺吸收法等。

6. 防腐控制技术

随着高含 CO_2 油气田的相继开发，对由此产生的严重腐蚀破坏、主要的影响因素和规律及其破坏机理、腐蚀防护措施等进行了深入广泛的研究，为此类油气田的开发提供了在工程应用中有明显效果的腐蚀防护专项技术。在地面工程设计中，合理避开高腐蚀区。地面系统分为 CO_2 捕集、输送、注入、采出流体集输、产出气循环注入五个系统，由于各系统的腐蚀程度差异较大，分别对地面集输各系统进行分析。

① 输送、注入系统主要采用碳钢＋缓蚀剂防腐方式，并设置腐蚀监测措施。CO_2 输气管线预留缓蚀剂预膜口，管道设在线腐蚀监测装置。注气管网需考虑低温影响，单井管线及支干线采用耐低温 16Mn 钢，后期随试验结论进行调整。

② 产出流体集输处理系统碳钢腐蚀速率均很高，不锈钢满足所有工况，腐蚀速率远低于 0.076mm/a。气液分离前的工艺管道和装置，包括采油井口工艺、集油管线、计量站及两相分离器，建议采用材质防腐方式。气液分离后液体输送管道和处理装置：包括分离、脱水及污水处理等，建议采用碳钢＋缓蚀剂防腐方式，设置腐蚀监测设施。缓蚀剂加注主要在脱水前（腐蚀速率为脱水后 2 倍），在脱水及污水、注入系统做补充加注。

③ 产出气循环利用系统包括脱水前的湿气系统及脱水后的干气系统。脱水前湿气系统包括站内产出气分离、增压系统等，采用材质防腐方式，管线、阀门采用不锈钢（316L），设备采用内衬不锈钢（316L）的复合板材。脱水后干气系统，采用碳钢＋缓蚀剂防腐方式，主要站内加注缓蚀剂，防止设备及管线腐蚀，设置腐蚀监测设施。

缓蚀剂加注工艺由两部分组成，其一是预膜工艺，其二是正常加注工艺。预膜的目的是在钢材表面形成一层浸润保护膜。液相缓蚀剂的这层浸润膜是为正常加注提供缓蚀剂成膜条件，气相缓蚀剂的这层浸润膜是一层基础保护膜，正常加注主要是起到修复和补充缓蚀剂膜的作用。预膜时所加的缓蚀剂量一般为正常加注的 10 倍以上。通常情况下，在新井或新管线投产时或正常加注缓蚀剂一个星期后进行预膜，对于管线主要采用在清管球前加一般缓蚀剂挤涂的预膜工艺。一般来说，缓蚀剂加注工艺都不是指预膜工艺，而是指正常加注工艺。目前用于石油天然气集输管道的缓蚀剂加注方法主要有泵注、滴注、引射注入法等，以下对各种缓蚀剂注入法的优缺点进行分析比较。缓蚀剂是向腐蚀介质中加入微量或少量的化学物质，该化学物质使钢材在腐蚀介质中的腐蚀速率明显降低直到停止。缓蚀剂的加注量随着腐蚀介质的性质不同而异，一般从百万分之几到千分之几，个别情况下加注量可达百分之一二。缓蚀剂的加注量是工艺设计的基础数据，主要按照缓蚀剂所处环境和缓蚀剂类别进行计算。

CO_2 驱地面系统腐蚀在线监测方法分为直接测试腐蚀速率的方法和间接判断腐蚀倾向的方法。直接测试腐蚀速率的方法有：腐蚀挂片法、腐蚀电阻探针法、线性极化电阻法、超声波探伤测厚法、Microcor 电感阻抗法、开挖检查法、地面检查法等。间接判断腐蚀倾向的方法有：pH 值测试法、细菌含量测试法、总铁含量检测法、测定水中溶解性气体法、测定天然气中 CO_2 分压法、软件预测法、电子显微镜与 X 射线衍射法、天然气露点法、电偶/电位测量法、氢渗透等。目前，在油气生产应用最广的方法主要有失重法、电阻探针法、线性极化电阻法、超声波测厚法等。吉林油田主要对失重法和ER电阻探针法进行了深入研究。

(七) 二氧化碳驱生产动态监测技术

为了解 CO_2 驱产出情况、混相状态、流体运移距离，需要开展油藏监测，主要有油气水产量监测、水气注入量监测、吸气剖面监测、压力监测、井流物分析、气相示踪剂、腐蚀监测等。利用油藏动态监测资料判断混相、气窜、腐蚀泄漏状态，为 CO_2 驱生产调整提供依据。

1. 注入状况监测

注入状况监测包括日常注入动态监测，吸水、吸气剖面测试，吸水、吸气指数测试，井筒及井底温压测试。重点是吸水、吸气剖面测试和吸水、吸气指数测试。通过对注 CO_2 井实施吸气剖面测试，获得井下测试段温度、压力、流量和信号数据，通过软件解释获得井下测试层位的吸气剖面，为 CO_2 驱了解各井油层段吸气状况，优化调整试验方案提供依据。另外，对所有的注入井进行吸水、吸气指数测试。

2. 混相状态监测

地层压力是判断混相状态的关键指标。地层压力监测以油井为主，包括笼统测压和分层测压，在井况允许条件下应以分层测压为主。

井底流压实时监测：为连续观测井底流压、静压及温度的变化情况，掌握注采压力剖面及混相状况，建立组分与混相状态相关关系，实时监测井底压力，持续时间至停止注气后一年。

井流物监测：通过对产出气和原油组分的分析，为确定采油井的混相状况提供依据。CO_2 驱油过程可导致地层水黏度、pH 值及离子组成发生变化，需进行产出水全分析。

3. 高压物性分析

为观察 CO_2 驱替过程中地层原油性质的变化规律，选取含水低的代表性生产井进行注气前后高压物性分析。注气前需取准高压物性样品进行分析，包括原油组分分析、原油性质分析、CO_2 驱最小混相压力测试以及 CO_2-原油体系相态评价分析。注气开发过程中，每 6 个月取高压物性样品分析一次，主要分析地层条件下驱替过程中的原油组分及性质变化规律，为判断混相状态和地下流动状态提供依据。

4. 流体运移及气驱前缘监测

井间示踪技术由于可提供有关井间非均质性和流动特性，成为直接确定井间参数的测试技术之一，较传统的静态地质研究更有实际指导意义。井间气体示踪技术利用气体示踪剂可以跟踪注入气体流动速度和流动方向，通过软件对示踪剂产出曲线进行拟合处理，将示踪实测资料与模拟技术相结合，获得注入流体地下运动特征，求解油藏参数。

利用微地震气驱前缘监测技术对注气井进行监测，可以得到被监测井的气驱前缘、注入气的波及范围和优势气驱方向，从而为开展油藏动态分析，以及实施注采调控提供可靠的技术依据。

气驱试井技术可以判断气驱前缘，利用油井压力恢复资料，对气驱前后试井解释资料进行对比，进行 CO_2 气驱前缘试井解释。笔者于 2009 年 11 月在提高石油采收率国家重点实验室首届 CCS-EOR 技术交流会上，宣读了 "A case study on CO_2 EOR in ex-trolow permeability reservoirs in Jilin Oilfield" 一文，首次提出 "采用气驱试井响应识别气驱前缘" 的方法，后陆续被大庆油田研究院、中国石油大学（北京）的 CO_2 驱项目组采用和研究。

5. 驱替效果监测

含油饱和度测定可通过测井方法也可以借助检查井方法确定。通过脉冲中子测井确定 CO_2 驱过程中含油饱和度变化，确定 CO_2 驱油方向及残余油分布。在注气开发中期，可选择性地钻取 1 口检查井，通过对取芯资料储层特征及流体性质分析，确定驱替程度、残余油分布及性质，与实验数据对比分析，进一步明确 CO_2 驱油机理和驱替效果。检查井资料分析要求参照密闭取心井资料化验分析要求执行。

6. 井下工程监测

井下技术状况监测主要对 CO_2 驱注采井和周边生产井、评价井进行井况调查、监测，为根据 CO_2 驱安全要求进行整改提供依据。

钻采系统腐蚀监测是对 CO_2 驱开发区块所有注入井和采油井均进行腐蚀监测，主要监测技术是在注采井内投入腐蚀挂片，定期监测井内腐蚀情况。地面系统腐蚀监测针对地面系统关键部位加挂片及腐蚀探针，定期监测腐蚀情况。

7. 生产调控技术

注采调控的目的是防控气窜、改善开发效果，保证合理采油速度。CO_2 驱生产调控的做法是注采井的合理工作制度、水气交替合理段塞比、注气剖面调整等。

一般认为地层压力在最小混相压力之上，采收率可大幅度提高。但在混相压力之上，并非地层压力保持水平越高，提高采收率幅度越大，存在一个合理地层压力保持水平的界限值。因此，确定合理地层压力保持水平上限为最小混相压力的 110%。

当地层压力和混相程度足够高时，注入气将携带地层油中较轻组分朝着油井移动并在井间筑起 "油墙"。"油墙" 前缘到达生产井的时间称为气驱油藏见气见效时间。高含油饱和度 "油墙" 后缘毗邻注入气而成为 "邻气油墙"，由于溶解了大量注入气成为 "溶气油墙"，油墙溶解气油比和泡点压力较原状地层油高，而黏度较低。根据油田水驱开发经验，若放大压差任性开采，或将导致地层油大范围脱气影响生产能力；气驱 "油墙" 后缘紧邻注入气，过大的生产压差又会加速气窜并影响产能。故注气驱油开发技术界限将有别于水驱情形。根据 "油墙" 物理性质描述方法可以计算井底流压。

水气交替注入提高原油采收率原理在于良好的流度比控制和连通了水驱未波及的区域。CO_2 转 WAG 时机和水气段塞的大小、水气段塞比的合理选择直接影响到地层压力的稳定和 WAG 驱替效果，对气驱提高采收率非常重要。

注入剖面控制除了采取水气交替注入外，也可以采取针对低渗层的选择性改造、相对高渗层的泡沫-凝胶体系调剖，以及分层注气的方法实现。

须指出，气驱生产调整或调控的依据仍然是气驱油藏工程设计，气驱调整所依赖的技术仍然是各类注采技术的组合，气驱生产调控技术不具有功能独立性。

(八) 二氧化碳驱安全风险防控技术

CO_2 驱存在的风险主要包括低温风险、中毒风险、窒息风险、高压风险、机械伤害、井控风险、腐蚀风险、爆炸风险等。结合 CO_2 存储工程地质、水化学、地球化学等详细资料，可以建立示范区 CO_2 地质封存数值模拟系统，预测 CO_2 地质储存能力和 CO_2 灌注引起的应力场分布及其变化。在封存过程中，还必须加强安全风险评估监测。

地下 CO_2 在自然或人为作用下有泄漏风险，影响人体和动物生命健康、土壤、水体。为应对公众对 CO_2 引起的环境风险的关注，须开展 CO_2 地质储存环境安全风险评价及监测技术研究，建设 CO_2 地质封存监测体系。建立"空天-地表-井筒-油藏"安全动态监测体系，综合运用多种方法对地下 CO_2 的赋存状态以及可能逃逸情况进行观测。空中监测采用了遥感技术和无人机，主要针对植被变化、地表变形开展监测；地表监测采用了土壤、水、样品采集和测试仪器（包括便携式仪器），实时测量近地近井大气和土壤 CO_2 浓度等方法，分析 CO_2 对地表的空气、水、土壤、地表变形的影响；井中监测采用温度测井与压力测试仪器监测井筒温度、压力剖面，采用井下挂环技术监控腐蚀状况；地下监测采用井中压力温度原位监测、原位水样采集测试以及时移垂直地震剖面法监测等地球物理监测方法，对地层的温度、压力、地下水水质、CO_2 的运移状态进行监测。

当发现监测数据异常时，对异常点范围加密监测频率，并增设临时监测点，确定监测异常范围。进行实时监测并分析异常区数据，当判断数据异常为人为因素、天气影响时，回归到日常观测；当判断为 CO_2 逃逸时，启动预警方案，实施灾害治理，治理完好数据正常后回归日常观测。

井控风险防控方面，可提高井口设备的耐压等级，规避一定的安全风险。加强受效井预警，及时发现并有效处理。加强巡回检查，对油井或管线泄漏及时发现并处理。发挥自动化监测和控制作用，有效防控风险。腐蚀风险管控方面，对产出液脱气控制大量 CO_2 污染进入集输系统，还要加强腐蚀监测，定期检查，掌握腐蚀情况。加注缓蚀剂，有效降低腐蚀程度和风险。加强管线检测更换，采用防腐材质，避免出现腐蚀事故。

建立 CO_2 驱特点的风险控制和安全性评价方法体系，确保 CO_2 驱油与封存项目安全运行。

(九) 二氧化碳驱技术经济评价技术

技术经济综合评价包括对方案的技术成熟度和先进性、经济可行性和利润最大化、政治方面符合国家法律法规和公司发展战略需要、有利于社会和谐稳定和健康发展、有利于生态环境保护以及人与自然和谐、资源利用合理性与发挥资源最大潜能等进行评价。CO_2 驱油项目的技术经济综合评价包括对上述诸多方面利用明确的方法和依据进行全方位和整体评价。

已注水开发油田实施 CO_2 驱属于三次采油项目。经济评价采油现有的价格体系为基础预测价格。投资估算和成本估算采用现期价格水平，不考虑物价上涨因素；油价统一采用石油行业规定的经济评价基础油价。三次采油技术经济评价是把三次采油的全过程投入和最终成果进行全面分析、计算和研究，从而判断三次采油在经济效益上的好坏程度。因此，作为三次采油技术应有的 CO_2 驱项目是判断 CO_2 驱项目在经济效益上好坏的主要依据。"有无项目对比法"或"增量法"是进行三次采油技术经济评价最常用的方法。三次采油技术经济评价主要分为 3 个阶段：增量资产价值评估、敏感性分析和基准平衡分析。针对 CCUS-EOR 技术与常规采油技术的区别，在分析项目技术特点的基础上，对包括投资、成本、销售收入及税金在内的经济评价参数及其预测方法进行研究，建立经济评价模型，中国石油大学（北京）建立的经济评价模型有一定代表性[27]；将项目中碳捕集、运输与封存全流程视为一个整体进行经济评价，考虑了原油开采的社会效益和 CCUS 技术的环境效益，将财政补贴等政策支持和激励作为项目收入，有益于技术的应用和推广。当然，关于 CCUS 项目社会与环境效益的定量评价方法还需进一步探讨研究。

在低油价下，水驱后油藏采用"增量法"评价 CO_2 驱油与封存项目，很难有经济效益，从而影响了 CCUS 技术应用的投资决策。有学者认为，若更关注 CO_2 驱油与封存项目的碳封存效果，将项目 CO_2 驱油与封存项目作为新项目对待，采用总量法进行评估也是可行的，将碳减排项目完全按油田开发三次采油项目对待并采取增量法予以评价，也未必是合适的；而未开发油田或未注水油田或动用程度很低的油藏实施 CO_2 驱可以算作新项目，可以采用"总量法"进行技术经济评价。另外，在进行 CCUS 经济性潜力评价时，依据"总量法"建立普遍化公式将会使潜力评价工作更方便，也不容易漏掉因水驱历史长、单井产量较低而迫切需要转变开发方式增产的成熟油田。当然，针对油田开发历史上所有的开发方式组合进行"总量法"评价，是真正意义上的全生命周期经济评价方法，也是更合理的经济评价方法。

参 考 文 献

[1] 秦积舜. 中国CCUS发展现状与展望 [C]. 北京：中石化气驱提高采收率技术交流会，2014.

[2] 廖广志，马德胜，王正茂. 油田开发重大试验实践与认识 [M]. 北京：石油工业出版社，2017.

[3] 王高峰. 黑 59 区块 CO_2 驱油藏工程方案（修订）[R]. 北京：中国石油勘探开发研究院，2008.

[4] 王高峰，杨思玉. 黑 79 区块 CO_2 驱油藏工程方案 [R]. 北京：中国石油勘探开发研究院，2007.

[5] 李士伦，郭平，戴磊，等. 发展注气提高采收率技术 [J]. 西南石油学院学报，2000，22（3）：41-45.

[6] 王高峰. 注气开发低渗透油藏见气见效时间预报方法 [J]. 科学技术与工程，2014，14（34）：25-27.

[7] 王高峰，郑雄杰，张玉，等. 适合二氧化碳驱的低渗透油藏筛选方法 [J]. 石油勘探与开发，2015，42（3）：358-363.

[8] 秦积舜，韩海水，刘晓蕾. 美国 CO_2 驱油技术应用及启示 [J]. 石油勘探与开发，2015，42（2）：209-216.

[9] 张蕾. CO_2-EOR 技术在美国的应用 [J]. 大庆石油地质与开发，2011，30（6）：153-158.

[10] 沈平平，袁士义，韩东，等. 中国陆上油田提高采收率潜力评价及发展战略研究 [J]. 石油学报，2001，22（1）：45-48.

[11] 谢尚贤，培慧. 大庆油田萨南东部过渡带注 CO_2 驱油先导性矿场试验研究 [J]. 油气采收率技术，1997（3）.

［12］　骆仲泱，方梦祥，李明远，等. 二氧化碳捕集封存和利用技术［M］. 北京：中国电力出版社，2012.

［13］　于方，宋宝华. 二氧化碳捕集技术发展动态研究［J］. 中国环保产业，2009（10）.

［14］　费维扬，艾宁，陈健. 温室气体二氧化碳捕集与分离面临的挑战和机遇［J］. 化工进展，2005（1）.

［15］　黄汉生. 温室效应气体二氧化碳的回收与利用［J］. 现代化工，2001（9）.

［16］　陈霖. 中石化中石化二氧化碳管道输送技术及实践［J］. 石油工程建设，2016，42（4）：7-10.

［17］　秦积舜. CCUS 十周年［R］. 北京：第三届 CCUS 国际论坛，2016.

［18］　王增林. 胜利油田燃煤电厂 CO_2 捕集、利用与封存（CCUS）技术及示范应用［C］. 北京：第三届 CCUS 国际论坛，2016.

［19］　秦积舜. CO_2 驱油与埋存技术攻关试验进展及下步工作建议［R］. 北京：中国石油天然气集团公司，2015.

［20］　王峰. CO_2 驱油高效注采与埋存工艺技术［C］. 北京：第三届 CCUS 国际论坛，2016.

［21］　王峰. CO_2 驱油及埋存技术［M］. 北京：石油工业出版社，2019.

［22］　俞凯，刘伟，陈祖华. 陆相低渗透油藏 CO_2 混相驱技术［M］. 北京：中国石化出版社，2016.

［23］　王香增. 低渗透砂岩油藏二氧化碳驱油技术［M］. 北京：石油工业出版社，2017.

［24］　胡永乐. 注二氧化碳提高石油采收率技术［M］. 北京：石油工业出版社，2018.

［25］　吉林油田. 大情字井油田 50 万吨 CO_2 驱总体开发方案［R］. 北京：中国石油天然气集团公司，2011.

［26］　国家科技部高技术研究发展中心. 国家重点研发计划 CO_2 地质封存环境监测及预警技术［R］. 北京：国家科技部，2018.

［27］　孟新，罗东坤. CO_2 驱油提高采收率项目的经济评价方法［J］. 技术经济，2014，33（12）：98-102.

第三章

低渗透油藏气驱生产指标确定方法

我国气驱油田开发试验项目已有数十个，气驱生产动态认识非常丰富。从理论高度理解气驱实践中出现的现象，找到气驱开发普遍规律，是气驱油藏工程研究的主要任务。气驱油藏工程学以气驱生产指标变化规律为研究任务，以获得注气参数编制可靠注气方案、评价气驱效果，提出有效调整对策为归宿。气驱油藏工程包括气驱油藏数值模拟技术、气驱油藏工程方法和气驱试井技术三个研究方向。理论和经验表明，强非均质低渗透油藏气驱数模预测结果与实际不符问题突出。

本章以油藏工程、油层物理和渗流力学基本概念为研究基础，建立了气驱关键生产指标预测油藏工程方法[1-10]，为 CCUS-EOR 潜力评价和百万吨级项目注采参数设计提供了理论方法依据。

第一节 低渗透油藏气驱产量预测方法

在油藏注气过程中，相态变化、多相渗流耦合、气驱复杂性使人们对其生产动态的认识一直处于经验阶段。美国工程院院士 Larry Cake 的气驱产量预测方法无法从理论推导得到，开发时间节点确定方法相当繁琐，峰值产量的确定需要预知气驱采收率，不便于应用。加拿大 Koorosh Asghari 和 Janelle Nagrampa 等学者预测 Weyburn 油田短期平均气驱产量经验关系不能描述产量随时间的变化，且该经验式仅适用于同 Weyburn 油田开发历程和性质都接近的油藏。具有明确物理意义的气驱产量预测油藏工程理论方法尚未见报道。目前气驱开发相关研究主要靠室内实验和数值模拟手段，工作中还发现数值模拟预测生产动态与实际往往有较大出入。为增加注气方案可靠性，提高注气项目收益，从油藏工程基本原理出发，推导出气驱产量变化规律，提出气驱增产倍数及其工程计算方法，并以国内外多个注气实例验证理论可靠性。

一、理论推导

将转驱时油藏视为新油藏。将气驱波及体积与水驱波及体积之比称为气驱波及体积修正因子，根据"采收率等于驱油效率和体积波及系数的乘积"这一油藏工程基本原理，可得气驱阶段采收率计算式：

$$E_{Rg} = \eta \frac{S_o}{S_{oi}} \frac{E_{Dg}}{E_{Dw}} E_{Rwn} \tag{3-1}$$

式中，E_{Rg} 为基于原始地质储量的气驱采收率；E_{Rwn} 为基于转驱时剩余地质储量的水驱采收率；S_{oi}，S_o 分别为原始与转驱时平均含油饱和度；E_{Dg}，E_{Dw} 分别为转驱时气和水的驱油效率（基于原始含油饱和度）；η 为气驱波及体积修正因子。下面考察评价期内采出程度变化情况。根据岩心驱替实验成果，转驱时气和水的驱油效率显然可视为定值，气驱波及体积修正因子 η 亦视作常数。因采收率是由采出程度增长而来，将采收率指标视为变量，上式对时间求导数有：

$$\frac{dE_{Rg}}{dt} = \eta \frac{S_o}{S_{oi}} \frac{E_{Dg}}{E_{Dw}} \frac{dE_{Rwn}}{dt} \tag{3-2}$$

任意 t 时刻气驱采出程度的增量显然可写作：

$$dR_g = R_{vg}dt = dE_{Rg}(G_i) \tag{3-3}$$

任意 t 时刻水驱采出程度的增量可写作：

$$dR_{wn} = R_{vwn}dt = dE_{Rwn}(G_i) \tag{3-4}$$

式中，R_g 为基于原始地质储量气驱采出程度；R_{wn} 为基于转驱时剩余地质储量的水驱采出程度；R_{vg} 为基于原始地质储量气驱采油速度；R_{vwn} 为基于转驱时剩余地质储量的水驱采油速度；G_i 为注入液体完全波及的任一油藏网格。

联立式（3-3）和式（3-4），得：

$$R_{vg} = \eta \frac{S_o}{S_{oi}} \frac{E_{Dg}}{E_{Dw}} R_{vwn} \tag{3-5}$$

上式两端同乘以原始地质储量 $V_p S_{oi}$ 有：

$$R_{vg} V_p S_{oi} = \eta \frac{S_o}{S_{oi}} \frac{E_{Dg}}{E_{Dw}} R_{vwn} V_p S_{oi} \tag{3-6}$$

根据前述采油速度的含义，由（3-6）式可得到：

$$Q_{og} = \eta \frac{E_{Dg}}{E_{Dw}} Q_{ow} \tag{3-7}$$

式中，V_p 为油藏孔隙体积，m^3；Q_{og} 为 t 时刻气驱产量水平，m^3/d；Q_{ow} 为同期的水驱产量水平，m^3/d。须指出，"同期的水驱产量"为假设油藏不注气而继续注水时油藏整体产量，可由水驱递减规律预测得到。

这里气驱增产倍数 F_{gw} 的定义是气驱产量水平与同期水驱产量水平的比值：

$$F_{gw} = \frac{Q_{og}}{Q_{ow}} = \eta \frac{E_{Dg}}{E_{Dw}} \tag{3-8}$$

式（3-8）对时间取导数可得气驱产量绝对递减率：

$$\frac{Q_{og}}{dt} = F_{gw} \frac{Q_{ow}}{dt} \tag{3-9}$$

式（3-8）和式（3-9）实质为评价期内气驱产量和水驱产量的一一对应关系：低渗透油藏气驱产量与同期的水驱产量之比为恒定值，且此值为气驱增产倍数，联合气驱增产倍数和水驱递减规律可在理论上把握气驱产量。水驱产量是长期摸索确定的合理值，气驱增产倍数为固定值，气驱产量可被唯一确定，水驱开发经验为气驱所借鉴。由式（3-9）可知，当气驱增产倍数大于 1.0 时，混相驱产量绝对递减率将高于水驱情形，这解释了为什么绝大多数混相驱产量曲线比水驱产量曲线陡峭，即递减快。

二、气驱增产倍数计算

1. 气驱波及体积修正因子取值

由于驱油效率室内可测，若获知气驱波及体积修正因子，便可按照（3-8）式求算气驱增产倍数。气驱波及体积修正因子受重力分异、黏性指进和扩散作用影响，在此简要评述三个因素在油藏注气开发过程中所能起的作用。

（1）浮力与毛管力的对比

压汞曲线上"阈压"的存在表明多孔介质中非湿相驱替润湿相必须克服一定的启动压力，阈压用毛管压力计算。气体作为非湿相上浮也是驱替行为，也须克服阈压。以油气接触弯月面为底面选择厚度为 dh 油相微元为研究对象。此微元原处于静水平衡态，当存在游离气时，微元在垂向上所受合力为下部气柱上浮形成的推力与毛管力之差。国内低渗油层内单砂体有效厚度通常在 1.0m 左右，则微元下部单位长度气柱受到的向上合力为浮力与自身重力之差，即有效浮力。作用于油相微元的垂向合力则为有效浮力与毛管力之差。油气共存时，储层岩石为油湿，接触角常小于 75°，现取 60°；以非混相 CO_2 驱为例，地下油气密度差取 210kg/m³；油气界面张力通常小于 15.0mN/m，CO_2 非混相驱界面张力取值 6.0mN/m。浮力应用阿基米德原理计算，毛管力应用拉普拉斯公式计算，发现只有当孔喉半径超过 3.0μm，即储层为中高渗时，有效浮力才大于毛管力，气体方能克服阈压推动油气界面上移。故在低渗介质中气顶无法仅靠浮力自然形成，这应是少见带气顶低渗透油藏的一个原因。

（2）浮力与生产压差的对比

将进入油相的气泡分为若干高为 dh 的立方体微元。每个微元分担的有效浮力 $\Delta F_v = (\rho_o - \rho_g)g(dh)^3$（$\rho_o$、$\rho_g$ 分别为油和气的密度，kg/m³；g 为重力加速度，m/s²）。气泡在水平方向随油相一起运动，微元所受水平合力 $\Delta F_h = \mathrm{grad}P \cdot dh(dh)^2$（$\mathrm{grad}P$ 为注采压差梯度，MPa/m）。则纵横力比 $\Delta F_v / \Delta F_h = (\rho_o - \rho_g)g/\mathrm{grad}P$。结合油田开发实际情况通过计算可知注采压差梯度通常大于 0.02MPa/m，有效浮力梯度不到注采压差梯度的 6%。因此，重力分异无法形成对生产有现实意义的驱替。开发地质专家薛培华教授统计分析喇嘛甸油田 11 口检查井资料提出"交互韵律式"剩余油分布模式，即未水洗层与水洗层多呈间互状分布，且水洗剖面韵律性与物性剖面韵律性一致，这也证明重力分异在油田开发中作用很小，更不存在依靠重力作用开发的低渗透油藏。

（3）垂向与水平渗透率之比

一般地，碎屑岩油藏物性越差，垂向与水平渗透率之比越小。对于低渗储层，此比值通常在 0.01～0.30 之间。在同样压力梯度下，垂向流速不足水平速度的三分之一。

（4）小层内夹层的作用

渗透性极差的物性夹层或泥质夹层在低渗储层内是普遍存在的，构成流体上浮或下沉的天然地质遮挡，进一步限制重力分异对纵向波及系数的改变。

（5）气体蒸发萃取作用

油藏条件下，注入气不断蒸发萃取原油组分使自身被富化。实测和模拟计算知道气驱前缘附近气相黏度约 0.1mPa·s，与地层水黏度为同一数量级（水黏度是前缘气相黏度的 3～6 倍），削弱了气体黏性指进对波及体积修正因子的影响。

（6）水气交替注入的作用

水气交替注入是改善气驱效果的主体技术。水气交替可抑制黏性指进和控制气窜，扩大波及体积；气驱实践中多轮次的水气交替注入（交替周期一般为 2～4 个月）将使气驱波及体积与水驱趋同，气驱波及体积修正因子趋于 1.0。

（7）气相扩散作用

在漫长的成藏过程中，时间累积效应大，很多学者都认识到扩散作用是地下天然气运移的一个普遍过程；但在油田开发这几十年内，扩散作用甚小。在油藏条件下测量 CO_2 在原油中的扩散系数及数值模拟研究均认为扩散作用对于孔隙型油藏注气开发的影响微不足道。

（8）气驱油藏物性下限

通常认为低渗透油藏实施注气能改善驱替剖面，矿场确有吸气剖面为证。但气体在微孔喉差油层中能运移多远并无结论。近年来，在吉林红岗和大庆宋芳屯两个超低渗区块（渗透率小于 1.0mD）的注气工作表明，物性过差油藏靠注气实现经济有效开发仍有极大困难。此外，在低渗油藏开发地质研究中，水驱的渗透率下限常取 0.1mD，此下限之下的储量占总地质储量比例甚小。即便这些极差储量有所动用，对采收率的贡献也非常小。

总之，重力分异和扩散作用不会对低渗透油层注气产生现实意义的影响，注入气体黏性指进则被相态变化和水动力学调控等因素削弱，多轮次水气交替注入使气驱波及体积趋于水驱情形，这便是低渗透油藏气驱波及体积修正因子接近 1.0 的原因。另须指出，上述论证仅为气驱增产倍数的工程计算提供依据，而不是为了证明气驱和水驱波及体积完全相等。

2. 气驱增产倍数计算公式

为便于应用，转驱时的驱油效率须与初始驱油效率（指油藏未动用时）和转驱时水驱采出程度相关联。驱油效率属微观层面上的概念，其近似值由岩心驱替实验给出（严格讲，岩心驱替中仍有波及体积概念）。多轮次水气交替注入又会消除注气时机对于残余油饱和度的影响，并且实验发现气驱残余油饱和度与交替注入的水气段塞比无关，故气驱残余油饱和度可视为定值。依据驱油效率定义得：

$$E_{Dg} = \frac{S_{oi}E_{Dgi} - S_{oi}R_{ews}}{S_{oi}} \qquad (3\text{-}10)$$

根据水驱油效率的定义有：

$$E_{Dw} = \frac{S_{oi}E_{Dwi} - S_{oi}R_{ews}}{S_{oi}} \qquad (3\text{-}11)$$

将式(3-10)、式(3-11)代入式(3-8)，并将气驱波及体积修正因子 η 取值为 1.0 可得：

$$F_{gw} = \eta\frac{E_{Dgi} - R_{ews}}{E_{Dwi} - R_{ews}} \approx \frac{E_{Dgi} - R_{ews}}{E_{Dwi} - R_{ews}} \qquad (3\text{-}12)$$

式中，E_{Dgi} 和 E_{Dwi} 分别为气和水的初始驱油效率；R_{ews} 为转驱时基于原始地质储量的波及区水驱采出程度。

由于采出原油仅来自注水波及区域，故波及区采出程度高于油层整体采出程度。关于波及区域的确定存在两种观点：一种认为波及系数为采收率与驱油效率之比，即实际波及系数严格等于理论波及系数；另一种则认为波及系数接近 1.0，此观点来自对油藏实际加密效果的分析。加密井含水率往往低于老井，却远高于油藏初始含水，并且具有初始产状的加密井比例极低，很难准确预测和钻遇。这表明剩余油分布并没有呈现大面积未动用或高度富集状态，波及区面积接近整个油层。

可见，上述观点都有理论和实验或油田开发实践方面的证据。综合这两种观点，应认为实际波及区域高于理论波及区域，并且波及区域不同位置动用程度存在差别。据此，可将实际波及系数表示为理论波及系数和剩余波及系数的加权平均：

$$E_V = E_{V0} + \omega(1 - E_{V0})$$ (3-13)

式中，E_V 为实际波及系数；E_{V0} 为理论波及系数；ω 为权值，$0 < \omega < 1.0$。

权值 ω 反映了理论波及区域之外的储量动用程度，主要由注采参数变化对地下流场的水动力学调整引起（即液流方向改变），故其受控于储层物性级别和非均质性、井网砂体匹配程度以及油田开发时间等因素。开发时间越长，井网与砂体越匹配，注采参数变化的时间累积作用越大，ω 越大；另一方面，权值 ω 也反映了剩余油分布的均匀性，剩余油分布越均匀，ω 越大；对于采出程度很低的油藏和高采出程度的成熟油藏，剩余油分布总体上是均匀的，推荐 $\omega = 1.0$。

相应于式(3-13) 中实际波及系数的波及区采出程度与油藏整体采出程度的关系，可根据物质平衡得到：

$$R_{ews} = R_{e0} / E_V$$ (3-14)

式中，R_{e0} 为转驱时基于原始地质储量的油层整体采出程度。

理论波及系数等于基于原始地质储量的水驱采收率与初始水驱油效率之比：

$$E_{V0} = \frac{E_{Rw}}{E_{Dwi}}$$ (3-15)

式中，E_{Rw} 为转驱时基于原始地质储量的水驱采收率。

联立式(3-13) 至式(3-15)，得：

$$R_{ews} = \frac{R_{e0} E_{Dwi}}{E_{Rw} + \omega(E_{Dwi} - E_{Rw})}$$ (3-16)

将式(3-16) 代入(3-12) 得到：

$$F_{gw} = \frac{E_{Dgi} - \dfrac{R_{e0} E_{Dwi}}{E_{Rw} + \omega(E_{Dwi} - E_{Rw})}}{E_{Dwi} - \dfrac{R_{e0} E_{Dwi}}{E_{Rw} + \omega(E_{Dwi} - E_{Rw})}}$$ (3-17)

上式即为低渗透油藏气驱增产倍数计算式。将该式右端分子和分母同除以初始水驱油效率可以得到：

$$F_{gw} = \frac{R_1 - R_2}{1 - R_2}$$ (3-18)

式中，$R_1 = E_{Dgi} / E_{Dwi}$，即气和水初始驱油效率之比；$R_2 = R_{e0} / [E_{Rw} + \omega(E_{Dwi} - E_{Rw})]$，称为广义可采储量采出程度。所以，气驱增产倍数由这两个比值唯一确定。

根据式(3-18)绘制了气驱增产倍数实用查询图板（图 3-1）。横坐标为转驱时的广义可采储量采出程度 R_2；同一曲线上的数据点具有相同的初始驱油效率之比 R_1。可见，随着采出程度增加，气驱增产倍数呈快速增长趋势，这与实际气驱动态一致。国内大多数水驱开发油藏 R_2 值都低于 0.9，R_1 值通常在 1.5 附近。由式(3-18)可知，不应期待注气后油藏整体产量会超过注气前水驱产量的 3.5 倍。

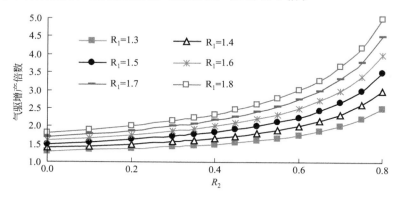

图 3-1　气驱增产倍数查询图板

三、应用示例

1. 气驱油藏早期配产

配产是油田开发设计的中心问题。结合多年来参与注气方案设计和跟踪注气动态的经验，统计了国内外 18 个成功的 CO_2 驱与烃气驱项目的产量变化情况，并应用气驱增产倍数计算式(3-17)和式(3-8)研究了这些注气项目的早期配产问题。将式(3-8)中气驱产量定义为注气后产量峰值附近一年内平均日产量，水驱产量则为注气前一年内的平均日产量。注气实践表明，从开始注气到出现气驱产量峰值所需时间通常不超过两年（表 3-1），而大多数连续稳定注气项目所用时间为 6～8 个月，故此处忽略水驱产量递减因素，而直接用注气前水驱产量代替高峰期气驱产量对应的水驱产量（即同期水驱产量），简化计算。

表 3-1　六个油藏达到气驱产量峰值所用时间统计

油藏名称	黑 59	黑 79	Devonial	L. S. Tensleep	Sacroc	Weyburn
所需时间/d	300	430	110	290	145	390

首先应用式(3-17)计算出气驱增产倍数理论值（权值 ω 均取为 1.0）；再根据式(3-8)将气驱增产倍数理论值乘以注气前水驱产量得到气驱见效早期产量预测值，发现气驱产量预测值和实际值平均相对误差为 6.90%（表 3-2）；然后将实际气驱产量除以水驱产量得到气驱增产倍数实际值，与其理论值对比得到平均相对误差 6.90%。这表明本文方法及其理论前提的有效性与合理性，也表明将低渗透油藏气驱波及体积修正因子作常数处理且取值为 1.0 的可行性。

表 3-2 中加拿大 Weyburn 油田，运行着全球上最著名的 CO_2 驱油与封存示范项目。实测初始 CO_2 驱油效率为 85%，初始水驱油效率为 60%，开始注气时水驱采出程度为 26.0%。气驱增产倍数理论值为 1.73，实际值为 1.67，相对误差为 3.59%。黑 79 南南区块实施近混相驱，CO_2 驱油效率为 78.0%，初始水驱油效率为 57.0%，开始注气时水驱采出程度为 11.0%，计算出气驱增产倍数理论值为 1.47，实际值为 1.43，相对误差为 2.8%。

根据注气时采出程度的不同，表 3-2 中注气项目大致分四种类型：

① Lost Soldier Tensleep 油藏和濮城 1-1 区块注气时采出程度高于 40.0%，属高度成熟油藏注气类型，气驱增产倍数超过 3.0；

② Weyburn 油田转驱时采出程度在 20% 以上，属于近成熟油藏注气类型；

③ 黑 79 南区块注气时水驱采出程度 12.0%，属于水驱动用到一定程度油藏注气类型；

④ 黑 59 区块和葡北油藏注气时采出程度低于 5.0%，属弱未动用油藏注气类型，由图 3-2 知，该类型的气驱增产倍数不会很高。

表 3-2 气驱见效早期合理配产计算结果

序号	油藏名称	气驱增产倍数		气驱产量/(m³/d)		
		理论值	实际值	实际值	预测值	ADD/%
1	Weyburn	1.73	1.67	4646	4813	3.59
2	Dollaride Devonial	1.8	1.64	190	209	9.76
3	Wertz Tensleep	2.21	2.01	1598	1757	9.95
4	Lost Soldier Tensleep	3.5	3.30	1574	1669	6.06
5	Means San Andres	1.46	1.40	2226	2321	4.29
6	North Cross	1.85	1.70	378	412	8.82
7	Lick Creek Meakin	2.49	2.29	328	357	8.73
8	Slaughter Estate	2	2.10	70	67	4.76
9	North Ward Estes	1.74	1.62	1028	1104	7.41
10	Dever Unit-6P(MA)	1.96	1.75	111	125	12
11	Sacroc-4P	2.5	2.60	413	397	3.85
12	黑 59	1.48	1.59	80	74	6.92
13	黑 79 南	1.47	1.43	92	95	2.8
14	树 101	1.43	1.51	49	47	5.3
15	萨南	1.47	1.36	35	38	8.09
16	濮城 1-1	3.38	3.07	15	16	10.1
17	草舍	1.74	1.61	77	83	8.07
18	葡北	1.39	1.34	566	587	3.73
	平均值	1.98	1.89	749	787	6.9

注：ADD＝Abs(预测值/实际值－1)×100%。

2. 气驱产量中长期预测

低渗黑 59 油藏位于吉林油田，评价认为实施 CO_2 驱可使地层压力恢复到最小混相压力 22.5MPa 以上，实现混相驱开发。应用室内长岩心驱替实验测得初始 CO_2 混相驱油效率为 80.0%，初始水驱油效率为 55.0%；该油藏开始注气时的水驱采出程度为 3.0%，水驱采油速度为 1.7%，标定水驱采收率为 20.3%。应用本方法预测中长期气驱产量的步骤为：

① 首先借鉴同类型油藏水驱开发经验得到水驱产量变化情况；

② 再将初始驱油效率和水驱采出程度代入式（3-17）求出气驱增产倍数为 1.481（权值 $\omega = 1.0$）；

③ 最后根据式（3-11）将步骤①中水驱产量乘以气驱增产倍数即得气驱产量剖面（图 3-2）。

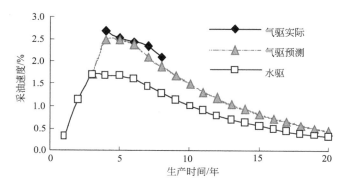

图 3-2   黑 59 油藏气驱产量变化情况

该方法预测该区块气驱采油速度能达到 2.5%，实际气驱采油速度达到 2.7%，气驱投产后实际产量情况和预测结果符合度较高。数值模拟法预测结果过分乐观（年采油速度达到 4.3%），不再给出。目前，对气驱过程中复杂相态变化、三相以上渗流和微观驱油机理不能完整而准确地进行数学描述，加上低渗透储层地质认识不确定性更大，三维地质模型难以真实反映储层非均质性等因素是造成低渗透油藏注气数值模拟结果不可靠的主要原因。根据本文油藏工程方法成功优化和控制了对该注气项目的投资额度。

第二节   低渗透油藏气驱生产气油比计算方法

作为气驱开发设计的一项重要指标，生产气油比的可靠预测对于地面流体集输处理工艺流程和建设规模的确定，循环注气时用气规模的确定和准备，以及对于气驱采油工艺的选择和优化都有指导作用；此外，生产气油比是注入气换油率计算和气驱项目技术经济评价的关键参数和必要依据。遗憾的是，用于气驱生产气油比预测的油藏工程方法至今还没有公开报道，这应归因于气驱过程的复杂性：多相流与复杂相变耦合。气油比取决于产油量和产气量两个生产指标，影响因素众多。两个生产指标的直接计算须在已知饱和度场和油藏压力场的前提下应用达西定律进行，这只能借助于气驱数值模拟技术。工作经验表明，陆相强非均质低渗透油藏多组分气驱数值模拟可靠性较低，实用性差，不便于油田注气技术人员应用的问题比较突出。因此，建立一种预测气油比的实用油藏工程方法有一定必要性。本节在明确产出气构成的基础上，对不同开发阶段的生产气油比进行了研究：见气前生产气油比采用原始溶解气油比，见气后的油墙集中采出阶段借鉴气驱油墙描述方法预测生产气油比，气窜后的游离气形成的气油比则联合应用油气渗流分流方程、Corey 模型和 Stone 方程、低渗透油藏气驱增产倍数，以及水气交替注入段塞比等概念进行直接计算。最终得到了注气混相驱项目全生命周期生产气油比计算方法，并介绍了新方法的应用，进一步丰富了低渗透油藏气驱油藏理论方法体系。

一、方法推导

1. 气驱生产气油比的构成

气驱开发油藏产出气由原油溶解气和注入气构成。由于生产井见注入气时间和见气浓度存在差异，不同开发阶段的产出气组分、组成亦有别，气驱生产气油比可按照见气前、见气后和气窜后三个阶段进行预测。见气前产出气为原始溶解气；见气后产出气主要来自以溶解态存在于"油墙"的原始伴生气和注入气，也可能有少量游离气；而气窜后的产出气则包括勾通注采井的游离气和地层油中的溶解气。此外，在地层水中的溶解气也贡献一部分生产气油比。

油田开发实践中可假设井底流压位于泡点压力附近，则不同阶段的气驱生产气油比可表示为：

$$GOR = \begin{cases} R_{si} + R_{dsw} & 见气前 \\ R_{sob} + GOR_{pf} + R_{dsw} & 见气后 \\ GOR_{pf} + R_{dsro} + R_{dsw} & 气窜后 \end{cases} \tag{3-19}$$

式中，R_{si} 为地层油的原始溶解气油比，m^3/m^3；R_{dsw} 为水溶气等效生产气油比，m^3/m^3；R_{sob} 为注入气在油墙中的溶解气油比（根据油墙描述成果确定），m^3/m^3；R_{dsro} 为饱和溶解气油比，m^3/m^3；GOR_{pf} 为游离气相形成的气油比，m^3/m^3。

根据上式，气驱生产气油比由原始溶解气油比、水溶气等效生产气油比、"油墙"溶解气油比、游离气相形成的气油比，以及地层油饱和溶解气油比等变量确定。

地层水中存在溶解气，对生产气油比也有贡献，与地层水溶解气形成的等效生产气油比为：

$$R_{dsw} = \frac{f_{wgf}}{1 - f_{wgf}} R_{dswT} \tag{3-20}$$

式中，R_{dswT} 为地层水气体总溶解度，m^3/m^3；f_{wgf} 为混相或近混相气驱综合含水率。

地层水中溶解的气体可能包括天然伴生气和注入气两部分。可以认为，在见气前仅溶解有天然伴生气；在见气后，由于气驱"油墙"中溶解的注入气尚未达到饱和状态，注入气优先向地层油中溶解，地层水中仅溶解有天然伴生气；气窜后，地层出现游离气，地层油处于饱和溶解态，注入气在地层水中的溶解也处于饱和状态。

因此，不同开发阶段的地层水气体总溶解度可表达如下：

$$R_{dsw} = \begin{cases} R_{dswi} & \text{见气前} \\ R_{dswi} & \text{见气后} \\ R_{dswi} + R_{dswing} & \text{气窜后} \end{cases} \tag{3-21}$$

式中，R_{dswi} 为天然伴生气在地层水中溶解度，m^3/m^3；R_{dswing} 为注入气在地层水中的溶解度，m^3/m^3。

2. "油墙"溶解气油比预测方法

混相或近混相状态下，气驱油效率高于水驱油效率。随着被高压挤入油层并朝生产井运动，注入气将带动原油中的较轻组分在井间筑起一定规模的"油墙"，此区域含油饱和度高于水驱情形。高压气驱"油墙"形成过程可分解为"近注气井轻组分挖掘—轻组分携带—轻组分堆积—轻组分就地掺混融合"四个子过程。气驱"油墙"形成机制可概括为注入气与地层油混合体系相变形成的上、下液相之间的"差异化运移"和自由富化气相流动前缘由于压力降落梯度陡然增大引起的"加速凝析加积"。

根据"油墙"形成过程可知，"油墙"溶解的注入气有如下来源：

一是"差异化运移"机制成墙轻质液溶解的注入气；

二是"加速凝析加积"机制成墙轻质液溶解的注入气；

三是"加速凝析加积"机制凝析液加积后剩余富化气向"油墙"中溶解；

四是注入气以游离态形式向"油墙"中直接溶解。

对于基质型油藏，由于气窜之前"油墙"主体、油墙后缘混相带与注入气三者之间的前后序列关系始终存在，以及产生自由气相往往要求累积注入气量达到 0.3HCPV 以上，故在第四部分中注入气在见气见效阶段"油墙"溶气量中占比很小或不存在，予以忽略。

基于简化实际气驱过程的"三步近似法"、物质平衡原理和基本相态原理，将"差异化运移"和"加速凝析加积"两种气驱"油墙"形成机制与挥发油藏和凝析气藏开发实际经验相结合，可得到见气后"油墙"的溶解气油比计算方法：

$$R_{sob} = \frac{\chi_s \dfrac{\rho_{oe}}{\rho_{ob}} \dfrac{B_o}{B_{oe}} R_{smc} + R_{si}}{\chi_s \dfrac{\rho_{oe}}{\rho_{ob}} \dfrac{B_o}{B_{oe}} + 1} + \kappa B_{ob} \dfrac{\rho_{gr}}{\rho_{grs}} \tag{3-22}$$

式中，R_{smc} 为成墙轻质液的溶解气油比，m^3/m^3；ρ_{ob} 为"油墙油"密度，kg/m^3；ρ_{oe} 为成墙液轻质液密度，kg/m^3；B_o 为地层原油体积系数；B_{oe} 为成墙轻质液的体积系数；B_{ob} 为油墙体积系数；ρ_{gr} 为凝析后剩余富化气的地下密度，kg/m^3；ρ_{grs} 为凝析后剩余富化气的地面密度，kg/m^3；χ_s 为无因次量；κ 为经验常数，对于 CO_2 驱可取值 0.07。

必须指出，从见气到气窜阶段，由于"油墙"覆盖区域不存在游离气相，注入气在"油墙"中的溶解并未达到饱和状态。

3. 饱和溶解气油比预测方法

饱和溶解气油比指地层油中溶解注入气直至饱和状态时的溶解气油比。饱和溶解气油比可根据注气膨胀实验有关结果精确确定，亦可经过数学计算得到。根据物质的量与体积之间的换算方法，不难得到注入气在地层油中的摩尔分数与饱和溶解气油比之间的定量关系：

$$R_{dsr} = \frac{22.4 n_{ing}}{\dfrac{(1 - n_{ing}) M_{Wo}}{\rho_o B_o}} \tag{3-23}$$

式中，n_{ing} 为注入气在地层油中的摩尔分数；ρ_o 为地层油密度，kg/m^3；M_{Wo} 为地层油分子量。

4. 游离气形成的生产气油比预测方法

将气窜后的游离气相流度记为 M_{gf}，油相流度记为 M_o，则根据油气渗流分流方程，游离气引起的气油比折算到地面条件下可写作：

$$GOR_{pf} = \frac{B_o}{B_g} \frac{M_{gf}}{M_o} = \frac{B_o \mu_o}{B_g \mu_g} \frac{K_{rgf}}{K_{ro}} \tag{3-24}$$

式中，B_o 为地层油的体积系数；B_g 为游离气相的体积系数；K_{rgf} 为游离气体的相对渗透率；K_{ro} 为地层油的相对渗透率；μ_g 为油藏条件下游离气相黏度，$mPa \cdot s$；μ_o 为地层油黏度，$mPa \cdot s$。

将气窜后油藏平均含气饱和度记为 S_g，三相共存时的气体相对渗透率根据油气两相和水气两相 Stone 模型的三次幂乘积进行估算：

$$K_{rgf} = \frac{K_{rgow}(S_g - S_{gr})^3}{(1 - S_{org} - S_{gr})^2 (1 - S_{wc} - S_{gr})} \tag{3-25}$$

式中，K_{rgow} 为不可动液相饱和度时的气体相对渗透率，一般取 0.5；S_g 为平均含气饱和度；S_{gr} 为残余气（临界含气）饱和度；S_{wc} 为束缚水饱和度；S_{org} 为气驱残余油饱和度。

混相驱或近混相驱时，地层压力得以保持，可以近似认为采出流体腾退的油藏空间完全被注入的流体充填占据。水气交替注入的饱和度低于单相流体连续注入时的饱和度，能够降低含水率或者气油比，并扩大注入气的波及体积，因而成为低成本改善气驱效果的主要做法。将水气段塞比记为 r_{wgs}，则水气交替注入时的含气饱和度近似为：

$$S_g = \sum_{i=1}^{n} \frac{S_{oi}}{r_{wgs} + 1} R_{vg} \left(B_o + \frac{f_{wgs} B_w}{1 - f_{wgs}} \right)_i - S_{gp} \tag{3-26}$$

与某阶段采出游离气相应的含气饱和度为：

$$S_{gp} = \sum_{i=1}^{n} \frac{Q_{og} GOR_{pf} B_g}{OOIP / S_{oi}} \tag{3-27}$$

式中，$OOIP$ 为地质储量，t；S_{oi} 为含油饱和度。

气驱含水率可由气驱增产倍数近似计算：

$$f_{wgf} = 1 - F_{gw}(1 - f_w) \tag{3-28}$$

式中，f_{wgf} 为混相或近混相气驱综合含水率；f_w 为水驱综合含水率（可借鉴同类型油藏水驱经验）。

地层油的相对渗透率按 Corey 模型测算：

$$K_{ro} = \left(\frac{S_o - S_{org} - S_{gr}}{1 - S_{wc} - S_{org} - S_{gr}} \right)^2 \tag{3-29}$$

式中，K_{ro} 为地层油的相对渗透率；S_o 为某时刻的气驱剩余油饱和度。

某开发年末的气驱剩余油饱和度为：

$$S_o = S_{oi} \left[1 - \sum_{i=1}^{n} (R_{vg} B_o)_i \right] \tag{3-30}$$

式中，R_{vg} 为气驱采油速度。

式(3-30) 中的气驱采油速度计算方法为：

$$R_{vg} = Q_{og} / N_o \tag{3-31}$$

式中，N_o 为原油地质储量，m^3。

根据采收率等于波及系数和驱油效率之积这一油藏工程基本原理可得到低渗透油藏气驱产量预测普适方法：

$$Q_{og} = F_{gw} Q_{ow} \tag{3-32}$$

式中，F_{gw} 为低渗透油藏气驱增产倍数；Q_{og} 为某时间段的气驱产量水平，t/a；Q_{ow} 为"同期的"水驱产量水平，t/a。

上式中的低渗透油藏气驱增产倍数 F_{gw} 被严格定义为见效后某时间的气驱产量与"同期的"水驱产量水平之比（即虚拟该油藏不注气，而是持续注水开发），确定方法如下：

$$\begin{cases} F_{gw} = \dfrac{Q_{og}}{Q_{ow}} = \dfrac{R_1 - R_2}{1 - R_2} \\ R_1 = E_{Dgi} / E_{Dwi}, R_2 = R_{e0} / E_{Dwi} \end{cases} \tag{3-33}$$

式中，R_1 为气和水的初始驱油效率之比；R_2 为转气驱时广义可采储量采出程度；E_{Dgi} 为气的初始（油藏未动用时）驱油效率；E_{Dwi} 为水的初始（油藏未动用时）驱油效率；R_{e0} 为转驱时的采出程度。

根据上式，若想获得气驱产量变化，就须知"同期的"水驱产量。由于注气之前的水驱产量是已知的，根据水驱递减规律（比如指数递减）即可预测后续开发年份的水驱产量水平：

$$Q_{ow} = Q_{ow0} e^{-D_w t} \tag{3-34}$$

式中，t 为开发时间，a；Q_{ow} 为某年份的水驱产量水平，t；Q_{ow0} 为注气之前一年内的水驱产量水平，t；D_w 为水驱产量年递减率。

注气之前一年内的水驱采油速度为：

$$R_{vw0} = Q_{ow0} / N_o \tag{3-35}$$

式中，N_o 为原油地质储量，m^3。

将式（3-31）～式（3-35）代入式（3-30）得到某开发年末的气驱剩余油饱和度为：

$$S_o = S_{oi} \left[1 - \sum_{i=1}^{n} (F_{gw} B_o R_{vw0} e^{-D_w t})_i \right] \qquad (3-36)$$

将式（3-25）～式（3-29）、式（3-33）和式（3-36）代入式（3-24），即可得到游离气相引起的生产气油比。

二、应用举例

1. 黑 79 南 CO_2 驱试验区气油比计算

利用上述方法计算了吉林油田黑 79 南区块二氧化碳驱试验项目的生产气油比变化情况。相关中间参数取值：饱和凝析液与挥发油地下密度一般在 $650 \sim 750 kg/m^3$，建议成墙轻质液地下密度取值为 $700 kg/m^3$；参照凝析气和挥发油组成及分子量分布特点，成墙轻质液分子量取值为 50；地层原油体积系数为 1.17；成墙轻质液体积系数为 2.27；凝析后剩余富化气的地下密度为 $570 kg/m^3$；凝析后剩余富化气的地面密度为 $2.0 kg/m^3$；油墙体积系数为 1.27；还可计算出油墙密度为 $752 kg/m^3$，无因次量 χ_s 等于 0.13。将这些数据代入公式（3-20）计算得黑 79 南 CO_2 驱试验区从见气到气窜前阶段生产气油比为 $88.1 m^3/m^3$，远高于原始溶解气油比 $35 m^3/m^3$，这将造成泡点压力显著升高。

黑 79 南 CO_2 驱试验区地层油黏度为 $2.0 mPa \cdot s$，注气时油藏综合含水率约为 26%，注气前采出程度约为 11%，CO_2 驱采油速度为 2.0% 左右，束缚气饱和度为 2.5%，气驱残余油饱和度为 10%，初始含油饱和度为 35%，可计算出气驱增产倍数为 1.5。根据水驱开发经验和递减规律得到"同期的"水驱产量分布，再根据式（3-28）将"同期的"水驱产量乘以气驱增产倍数即得气驱产量剖面，进而利用这些参数预测 CO_2 驱气油比。

根据式（3-19），综合原始溶解气油比、气驱"油墙"溶解气油比和游离气产生的气油比可预测黑 79 南 CO_2 驱试验区生产气油比。从图 3-3 可见，"三段式"气油比预测油藏工程方法可以捕捉到气驱生产气油比主要变化特征。

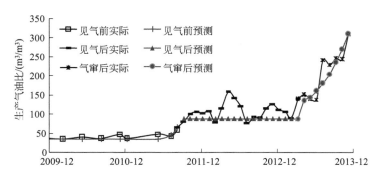

图 3-3　黑 79 南 CO_2 驱试验区生产气油比变化情况

2. 水气交替注入对游离气油比的影响

某低渗透油藏实施 CO_2 混相驱，地层油黏度为 $1.80mPa \cdot s$，注气时油藏综合含水率约为 45%，注气前采出程度约为 3.5%，初始含油饱和度为 55%，原始溶解气油比为 34.5%；CO_2 混相驱油效率为 80%，水驱油效率为 54.8%，CO_2 地下密度为 $550kg/m^3$，CO_2 驱最小混相压力为 $23.0MPa$，束缚气饱和度为 4.0%，气驱残余油饱和度为 11%，同类型油藏水驱稳产期采油速度约为 1.7%，水驱产量年度综合递减率约为 10%。利用式（3-30）计算得到该油藏 CO_2 驱增产倍数为 1.51，利用式（3-29）求得该油藏 CO_2 驱稳产采油速度约为 2.56%。将这些参数代入式（3-23）～式（3-25）和式（3-33），对水气交替注入条件下项目评价期（15年）内生产气油比进行了研究。从图3-4可以看到，水气交替注入对生产气油比影响很大，水气段塞比为1时评价期末生产气油比为 $924m^3/m^3$，而连续注气时评价期末生产气油比为 $2450m^3/m^3$。

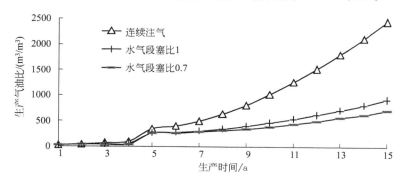

图 3-4 不同注入方式下的生产气油比变化情况

三、新方法评述

① 气驱产出气具有地层油原始溶解气、地层水溶气、气驱"油墙"溶解气、地层油饱和溶解气及游离气5种来源，建立了低渗透油藏混相气驱项目不同来源生产气油比确定方法，提出了生产气油比"三段式"预测油藏工程方法。

② 注气混相驱开发低渗透油藏见气前阶段生产气油比体现油藏流体原始溶解气油比水平，从见气到气窜前阶段生产气油比反映气驱"油墙"溶气能力，气窜后生产气油比的增长态势则受游离气形成的气油比拉动。与连续注气情形相比，采取合理水气段塞比实施水气交替注入可以显著降低气窜后阶段的生产气油比。

③ "三段式"预测油藏工程方法能够捕捉到低渗透油藏气驱生产气油比主要变化特征，可以量化水气交替注入参数对生产气油比的影响，对注气方案设计和气驱油藏管理有一定指导作用。

④ 油藏注气开发过程具有复杂性，气油比等生产指标既受油藏驱替规律影响，还受到人工操作因素影响，人们对气驱规律的认识是有限的。人工操作因素（注采井工作制度的设定、水气段塞比的变化等）如何影响生产气油比尚待深入研究；相变与驱替耦合作用下的多相渗流相对渗透率等关键参数计算方法还远未完善；一维驱替问题的研究

结果如何过渡到三维油藏；理论上应该存在可预测气驱全生命周期生产气油比的统一公式，或不必分阶段研究等问题都值得油田开发研究人员认真思考。这些问题的解决对于精准指导气驱生产和升级气驱开发理论有莫大的益处。

第三节 **低渗透油藏气驱含水率预测方法**

实践表明，注气可能引起油井含水率变化。吉林黑 79 北小井距加密试验区油藏含水率整体上从 86% 下降到 75% 左右。在 CO_2 混相驱见效后，砂岩油藏开发单元的水油比从 20 左右下降到 1 左右。塔里木油田东河天然气混相驱的综合含水率从 65% 下降到 46% 左右。大庆海塔贝 14 CO_2 混相驱试验区综合含水率没有明显变化。不同开发阶段的油藏，在实施注气后，出现不同的含水率变化幅度，应该是一种客观现象。研究气驱含水率变化预测方法有现实意义。根据达西定律得到了气驱和水驱产液量之间的关系；基于典型相对渗透率曲线论证了低渗油藏液相流度具有窄窗口变化特征；借鉴气驱油墙物理性质描述成果研究了低渗油藏油井生产压差的小幅度变化特征，从而论证了低渗透油藏混相气驱产液量约等于水驱产液量这一结论；借助气驱增产倍数概念，推导了低渗透油藏定液生产条件下的气驱含水率计算公式，得到了气驱油藏含水率预测方法。研究成果对气驱开发方案编制和气驱油藏管理有指导意义。

一、理论依据

1. 气驱和水驱产液量之间的关系

根据达西定律，气驱过程的液相（包括油和水）的瞬时流量可以表示为：

$$Q_{Lg} = 2\pi r_w h_e K_a \left(\frac{K_{ro}}{\mu_o} + \frac{K_{rw}}{\mu_w}\right)_{gf} \cdot \frac{(P_e - P_{wf})_{gf}}{\ln\frac{r_e}{r_w}} \tag{3-37}$$

根据达西定律，水驱过程的液相（包括油和水）的瞬时流量可以表示为：

$$Q_{Lw} = 2\pi r_w h_e K_a \left(\frac{K_{ro}}{\mu_o} + \frac{K_{rw}}{\mu_w}\right)_{wf} \cdot \frac{(P_e - P_{wf})_{wf}}{\ln\frac{r_e}{r_w}} \tag{3-38}$$

式中，Q_{Lg} 为气驱油藏产液量，m^3/s；Q_{Lw} 为水驱油藏产液量，m^3/s；r_w 为井筒半径，m；r_e 为泄油半径，m；h_e 为有效厚度，m；K_a 为绝对渗透率，m^2；K_{rw} 为水的相对渗透率；K_{ro} 为油的相对渗透率；μ_w 为地层水黏度，$Pa \cdot s$；μ_o 为地层油黏度，$Pa \cdot s$；P_e 为地层压力，Pa；P_{wf} 为井底流压，Pa；下标 wf 指水驱，下标 gf 指气驱。

将气驱和水驱过程中液相的流度和绝对渗透率之比记为：

$$M_{Lgf} = \left(\frac{K_{ro}}{\mu_o} + \frac{K_{rw}}{\mu_w}\right)_{gf} \tag{3-39}$$

$$M_{\text{Lwf}} = \left(\frac{K_{\text{ro}}}{\mu_{\text{o}}} + \frac{K_{\text{rw}}}{\mu_{\text{w}}} \right)_{\text{wf}} \tag{3-40}$$

式中，M_{Lgf}为气驱时的液相流度与绝对渗透率之比，$1/\text{Pa}\cdot\text{s}$；M_{Lwf}为水驱过程的液相流度与绝对渗透率之比，$1/\text{Pa}\cdot\text{s}$。

将式（3-39）代入式（3-40），将式（3-41）代入式（3-38）后，得到气驱和水驱过程的产液量之比：

$$\frac{Q_{\text{Lg}}}{Q_{\text{Lw}}} = \frac{M_{\text{Lgf}}}{M_{\text{Lwf}}} \cdot \frac{(P_{\text{e}} - P_{\text{wf}})_{\text{gf}}}{(P_{\text{e}} - P_{\text{wf}})_{\text{wf}}} \tag{3-41}$$

对低渗透油藏，在现实可能的含水率变化区间内，流度与绝对渗透率之比基本稳定，该比值的变化范围往往在10%以内，这意味着低渗透油藏的采液指数也是比较稳定的（图3-5）。由此可认为，低渗透油藏产液量变化幅度主要取决于生产压差。据此可写出：

$$\frac{M_{\text{Lgf}}}{M_{\text{Lwf}}} = 1 + \alpha_{f_{\text{w}}}(o) \tag{3-42}$$

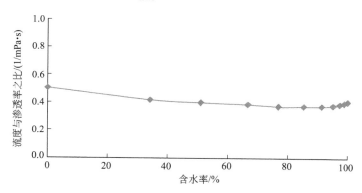

图3-5　东部地层油黏度为$2\text{mPa}\cdot\text{s}$的某特低渗油藏的流度随含水率变化情况

在气驱油藏管理中，大幅度提高油井液量对于注气提高采收率的影响有待评价。这是因为，盲目加大产液量，意味着放大生产压差，势必加速气窜，将不利于扩大注入气的波及体积。从图3-6中，可以看到黑79北混相驱项目的平均单井日产液量在6t左右，变化不大；而黑46非混相驱（早期未能实现混相的"应混为未混"项目）的平均单井日产液量呈现下降趋势，这是过早气窜将带来负面影响的实际证据。胜利油田高89特低渗透油藏的CO_2驱典型井液量也变化不大（图3-7）。

另一方面，理论上也不主张采取大幅度提高液量的做法。根据前述气驱"油墙"形成机制，并结合挥发油藏和凝析气藏开发实际经验，建立了见气见效阶段"油墙"的溶解气油比、泡点压力、地下黏度等关键物性参数的理论计算方法，发现混相/近混相CO_2驱"油墙"的溶解气油比要比地层原油升高$40\sim60\text{m}^3/\text{m}^3$，"油墙"泡点压力比原状地层油的泡点压力约高$4.0\sim6.0\text{MPa}$。因此，注气混相驱条件下，油井的合理流压也要比水驱条件下的井底流压高$4\sim6\text{MPa}$。如果注气使地层压力升高了6MPa，气驱生产压差与水驱是接近的。比如，我国低渗透油藏水驱生产压差经常保持在10MPa左右，

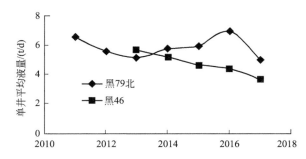

图 3-6　吉林油田两个特低渗透油藏的 CO_2 驱平均单井产液量变化情况

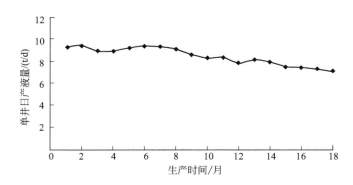

图 3-7　胜利油田高 89 特低渗透油藏的 CO_2 驱典型井液量变化情况

那么气驱生产压差约为 $10\sim12MPa$。气驱和水驱生产压差比较接近，对产液量的影响也是比较有限的。对于科学开发的混相驱项目，根据以上分析可以写出：

$$\frac{(P_e-P_{wf})_{gf}}{(P_e-P_{wf})_{wf}}=1+\alpha_t(o)\tag{3-43}$$

将式（3-42）和式（3-43）代入式（3-41）可以得到：

$$\frac{Q_{Lg}}{Q_{Lw}}=[1+\alpha_{f_w}(o)]\cdot[1+\alpha_t(o)]\tag{3-44}$$

根据以上分析，由于低渗油藏气驱和水驱过程的液相流度之比和生产压差之比都接近于 1.0，可以认为低渗透油藏混相气驱产液量约等于水驱产液量，即：

$$Q_{Lg}\approx Q_{Lw}\tag{3-45}$$

2. 气驱过程含水率预测方法

根据以上理论分析，低渗透油藏混相气驱的产液量可以近似认为等于常规水驱。实际上，式（3-45）所表达的也是定液生产的情形。

根据含水率的定义可写出：

$$f_{wgf}=1-\frac{Q_{og}}{Q_{Lg}}\tag{3-46}$$

$$f_{wwf}=1-\frac{Q_{ow}}{Q_{Lw}}\tag{3-47}$$

式中，f_{wgf}为改质气驱含水率；f_{wwf}为常规水驱含水率。

气驱过程中含水率变化情况须借助气驱增产倍数进行估算。在本章第一节谈到了气驱增产倍数F_{gw}，其定义为改质气驱产量与"同期的水驱产量"之比：

$$F_{gw} = \frac{Q_{og}}{Q_{ow}} = \eta \frac{E_{Dg}}{E_{Dw}} \tag{3-48}$$

本章第二节给出了气驱增产倍数F_{gw}的工程算法：

$$\begin{cases} F_{gw} = \dfrac{Q_{og}}{Q_{ow}} = \dfrac{R_1 - R_2}{1 - R_2} \\ R_1 = E_{Dgi}/E_{Dwi}, R_2 = R_{e0}/E_{Dwi} \end{cases} \tag{3-49}$$

联立式(3-45)~式(3-49)，可以得到：

$$f_{wgf} = 1 - F_{gw}(1 - f_{wwf}) \tag{3-50}$$

气驱过程中含水率降低幅度表示为：

$$\Delta f_{gf} = f_{wwf} - f_{wgf} \tag{3-51}$$

将式(3-50)代入式(3-51)，整理得到：

$$\Delta f_{wgf} = (F_{gw} - 1)(1 - f_{wwf}) \tag{3-52}$$

由于混相气驱增产倍数恒大于1.0，根据式(3-50)可知，气驱油藏含水率总是低于常规水驱情形。并且不同的混相程度，含水率下降幅度也不同。

3. 三种气驱含水率变化类型

由于注入介质由水改为气，含水率下降是正常的。根据开始注气的时机，我们可以将气驱含水曲线划分为三种类型：

① 弱未动用油藏实施气驱类型，特征是油藏含水未进入规律性快速升高阶段就开始注气；

② 水驱动用到一定程度的油藏实施气驱类型，特征是油藏含水处于规律性快速上升阶段开始注气；

③ 水驱成熟油藏实施气驱类型，特征是油藏含水的规律性快速升高阶段结束之后开始注气（图3-8）。

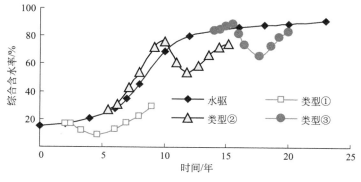

图3-8　三种气驱含水率变化情况

按照式(3-51)计算的综合含水率下降幅度一般在10%~40%。但实际生产中由于过早启动水气交替、边底水入侵或生产调整的影响，含水率"凹子"可能没有那么深；而油藏的复杂性以及注采工艺变化会使含水率"凹子"呈现多种形态，实际中出现 U 形、V 形、W 形等都不足为怪。三种类型的含水率曲线上的"凹子"是气驱提高采收率效果的真正体现；而类型②出现"凹子"之前含水率的第一次升高则是注气前水驱作用的继续表现，且此阶段的产量递减不可避免；而含水率上升速度高于水驱则是地层能量得以补充的结果。

二、应用举例

YDS 油藏平均渗透率为 20mD，拟实施近混相 CO_2 驱开发。通过长岩心驱替实验测得气驱油效率 65.0%，水驱油效率 50.0%；该油藏目前水驱采出程度为 11.63%，采油速率为 0.99%，标定常规水驱采收率为 20.0%。应用本文方法预测气驱综合含水率包括三个步骤：

① 首先根据递减规律或同类型油藏水驱开发经验得到水驱含水率变化情况；

② 将常规水和气驱的初始驱油效率以及目前水驱采出程度代入式（3-49）求出气驱增产倍数为 1.65，水驱产量乘以气驱增产倍数即得气驱产量剖面图（图 3-9）；

③ 将气驱增产倍数代入式（3-51）可得气驱综合含水率的变化情况（图 3-10），预测该油藏实施气驱可以提高采收率 5%，降低含水率 16.3%。

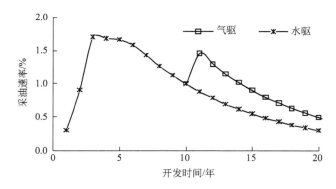

图 3-9　YDS 油藏近混相气驱的产油量变化情况预测

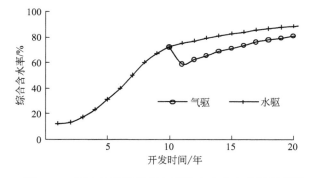

图 3-10　YDS 油藏近混相气驱的含水率变化情况预测

第四节　低渗透油藏单井注气量设计方法

注气实践表明，混相驱增油效果好于非混相驱，提高驱油效率是注气大幅度提高低渗透油藏采收率的主要机理。对于埋藏深且驱替难度大的低渗透油藏，尽管实施混相驱对工程的要求更高，混相驱项目数仍然远多于非混相驱项目数。细管实验表明，地层压力水平决定混相程度和气驱油效率，为在给定时间内将地层压力抬高到目标水平，合理气驱注采比确定成为气驱开发方案编制的一个重要问题。在中国低渗透油藏注气开发中，气驱注采比设计具有特殊的重要性：

① 中国陆相沉积低渗透油藏油品较差、埋藏较深、地层温度较高，混相条件更为苛刻；中国注水开发低渗透油藏地层压力保持水平通常不高，为保障注气效果，避免"应混未混"项目出现，在见气前的早期注气阶段将地层压力提高到最小混相压力以上或尽量提高混相程度势在必行。

② 中国目前驱油用廉价二氧化碳气源严重不足；天然气对外依存度持续升高，烃类气驱同样存在气源不充足问题；向二氧化碳或烃类气中加入杂质气体可在一定程度上缓解气源问题，但这种做法却会增加混相难度，非纯气体混相驱的注采比显然不同于纯组分气驱。

③ "混合水气交替联合周期生产"（HWAG-PP）气驱生产模式在中国低渗透油藏注气项目中得到广泛应用，严格测算气段塞注入期间的注采比对于调节地层压力有重要作用。

④ 中国全生命周期气驱项目较少，气驱油藏管理经验不够成熟，气驱开发理论不完备，特别是注气中后期（气窜后）也面临着确定合理气驱注采比以优化油藏管理的问题。上述问题与气驱注采比设计密不可分，即通过合理设计注采比，才能在给定时间内将地层压力提高到或者保持在目标水平。

国际上至今也没有关于确定气驱注采比理论方法的公开报道。这是因为气驱过程更为复杂，在编制注气方案时倾向于采用数值模拟技术，加上外国混相驱较易实现，对注采比设计需求不太高。由于低渗透油藏多组分气驱数值模拟可靠性低、实用性差的问题在中国仍较突出，建立一种实用油藏工程方法计算气驱注采比有其必要性。笔者根据物质平衡原理，较为全面地考虑多种影响因素，建立低渗透油藏气驱注采比和注气量确定油藏工程方法，进一步丰富气驱开发方案设计油藏工程理论方法体系。

一、理论依据

1. 气驱注采比计算

考虑介质变形，忽略出砂因素，根据物质平衡原理，在某一注气阶段，油藏内注入与采出各相流体体积之间存在关系，其表达式为：

$$L_{pr} + G_{pf} B_g = (G_{innet} - G_{disv} - G_{solid}) B_g + W_{effin} B_w + \Delta L_{expand} + W_{inv} - \Delta V_P \tag{3-53}$$

其中：

$$L_{pr} = N_p B_o + W_p B_w \tag{3-54}$$

$$N_p = \frac{L_{pr}(1 - f_{wr})}{B_o} \tag{3-55}$$

$$f_{wr} = \frac{1}{\dfrac{1 - f_w}{f_w} \dfrac{B_o}{B_w} + 1} \tag{3-56}$$

$$G_{innet} = G_{in} - G_{indry} - G_{fraclead} \tag{3-57}$$

$$\Delta V_P = \Delta V_{Pp} + \Delta V_{Pchem} \tag{3-58}$$

$$\Delta V_{Pp} = V_P C_t \Delta p \tag{3-59}$$

$$C_t = \phi(S_o C_o + S_w C_w + S_g C_g) + C_\phi \tag{3-60}$$

$$\Delta V_{Pchem} = \int_0^{G_{innet}} V_{PchemG}\, dG_{innet} \tag{3-61}$$

式中，L_{pr} 为采出液的地下体积，m^3；G_{pf} 为采出游离气的地面体积，m^3；B_g 为气相体积系数；G_{innet} 为进入目标油层注入气的地面体积，m^3；G_{disv} 为油藏流体溶解注入气体积，m^3；G_{solid} 为成矿固化注入气的地面体积，m^3；W_{effin} 为有效注水量（即扣除泥岩吸收和裂缝疏导至油藏之外部分的注入水量），m^3；B_w 为水相体积系数；ΔL_{expand} 为注入气溶解引发的油藏流体膨胀，m^3；W_{inv} 为外部环境向注气区域的液浸量，m^3；ΔV_P 为注气引起的孔隙体积变化，m^3；N_p 为阶段采出油的地面体积，m^3；B_o 为油相体积系数；W_p 为地面采水量，m^3；f_{wr} 为地下含水率；f_w 为地面含水率；G_{in} 为注入气的地面总体积，m^3；G_{indry} 为干层吸气量，m^3；$G_{fraclead}$ 为裂缝疏导气量，m^3；ΔV_{Pp} 为地层压力升高引起的压敏介质孔隙体积膨胀，m^3；V_{Pchem} 为注入气成矿反应引起的孔隙体积变化，m^3；V_P 为孔隙体积，m^3；C_t 为综合压缩系数，MPa^{-1}；Δp 为想要达到的地层压力增量，MPa；ϕ 为孔隙度；S_o 为含油饱和度；C_o 为油相压缩系数，MPa^{-1}；S_w 为波及区含水饱和度；C_w 为水相压缩系数，MPa^{-1}；S_g 为含气饱和度；C_g 为气相压缩系数，MPa^{-1}；C_ϕ 为岩石压缩系数，MPa^{-1}；V_{PchemG} 为注入气可能造成的酸岩反应所引起的孔隙体积变化速率，m^3/m^3。

随着注气量增加，受地层流体溶气能力限制，油藏会出现游离气。游离气油比可定义为采出游离气的地面体积与阶段采油量之比，其表达式为：

$$GOR_{pf} = \frac{G_{pf}}{N_p} \tag{3-62}$$

产出气包括原始伴生溶解气和注入气，注入气组分贡献的生产气油比为：

$$GOR_{ing} = \frac{G_{ping}}{N_p} = GOR - R_{si} \tag{3-63}$$

若无溶解作用，注入气所波及区域的孔隙体积等于扣除采出部分后的注入气体积与含气饱和度之比，其表达式为：

$$V_{Gsweep} = \frac{G_{innet}B_g - G_{ping}B_g}{S_g} \tag{3-64}$$

在注入气波及区域，高压注气形成的剩余油饱和度近似为残余油饱和度，则该区域的含气饱和度为：

$$S_g = 1 - S_w - S_{or} \tag{3-65}$$

式中，GOR_{pf} 为游离气油比，m^3/m^3；GOR_{ing} 为注入气组分贡献的生产气油比，m^3/m^3；G_{ping} 为注入气中被采出部分，m^3；GOR 为生产气油比，m^3/m^3；V_{Gsweep} 为注入气所波及区域的孔隙体积，m^3；S_{or} 为残余油饱和度。

将式（3-65）代入式（3-64），得：

$$V_{Gsweep} = \frac{G_{innet}B_g - G_{Ping}B_g}{1 - S_w - S_{or}} \tag{3-66}$$

注入气驱离原地的水近似等于阶段产出水，注入气波及区含水饱和度可写为：

$$S_w = S_{wi}\left(1 - \Delta R_e \cdot \frac{S_{oi}}{S_{wi}} \frac{f_w}{1 - f_w} \frac{B_w}{B_o}\right) \tag{3-67}$$

注入气波及区域内的剩余油、水体积分别为：

$$V_{o\text{-insweep}} = V_{Gsweep}S_{or} \tag{3-68}$$

$$V_{w\text{-insweep}} = V_{Gsweep}S_w \tag{3-69}$$

实际上，注入气接触油藏流体，在压力和扩散作用下引起的溶解量为：

$$G_{disv} = V_{o\text{-insweep}}R_{Do} + V_{w\text{-insweep}}R_{Dw} \tag{3-70}$$

注入气溶解引发的油藏流体膨胀为：

$$\Delta L_{expand} = V_{o\text{-insweep}}\Delta B_{oD} + V_{w\text{-insweep}}\Delta B_{wD} \tag{3-71}$$

式中，S_{wi} 为原始含水饱和度；ΔR_e 为研究时域的阶段采出程度；S_{oi} 为原始含油饱和度；$V_{o\text{-insweep}}$ 为注入气波及区剩余油体积，m^3；V_{Gsweep} 为注入气波及体积，m^3；$V_{w\text{-insweep}}$ 为注入气波及区水相体积，m^3；G_{disv} 为注入气在油藏流体中的溶解量，m^3；R_{Do} 为注入气在地层油中的溶解度，m^3/m^3；R_{Dw} 为注入气在地层水中的溶解度，m^3/m^3；ΔB_{oD} 为溶解注入气后地层油体积系数增量；ΔB_{wD} 为溶解注入气后地层水体积系数增量。

对于具有一定裂缝发育程度的油藏，可能存在注入气沿着裂缝窜进，并被疏导至注气井组以外区域的现象。需要对这部分裂缝疏导气量进行描述，其仍可按地层系数法表述为：

$$G_{fraclead} = \frac{G_{in}Hd_{frac}h_{frac}w_{frac}v_{frac}}{2\pi r_w Hv_{matrix} + Hd_{frac}h_{frac}w_{frac}} \tag{3-72}$$

基质吸气包括有效厚度段吸气和干层吸气两部分。单位时间内进入基质的体积，即基质吸气速度为：

$$2\pi r_w Hv_{matrix} = 2\pi r_w h_e v_{effg} + 2\pi r_w (H - h_e)v_{dryg} \tag{3-73}$$

实践中发现存在干层吸气现象，干层吸气量可以按照地层系数法进行描述：

$$G_{indry} = \frac{(G_{in} - G_{fraclead})(H - h_e)v_{dryg}}{(H - h_e)v_{dryg} + h_e v_{effg}} \tag{3-74}$$

根据地层系数法，干层和有效厚度层段的吸气速度比值近似等于二者的平均渗透率比值，即：

$$\frac{v_{effg}}{v_{dryg}} \approx \frac{K_{eff}}{K_{dry}} \tag{3-75}$$

式中，H 为注气井段长度，m；d_{frac} 为裂缝密度，条/m；h_{frac} 为平均裂缝高度，m；w_{frac} 为平均裂缝宽度，m；v_{frac} 为裂缝内气体流速，m/s；v_{matrix} 为基质内气体流速，m/s；r_w 为井筒半径，m；h_e 为有效厚度，m；v_{effg} 为有效厚度内气体流速，m/s；v_{dryg} 为干层段气体流速，m/s；K_{eff} 为有效厚度层段渗透率，mD；K_{dry} 为干层渗透率，mD。

若实施水气交替注入，地下水气段塞比定义为：

$$r_{wgs} = \frac{W_{effin} B_w}{G_{innet} B_g} \tag{3-76}$$

式中，r_{wgs} 为地下水气段塞比。

中国低渗透油藏地层压力往往低于原始压力。将注气井组区域视为一口"大井"，则"大井"井底流压等于注气井区的地层压力。如果注气井区的地层压力低于注气井区外部地层压力，则"大井"为汇；反之，"大井"为源。根据达西定律可以得到外部与"大井"换液量估算式：

$$W_{inv} = -198 r_e h_e \frac{K_w}{\mu_w f_{wr}} \frac{p_{rg} - p_{rex}}{L} \Delta t \tag{3-77}$$

式中，r_e 为试验区"大井"等效半径，m；K_w 为水相渗透率，mD；μ_w 为地层水黏度，mPa·s；p_{rg} 为研究时间段内注气井区地层压力的平均值，MPa；p_{rex} 为注气井区外部地层压力，MPa；L 为平均注采井距，m；Δt 为研究时间段，年。

联立式(3-53)～式(3-77)，整理得到基于采出油、水两相地下体积和采出油、水和气三相地下体积的气驱注采比分别为：

$$R_{IPm2} = \frac{1 + (1 - f_{wr}) F_{CPGF} - R_{IPn}}{(1 - F_{dry\&frac})(1 - F_{SRB} + r_{wgs})} \tag{3-78}$$

$$R_{IPm3} = \frac{1 + (1 - f_{wr}) F_{CPGF} - R_{IPn}}{(1 - F_{dry\&frac})(1 - F_{SRB} + r_{wgs}) F_{3P}} \tag{3-79}$$

其中：

$$F_{CPGF} = F_{BGRF} + \frac{C_t}{S_{oi} R_{vgc}} \frac{\Delta p}{\Delta t} \tag{3-80}$$

$$F_{BGRF} = \frac{B_g}{B_o} [GOR_{pf} - (GOR - R_{si}) F_{SRB}] \tag{3-81}$$

$$F_{SRB} = \frac{S_{or}(R_{Do} B_g - \Delta B_{oD}) + S_w(R_{Dw} B_g - \Delta B_{wD})}{1 - S_{org} - S_w} \tag{3-82}$$

$$F_{dry\&frac} = (1 - F_{fracflow})(1 - F_{dryflow}) \tag{3-83}$$

$$F_{fracflow} = \frac{F_{dwK}}{F_{rNTGK} + F_{dwK}} \tag{3-84}$$

$$F_{\text{dryflow}} = \frac{1 - F_{\text{fracflow}}}{1 + \dfrac{NTG}{1 - NTG}\dfrac{K_{\text{eff}}}{K_{\text{dry}}}} \tag{3-85}$$

$$F_{\text{rNTGK}} = 2\pi r_{\text{w}} \left[NTG + (1 - NTG)\frac{K_{\text{dry}}}{K_{\text{eff}}} \right] \tag{3-86}$$

$$F_{\text{dwk}} = d_{\text{frac}} h_{\text{frac}} w_{\text{frac}} \frac{K_{\text{frac}}}{K_{\text{eff}}} \tag{3-87}$$

$$R_{\text{IPn}} = \frac{W_{\text{inv}} f_{\text{wr}}}{N_{\text{p}} B_{\text{o}}} \tag{3-88}$$

$$F_{3\text{P}} = 1 + \frac{B_{\text{g}}}{B_{\text{o}}} GOR_{\text{pf}}(1 - f_{\text{wr}}) \tag{3-89}$$

式中，R_{IPm2} 为基于采出油、水两相地下体积的气驱注采比；F_{CPGF}、R_{IPn}、$F_{\text{dry\&frac}}$、F_{SRB}、$F_{3\text{P}}$、F_{BGRF}、F_{fracflow}、F_{dryflow} 为中间变量；R_{IPm3} 为基于采出油、水、气三相地下体积的气驱注采比；R_{vgc} 为折算到研究时域的气驱采油速度；F_{dwK}、F_{rNTGK} 为中间变量，m；NTG 为净毛比（有效厚度与地层厚度之比）。

2. 单井注气量设计方法

根据气驱增产倍数概念，单井日产液的地下体积可表示为：

$$L_{\text{rwell}} = \frac{q_{\text{og}} B_{\text{o}}}{1 - f_{\text{wr}}} = \frac{F_{\text{gw}} q_{\text{ow}} B_{\text{o}}}{1 - f_{\text{wr}}} \tag{3-90}$$

利用基于采出油、气、水三相的气驱注采比计算公式，可以得到相应的单井注气量：

$$q_{\text{inj}} = \frac{n_{\text{o}} L_{\text{rwell}} R_{\text{IPm3}}}{n_{\text{inj}}} \rho_{\text{g}} = \lambda L_{\text{rwell}} R_{\text{IPm3}} \rho_{\text{g}} \tag{3-91}$$

将式(3-90)代入式(3-91)，可得到：

$$q_{\text{inj}} = \lambda \frac{F_{\text{gw}} q_{\text{ow}} B_{\text{o}}}{1 - f_{\text{wr}}} R_{\text{IPm3}} \rho_{\text{g}} \tag{3-92}$$

式中，q_{og} 为气驱单井日产油量，m^3/d；q_{ow} 为"同期的"水驱单井日产油量，m^3/d；L_{rwell} 为单井日产液的地下体积，m^3；q_{inj} 为单井日注气量，t/d；n_{o} 为生产井数，口；n_{inj} 为注气井数，口；ρ_{g} 为注入气的地下密度，t/m^3；λ 为生产井与注气井数之比。

二、应用举例

在获取背景资料后，吉林油田黑59（H59）区块 CO_2 混相驱提高采收率试验项目于2008年5月开始撬装注气，注气层位为青一段砂岩油藏，有效厚度为10m，储层渗透率为3.0mD，净毛比为0.7；干层段渗透率为0.1mD，裂缝发育密度为0.25条/m，裂缝渗透率为500mD，缝宽为3mm，平均缝高为0.3m。地层原油黏度为1.8mPa·s，注气时油藏综合含水率约为45%，注气前采出程度约为3.5%，CO_2 地下密度为550kg/m^3，CO_2 驱最小混相压力为23.0MPa，开始注气时地层压力为16.0MPa，气驱增压见效阶段地层压力升高约 8MPa，气驱增产倍数约为 1.5，束缚气饱和度为 4%，气驱残余油饱和度为 11%，初始含油饱和度为 55%，原始溶解气油比为 35m³/m³，游离气相黏度为 0.06mPa·s，CO_2 驱稳产期采油速度约为 2.5%。

应用式(3-79) 和式(3-80) 计算了该区块气驱注采比，其中的气驱生产气油比按式 (3-53) 计算。气驱注采比计算结果（图 3-11）表明，从开始注气到 2014 年间，早期高速注气恢复地层压力阶段的注采比高达 2.5，正常生产后开始下降，降低到 1.7 左右，计算的注采比与实际值比较吻合，显示出文中提出注采比设计方法的可靠性。该区块在连续注气下，基于采出油、水两相地下体积的气驱注采比变化曲线在气窜后呈现上翘态势（图 3-12），远大于基于采出油、气、水三相流体地下体积的气驱注采比。在水气交替注入方式下，该区块基于采出油、气、水三相地下体积的注采比与基于采出流体中油、水两相地下体积的注采比变化曲线比较接近（图 3-13），这表明在水气交替注入方式下，由于生产气油比得以有效控制，不论是在注气早期（见气前）、中期（见气到气窜），还是后期（气窜后），按照基于采出油、水两相地下体积的气驱注采比进行配注是可行的。

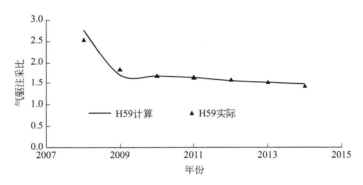

图 3-11　H59 试验区 CO_2 驱注采比变化情况

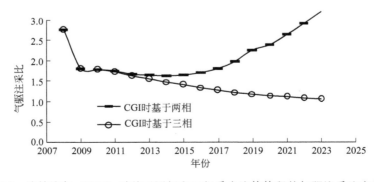

图 3-12　连续注气（CGI）时基于两相和三相采出流体体积的气驱注采比变化情况

根据式(3-92) 可以计算出注气早期单井日注量为 37.2t/d，与实际单井日注量为 40t/d 接近；根据式(3-92) 计算见气后正常生产阶段单井日注量为 23.4t/d，与实际单井日注量为 25t/d 接近。

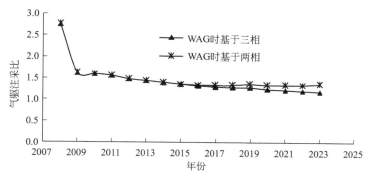

图 3-13　水气交替时基于两相和三相采出流体体积的气驱注采比变化情况

　　笔者推导建立的基于采出油、水两相地下体积和基于采出油、气、水三相地下体积的气驱注采比计算公式，进一步丰富了注气驱油开发方案设计油藏工程方法理论体系。连续注气时，基于采出油、水两相地下体积的气驱注采比曲线在气窜后上翘趋势明显，在气窜后按照基于采出油、水两相地下体积的气驱注采比进行配注将引起较大偏差，须按照基于采出油、气、水三相地下体积的气驱注采比进行配注。水气交替注入时，生产气油比升高得以有效控制，研究周期内按照基于采出油、水两相地下体积的气驱注采比进行配注具有可行性。

第五节　低渗透油藏WAG注入段塞比设计方法

　　注气方式仅分为连续注气（continuous gas injection，CGI）和水气交替（water alternating gas，WAG）注入两种。水气交替注入是与气介质连续注入相对的一个概念；周期注气或脉冲注气可视为水气交替特殊形式（水段塞极小）。实践表明，水气交替注入是改善油藏气驱效果最经济有效的做法，主要机理为提高驱替相黏度，改善流度比，抑制气窜并扩大波及体积。经过一段时间注气，当地层压力抬高到最小混相压力以上，特别是整体生产动态进入见气见效阶段之后，采取水气交替注入是保障后期开发效果的必要策略。这就涉及水、气段塞体积大小与比例问题。合理的水气段塞比要最大程度扩大注入气的波及体积，兼顾低渗透油藏地层压力保持水平且尽量接近最小混相压力，以获得好的气驱油效果。国际上认为最佳水气段塞比与储层润湿性关系密切，Jachson 等学者根据一注一采平板物理模型驱替实验发现：对于水湿油藏，当水气段塞比为 0∶1，即连续注气时的驱油效果最好；对于油湿储层，水气段塞比为 1∶1 时可获得最大采收率，并且 1∶1 的水气段塞比在气驱开发实践中最为常见。从岩心滴水实验知道，不含油孔隙常表现为对水速渗，含油性差的孔隙自吸能力较弱，而饱含油孔隙的吸水能力很弱或无明显的水相自渗吸发生。对于强水湿低渗透储层，水自渗吸作用可能超过甚至远大于注采压差驱替作用，采取连续注气方式有其必要性；对于无法正常注水的强水敏特低渗透储层，亦不得不采取连续注气方式；对于水相自渗吸微弱或部分油湿低渗透储层（通过岩心滴水实验判断），人工高压压注克服黏滞力是注气驱油的决定性动力，可以实施水气交替注入来改善注气效果。本文亦针对第三类储层的水气交替问题进行研究，试图从理论上给出水气段塞比合理区间，为气驱实践提供油藏工程理论依据。

一、理论分析

1. 满足扩大波及体积要求

注入气波及体积大小决定了混相驱开发效果好坏。在低渗透油藏注气开发过程中，气体上浮和气相扩散对纵向波及系数及油藏开发影响甚微。由此，主要应关注平面波及系数的提高。多轮次水气交替注入正是起到了使气驱和水驱波及体积趋同的作用。只有每一个交替注入周期内气段塞的波及区域都能被紧接其后的水段塞覆盖，才能及时保证注入气的波及体积得以扩大且接近水驱情形，这是扩大混相驱波及体积的充分条件。

某个交替注入周期内的气段塞大小为 ΔV_{gs}，水段塞大小为 ΔV_{ws}，则地下水气段塞比：

$$r_{\mathrm{wgs}} = \Delta V_{\mathrm{ws}} / \Delta V_{\mathrm{gs}} \tag{3-93}$$

注入介质平面运移路径受控于注采压差、非均质性和黏性指标，注入水和气的宏观流向与分布基本一致。气和水的平面波及系数分别为 E_{Vg} 和 E_{Vw}，选择流动路径上大小为 $\Delta V_{\mathrm{gs}} / E_{\mathrm{Vg}}$ 的控制体，则控制体内水的波及范围是 $\Delta V_{\mathrm{gs}} E_{\mathrm{Vw}} / E_{\mathrm{Vg}}$，并且可认为水的波及范围覆盖了气段塞。因此，水段塞尺寸至少须满足：

$$\Delta V_{\mathrm{ws}} \geqslant \Delta V_{\mathrm{gs}} E_{\mathrm{Vw}} / E_{\mathrm{Vg}} \tag{3-94}$$

联立式(3-93)和式(3-94)，可得到：

$$r_{\mathrm{wgs}} \geqslant E_{\mathrm{Vw}} / E_{\mathrm{Vg}} \tag{3-95}$$

上式意味着，只有地下水气段塞比大于水和气的平面波及系数之比，才可能使每个交替注入周期内的气段塞为水段塞所俘获，使气的波及体积扩大至水驱情形。虽然蒸发萃取作用能使前缘气相黏度升高，混相条件下二者处于同一数量级，但气相黏度毕竟仍低于水相黏度，注入气的波及系数仍会小于水的波及系数，故水气段塞比大于1.0，该结论得到大量实验验证。注气段塞的波及系数和注水段塞波及系数之比可作为水气段塞比的下限。

2. 满足提高驱油效率要求

气驱提高采收率主要得益于驱油效率的提高。尽可能将地层压力提高到最小混相压以上，实现混相驱才能获得理想的驱油效率。经验表明，气驱开发中后期地层压力常出现下降趋势。主要原因：一是气窜后很难通过提高注气量补充地层能量；二是正常开发低渗油藏难以维持足够高的水驱注采比来保持混相驱所需的高地层压力；三是产液量的相对稳定将使早期注气补充的能量被逐步消耗，当然地层压力消耗还有其他原因。总之，为稳定地层压力，水段塞不宜过大。

国内低渗透油藏多属天然能量微弱油藏，采出1.0%地质储量引起的地层压力下降一般都会大于 1.5MPa。因此，水段塞连续注入时间不能过长，以免造成地层压力下降影响驱油效率。现假设注水条件下单位采出程度的地层压力降为 ΔP_{wd}，单 WAG 周期内水段塞注入期间容许地层压力下降 ΔP_{wsd}。根据气驱增产倍数概念，见效高峰期气驱单井产量近似为 $F_{gw}q_{ow0}$。为保持见气见效高峰期，地层压力需满足：

$$\frac{n_o F_{gw} q_{ow0} T_w}{0.01 N_o} \Delta P_{wd} \leqslant \Delta P_{wsd} \tag{3-96}$$

根据定义，气驱见效高峰期的注气动用层位的采油速度为：

$$R_{Vgs} = \frac{365 n_o F_{gw} q_{ow0}}{N_{oi}} \tag{3-97}$$

将式（3-97）代入式（3-96）得到：

$$T_w \leqslant \frac{3.65}{R_{Vgs}} \frac{\Delta P_{wsd}}{\Delta P_{wd}} \tag{3-98}$$

低渗透油藏气驱增产倍数计算方法为：

$$\begin{cases} F_{gw} = \dfrac{R_1 - R_2}{1 - R_2} \\ R_1 = E_{Dgi}/E_{Dwi}, R_2 = R_{e0}/E_{Dwi} \end{cases} \tag{3-99}$$

式中，F_{gw} 为低渗透油藏气驱增产倍数；E_{Dgi} 和 E_{Dwi} 分别为气和水的初始（系指油藏未动用时）驱油效率；R_1 为气和水初始驱油效率之比；R_2 为转气驱时广义可采储量采出程度；q_{ow0} 为注气之前一年内的正常水驱单井产量，t/d；n_o 为生产井总数，口；N_{oi} 为注气时的地质储量，万吨；R_{e0} 为开始注气时采出程度；R_{Vgs} 为气驱见效高峰期或稳产期采油速度；T_w 为水段塞连续注入时间，d。

假设交替注入单个周期内采出物地下总体积为 ΔN_p，压敏效应引起孔隙体积收缩 ΔV_p。根据物质平衡原理，采出物地下体积为地层压力下降引起的油藏流体（油、气、水）膨胀 ΔV_{rfe}、孔隙体积收缩与注入气水段塞占据体积三者之和，即：

$$\Delta N_p = \Delta V_{rfe} + \Delta V_p + (\Delta V_{gs} + \Delta V_{ws}) \tag{3-100}$$

将式（3-93）代入式（3-100）后，整理得：

$$r_{wgs} = \frac{\Delta N_p - \Delta V_{rfe} - \Delta V_p}{\Delta V_{gs}} - 1 \tag{3-101}$$

根据上式，当忽略油藏流体膨胀和孔隙体积收缩，即地层压力稳定时，可以得到水气段塞比的最大值：

$$r_{wgs} \leqslant \frac{\Delta N_p}{\Delta V_{gs}} - 1 \tag{3-102}$$

单个交替周期内的产出物等于水、气段塞分别注入期间的阶段产出量（ΔN_{ptws}、ΔN_{ptgs}）之和：

$$\Delta N_p = \Delta N_{ptws} + \Delta N_{ptgs} \tag{3-103}$$

引入水段塞注入期间的水驱注采比：

$$r_{ipws} = \Delta V_{ws}/\Delta N_{ptws} \tag{3-104}$$

引入气段塞注入期间的气驱注采比：

$$r_{ipgs} = \Delta V_{gs} / \Delta N_{ptgs} \qquad (3-105)$$

联立式（3-102）～式（3-105）可得水气段塞比上限：

$$r_{wgs} \leqslant \frac{r_{ipws}}{r_{ipgs}} \frac{1}{(r_{ipws}-1)} \qquad (3-106)$$

上式表明，在满足稳定地层压力需要时，水气段塞比上限受控于单交替周期内的水气两驱注采比。

3. 满足预防自由气连续窜进要求

在单个交替注入周期内，气段塞注入时间越长，气窜越严重，换油率越低，注气项目经济效益越差。在进入见气见效阶段后，为防止过度气窜，须对单交替周期内的注气时间进行严格控制。

现仅考察最先气窜的路径，即主流线（流管）上的气体运动情况。首先对低渗透油藏最先气窜主流管分布与物性特征进行界定：主流管在纵向上位于高渗段的最高渗部位，平面上与沿着高渗条带最优势流动方向一致；物性级别为最先气窜主流管最好，高渗段次之，二者都高于储层平均值。由于波及区可划分为大量流管，假设最先气窜主流管半径足够小，其平均孔喉半径近似等于主流喉道半径。研究表明，主流喉道半径约为储层平均孔喉半径的两倍，则主流管渗透率为储层平均值的 4 倍。将油层孔隙度平均值记为 φ_{av}，绝对渗透率平均值为 K_{ar}；而主流管平均孔隙度为 φ_{sl}，绝对渗透率为 K_{sl}，气体相对渗透率为 K_{rg}，注采压力差梯度为 $\text{grad}P$。在见气见效之后，气体勾通注采井形成连续流动。根据达西定律，主流线上任意位置处的气相真实流速 υ_g 可表示为：

$$\upsilon_g = \frac{K_{sl}K_{rg}}{\phi_{sl}\mu_g}\text{grad}P \qquad (3-107)$$

自由气沿主流管流过特定距离所用时间：

$$t_{gsl} = \int_0^{L_{gsl}} \frac{1}{\upsilon_g}\text{d}x \qquad (3-108)$$

式中，L_{gsl} 为自由气相沿主流管流过距离，m；t_{gsl} 为气体流过给定距离所用的时间，s。

当地层压力基本稳定时，可忽略孔隙度和绝对渗透率的变化；对于气驱，近井压力梯度小；对于低渗透油藏，压降漏斗范围小；将压力梯度和气相黏度取值为井间广阔区域的平均值；作为近似，见气见效时压降漏斗以外波及区域的含气饱和度和相对渗透率均取平均值。据此，将式（3-107）式代入式（3-108）得到：

$$t_{gsl} = \frac{\phi_{sl}\mu_g L_{gsl}}{K_{sl}K_{rg}\text{grad}P} \qquad (3-109)$$

流线上的气相相对渗透率由 Stone 模型估算：

$$K_{rg} = K_{rgcw}\left(\frac{S_g-S_{gr}}{1-S_{wc}-S_{gr}-S_{org}}\right)^{n_g} \qquad (3-110)$$

式中，K_{rgcw} 为不可动液相饱和度时的气体相对渗透率，一般取 0.5；S_g 为见气见效时的平均含气饱和度；S_{gr} 为残余气（临界）含气饱和度；S_{wc} 为初始含水饱和度；S_{org} 为气驱残余油饱和度；n_g 为气体相渗曲线幂指数，取值 1.0～3.0。利用式(3-18) 回归出相对渗透率与含气饱和度和主流管绝对渗透率的关系：

$$K_{rg} = (1.75S_g - 0.25)K_{sl}^{-0.2} \tag{3-111}$$

高压注气驱油过程会产生成墙轻质液，运移于井间形成一定厚度的"油墙"。混相驱见气见效时的"油墙"厚度由下式计算：

$$\begin{cases} \dfrac{W_{ob}}{L_{sl}} = 1 \left/ \left[1 + \dfrac{2}{3}S_o/(S_o - \Delta S_{gdo})\right]\right. \\ \Delta S_{gdo} = 0.3\mu_o^{-0.25}S_o \end{cases} \tag{3-112}$$

式中，W_{ob} 为不可动液相饱和度时的气体相对渗透率，一般取 0.5；S_o 为转驱时的含油饱和度；ΔS_{gdo} 为完全非混相气驱油步骤形成的平均含气饱和度；μ_o 为地层油黏度，mPa·s；L_{sl} 为主流管线长度，m。

根据上式，可计算出混相驱见气见效时"油墙"厚度。见气见效后，单交替周期内自由气相运动的最长距离仅限于从注入井到"油墙"后缘的距离：

$$L_{gsl} = L_{sl} - W_{ob} \tag{3-113}$$

不妨将最先气窜主流管渗透率与储层平均渗透率之比称为主流管突进系数：

$$c_{kt} = K_{sl}/K_{ar} \tag{3-114}$$

将式(3-111)～式(3-114)代入式(3-109)，整理得到混相驱见气见效后气体窜进至油井所用的时间：

$$t_{gsl} = \frac{\phi_{sl}\mu_g L_{sl}K_{ar}^{-0.8}}{c_{kt}^{0.8}\mathrm{grad}P \cdot (3.5S_g - 0.5)} \tag{3-115}$$

前已说明，低渗透油藏主流管突进系数 c_{kt} 通常大于 4.0，且此突进系数随物性变差呈增大趋势，因为特低渗油层突进系数高达几十者很常见；压力梯度取 0.03MPa/m，连续游离气相黏度取 05mPa·s，按式(3-115)计算了自由气相流过 300m 不同物性级别低渗透主流管的时间。当储层平均渗透率为 1.0mD 时，见气见效后连续注气 5.2 个月气体即可窜进油井；当储层平均渗透率为 5mD 时，见气见效后连续注气 2.7 个月气体即可到达油井；而一般低渗透油藏，见气见效后连续注气 2 个月，注采井为气路勾通（表 3-3）。

表 3-3　长度为 300m 主流管见气见效后气体窜进用时

储层渗透率/mD	1	3	10	30
储层孔隙度	0.1	0.125	0.157	0.19
主流管突进系数	15	9	5	3
气窜用时/月	7.4	4.5	2.7	1.7

显然，表 3-3 中连续注气时间是储层物性的函数：

$$T_{Mgsl} = 86400t_{Mgsl} = 200K_{ar}^{-0.336} \tag{3-116}$$

式中，T_{Mgsl} 为自由气相给定距离所用的时间，d。

气驱前缘不断向油井推进，主流管内气体窜进用时将持续缩短。交替注入单周期内注气时间 T_g 将逐步缩小，相当于气段塞须要持续减小，这是必须采取锥形段塞序列的原因。采用正比例关系修正上式，得到混相驱见气见效后的交替注入单周期内气段塞连续注入至气窜所用时间上限（T_{btg}）：

$$T_{btg} < \frac{2L_{sl}}{300} t_{gsl} = 1.333 K_{ar}^{-0.336} L_{sl} \tag{3-117}$$

上式便是 WAG 注入单周期内的气段塞连续注入时间上限计算式。单交替注入周期内三个时间的关系见图 3-14。

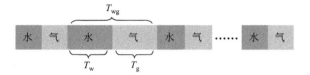

图 3-14　单交替注入周期内三个时间的关系

4. 满足水气段塞比约束连续注气时间

由于日注气和日注水量有别，水和气地下密度亦不同，水段塞和气段塞注入时间之比并不等同于水气段塞体积之比。在特定水气段塞比下的注气注水时间存在如下关系：

$$r_{wgs} = \frac{\rho_g q_{inw} T_w}{\rho_w q_{ing} T_g} \tag{3-118}$$

式中，ρ_g 为注入气地下密度，t/m^3；ρ_w 为水相地下密度，t/m^3；q_{inw} 为每天注入油层的水的质量，t；q_{ing} 为每天注入油层的气的质量，t；T_w 为单交替注入单周期内水段塞连续注入时间，d；T_g 为单交替注入单周期内气段塞连续注入时间，d。

式（3-118）又等价于：

$$T_g = \frac{1}{r_{wgs}} \frac{\rho_g q_{inw} T_w}{\rho_w q_{ing}} \tag{3-119}$$

上式乃是水气段塞比约束下的交替注入单周期内气段塞连续注入时间。

5. 满足经济开采要求

如果气驱单井产量递减到一定程度，再按上一周期的水气段塞比注气就会不经济。对于一些注气项目，这种情况是存在的，特别是到了项目评价后期阶段。缩小气段塞，提高水气段塞比可改善气驱经济性。假设第 $c+1$ 个 WAG 周期注气开始不经济，项目利润较第 c 个 WAG 周期下降 ΔP_{c+1}，诸如地面工程系统成本与期间费用较第 c 个 WAG 周期增加 ΔP_{smc+1}，则产量递减等因素造成的利润较第 c 个 WAG 周期下降为：

$$\Delta P_{dc+1} = \Delta P_{c+1} - \Delta P_{smc+1} \tag{3-120}$$

除改善气驱开发效果增加的利润外，缩短注气时间、减小注气量亦可弥补产量递减等油藏生产因素造成的利润下降，则存在关系：

$$\Delta T_{gc+1}(P_g q_{ing} - P_w q_{inw}) = \Delta P_{dc+1} - \Delta P_{stc+1} \tag{3-121}$$

式中，ΔP_{stc+1} 为第 $c+1$ 个 WAG 周期内改善气驱开发效果增加的利润，元；

ΔT_{gc+1}为第 $c+1$ 个 WAG 周期内的气段塞注入时间缩短值，d；P_g 和 P_w 分别为包括注入费用的气价和水价，元/吨；q_{ing} 和 q_{inw} 分别为试验区日注气和日注水量，t。

联立式(3-119) 和式(3-120) 可以得到：

$$\Delta T_{gc+1}=\frac{\Delta P_{c+1}-\Delta P_{smc+1}-\Delta P_{stc+1}}{P_g q_{ing}-P_w q_{inw}} \tag{3-122}$$

6. 水气段塞比合理区间

将满足扩大注入气波及体积的水气段塞比作为下限，并将满足提高驱油效率的水气段塞比作为上限，可得到低渗透油藏 WAG 注入阶段水气段塞比的合理区间。据此，联立式(3-95)、式(3-96)、式(3-102)、式(3-115) 和式(3-119)，可以得到确定低渗透油藏合理水气段塞比与合理水气段塞比约束下的单个 WAG 周期内水、气段塞连续注入时间的数学模型：

$$\begin{cases}\dfrac{E_{Vw}}{E_{Vg}}\leqslant r_{wgs}\leqslant \dfrac{r_{ipws}}{r_{ipgs}}\dfrac{1}{(r_{ipws}-1)}\\[2mm]T_w\leqslant \dfrac{3.65}{R_{Vgs}}\dfrac{\Delta P_{wsd}}{\Delta P_{wdd}}\\[2mm]T_{btg}<\dfrac{2L_{sl}}{300}\dfrac{\phi_{sl}\mu_g L_{sl}K_a^{-0.8}}{c_{kt}^{0.8}(3.5S_g-0.5)\mathrm{grad}P}\\[2mm]T_g=\dfrac{1}{r_{wgs}}\dfrac{\rho_g q_{inw}T_w}{\rho_w q_{ing}}\end{cases} \tag{3-123}$$

显然，式(3-123) 左端项即水气段塞比下限不低于 1.0。在水气交替注入早期，根据 Habermann 等学者的研究结果可估计出混相驱条件下水和气的波及系数之比约为 1.25；经过若干周期的交替注入，后续气、水段塞会与前面若干轮次注入的水气段塞出现一定程度的掺混，气段塞和水段塞波及系数之比将会是一个比较接近于 1.0 的数值。由于实际气驱实践中要经历多轮次（几十到上百）注入，故可将水气段塞比下限稍微弱化取为 1.0。为确保混相，笔者提出一个较为严格的限制：在 WAG 单周期内水段塞连续注入期间容许的地层压力降不超过 0.5MPa；对于适合注气的低渗透油藏，将 ΔP_{wd} 取为 1.5MPa。若水气交替太过频繁，容易加速腐蚀，除了给注入系统造成负担，也会增加现场人员管理工作量和生产成本。根据以上论述，将相关数据代入式(3-123)，可得到确定低渗透油藏合理水气段塞比和单个 WAG 周期内水、气段塞连续注入时间的简化模型：

$$\begin{cases}1.0\leqslant r_{wgs}\leqslant \dfrac{r_{ipws}}{r_{ipgs}}\dfrac{1}{(r_{ipws}-1)}\\[2mm]T_{btg}<1.333K_a^{-0.336}L_{sl}\\[2mm]T_w\leqslant 1.2167/R_{vgs}\\[2mm]T_g=\dfrac{1}{r_{wgs}}\dfrac{\rho_g q_{inw}T_w}{\rho_w q_{ing}}\end{cases} \tag{3-124}$$

二、应用举例

以 CO_2 驱为例说明如何确定低渗透油田混相驱的水气段塞比（见图 3-15）。所需数据包括气驱见效高峰期，亦即稳产采油速度为 0.026 或 2.6%（在此强调该采油速度必须基于注气动用层位而非全油藏的地质储量）；单井日注 CO_2 量为 30t［相当于吸气强度 3t/（d·m）］，单井日注水为 30t，注入 CO_2 地下密度为 600kg/m³，水地下密度为 1000kg/m³；储层平均渗透率为 3.5mD，注气层位有效厚度为 10m，注采井距离为 280m；经验水驱注采比为 1.4，CO_2 驱注采比为 1.7~2.3。

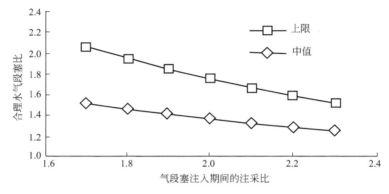

图 3-15　不同气驱注采比下的合理水气段塞比

将这些数据代入式（3-124）可得到水气交替单周期水气段塞比中值在 1.3~1.5，水段塞连续注入时间须小于 47d，水气段塞比中值约束的气段塞连续注入时间为 20d 左右（表 3-4）。如图 3-16 所示，对于 3.5mD 的特低渗透油藏，刚进入见气见效阶段时连续注气时间为 123d，防气窜连续注气时间缩短，基本上整个油墙集中采出阶段的连续注气时间都高于水气段塞比中值约束的气段塞连续注入时间，气段塞基本上不必缩小。对于 20mD 的一般低渗透油藏，WAG 单周期连续注气时间亦逐渐缩短，并且在"油墙"集中采出的中后期阶段，防气窜连续注气时间开始小于水气段塞比约束的气段塞连续注入时间，这就须要减小水、气段塞体积，缩短 WAG 周期，提高交替频率。

表 3-4　水气段塞比约束下的注气时间上限

水驱注采比	1.7	1.9	2.1	2.3
水气段塞比中值	1.5	1.4	1.3	1.3
连续注水时间上限/d	47	47	47	47
防窜连续注气时间上限/d	131	131	131	131
段塞比约束注气时间上限/d	18.4	19.8	21.1	22.3

可以推论，驱替流度比控制水气交替注入单周期的水、气段塞的波及系数，注入水和气的波及系数决定了 WAG 注入单周期的水气段塞比下限。在满足稳定低渗透油藏地层压力需要时，水气段塞比的上限受控于单交替注入周期内的水气两驱的注采比。水气

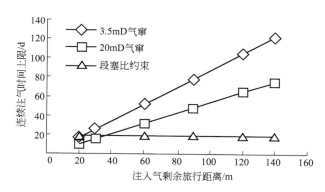

图 3-16　见气见效后防窜连续注气时间变化情况

交替注入单周期内地层压力的维持是通过气段塞对地层能量的补充和水段塞注入期间的地层能量损耗实现的，维持地层压力须控制水段塞注入时间。"油墙"集中采出阶段（稳产期主体）气段塞连续注入时间存在上限，避免自由气段塞窜进生产井。对特低渗油藏，"油墙"集中采出阶段的气段塞注入时间可采取水气段塞比约束下的注气时间上限；对于一般低渗透油藏，油墙集中采出阶段中后期气段塞须采用时间序列上的锥形气段塞组合。

参 考 文 献

［1］ Fred I S, Michael H S. CO₂ flooding ［M］. Texas：SPE，1998.

［2］ 王高峰，胡永乐，宋新民，等. 低渗透油藏气驱产量预测新方法 ［J］. 科学技术与工程，2013，13（30）：8906-8911.

［3］ 王高峰. 注气开发低渗透油藏见气见效时间预报方法 ［J］. 科学技术与工程，2014，14（34）：8906-8911.

［4］ 王高峰，宋新民，马德胜. 油藏气驱开发规律研究 ［J］. 科学技术与工程，2013，13（2）：460-463.

［5］ 王高峰，郑雄杰，张玉，等. 适合二氧化碳驱的低渗透油藏筛选方法 ［J］. 石油勘探与开发，2015，42（3）：358-363.

［6］ 王高峰，姚杰，王浩，等. 低渗透油藏混相气驱生产气油比预测 ［J］. 油气藏评价与开发，2019，9（3）：14-18.

［7］ 王高峰，张云海，郑国臣，汪艳勇. 低渗透油藏气驱油墙几何形态描述 ［J］. 科学技术与工程，2015，15（32）：22-26.

［8］ 王高峰，雷友忠，谭俊领，等. 低渗透油藏气驱注采比和注气量设计 ［J］. 油气地质与采收率，2020，27（1）：134-139.

［9］ 袁士义. 注气提高油田采收率技术文集 ［M］. 北京：石油工业出版社，2016.

［10］ Jackson D D，Andrews G L，Claridge E L. Optimum WAG ratio vs. rock wettability in CO₂ flooding ［R］. SPE14303-MS. 1985.

第四章

鄂尔多斯盆地CCUS资源潜力

近年来，国内低渗透油藏探明储量的比重不断增加，低渗透油藏资源的有效动用关系到国家能源供应和油田开发全局。CO_2 地质封存场所主要包括深部水层、油气藏和煤层。北美地区 CO_2 驱主要针对低渗透油藏，可提高石油采收率在 12% 以上，累积注入封存 CO_2 约十亿吨[1]，有力证明了驱油类 CCUS 技术可显著增产石油并实现规模有效碳封存[2-4]。

本章在碳排放源、油藏资源详查基础上，根据 CO_2 驱油藏筛选方法和同步埋存量计算方法，对鄂尔多斯盆地驱油型 CCUS 资源潜力进行了评价，为百万吨级项目源汇匹配路径选择提供依据。

第一节　区域内资源概述

一、甘肃省情简述

甘肃省位于西北地区，周边与新疆、内蒙古、宁夏、陕西、四川、青海接壤。甘肃省地处黄土高原、青藏高原和内蒙古高原三大高原的交汇地带，境内地形复杂。全省占地面积 42.58 万平方公里，占中国总面积的 4.72%。截止到 2015 年年底，全省人口为 2599.55 万人，汉族人口占 90.18%。常住人口中，居住在城镇的人口为 1115.6 万人。

陇东地区位于甘肃省的最东端，地处陕西、甘肃和宁夏三省交汇处，是兰州、西安、银川三市的地理几何中心，同时也是古"丝绸之路"的必经重镇。全区包括庆阳、平凉两市，总面积达 3.8 万平方公里。两市总人口为 490 万人。2015 年 GDP 总量约 965 亿元人民币，占全省 GDP 总量的 14%，属于甘肃省内经济较为发达地区。地形以黄土高原沟壑区为主，黄土丘陵沟壑区和黄土低山丘陵区为辅。属大陆性气候，冬季常吹西北风，夏季多行东南风，冬冷常晴，夏热丰雨。降雨量南多北少，降水量为 382.9～602.0mm，降雨多集中在 7 至 9 月间。地面平均蒸发量为 520mm，呈干旱少雨的特点。

二、陕西省情简述

陕西省位于中国西北部，地域南北长，东西窄，南北长约 880km，东西宽约 160～490km。全省纵跨黄河、长江两大流域，是新亚欧大陆桥和中国西北、西南、华北、华中之间的门户，是国内邻接省区数量最多的省份，具有承东启西、连接西部的区位之便。陕西省地势的总特点是南北高，中部低。海拔主要分布在 500～2000m 之间。北山和秦岭把陕西分为三大自然区域：北部是陕北高原，中部是关中平原，南部是秦巴山区。

榆林位于中国陕西省的最北部，黄土高原和毛乌素沙地交界处，是黄土高原与内蒙古高原的过渡区。东临黄河与山西省隔河相望，西连宁夏、甘肃，南接延安，北与鄂尔多斯相连，系陕西、甘肃、宁夏、内蒙古、山西五省区交界地。辖榆阳区、横山区、神木市、府谷县、定边县、靖边县、绥德县、米脂县、佳县、吴堡县、子洲县、清涧县2区10县。榆林市地质构造单元上属华北地台的鄂尔多斯台斜、陕北台凹的中北部。东北部靠近东胜台凸，是块古老的地台，未见岩浆岩生成和岩浆活动，地震极少。地势由西部向东倾斜，西南部平均海拔1600～1800m，其他各地平均海拔1000～1200m。最高点是定边南部的魏梁，海拔1907m，最低点是清涧无定河入黄河口，海拔560m。地貌分为风沙草滩区、黄土丘陵沟壑区、梁状低山丘陵区三大类。大体以长城为界，北部是毛乌素沙漠南缘风沙草滩区，面积约15813平方公里，占榆林市面积的36.7%。南部是黄土高原的腹地，沟壑纵横，丘陵峁梁交错。面积约22300平方公里，占榆林市面积的51.75%。梁状低山丘陵区主要分布在西南部白于山区一带无定河、大理河、延河、洛河的发源地。面积约5000平方公里，占榆林市面积11.55%。榆林属中温带干旱气候，年均气温8.1℃，年均降水量414毫米，属于干旱少雨地区，水资源非常匮乏。

三、内蒙古自治区区情简述

内蒙古自治区位于我国的北部边疆，由东北向西南斜伸，呈狭长形。东西直线距离2400多公里，南北直线距离1700km，全区总面积118.3万平方公里，与黑龙江、吉林、辽宁、河北、山西、陕西、宁夏和甘肃8省区毗邻，跨越三北（东北、华北、西北），靠近京津。北部同蒙古国和俄罗斯联邦接壤。在世界自然区划中，属于著名的亚洲中部蒙古高原的东南部及其周沿地带，统称内蒙古高原，是中国四大高原中的第二大高原。在内部结构上又有明显差异，具有复杂多样的形态。除东南部外，基本是高原，由呼伦贝尔高平原、锡林郭勒高平原、巴彦淖尔-阿拉善及鄂尔多斯等高平原组成，平均海拔1000m左右。内蒙古高原西端分布有巴丹吉林、腾格里、乌兰布和、库布其、毛乌素等沙漠。在大兴安岭的东麓、阴山脚下和黄河岸边，有嫩江西岸平原、西辽河平原、土默川平原、河套平原及黄河南岸平原。内蒙古自治区地域广袤，所处纬度较高，边沿有山脉阻隔，气候以温带大陆性季风气候为主。有降水量少而不匀，风大，寒暑变化剧烈的特点。春季气温骤升，多大风天气，夏季短而炎热，降水集中，秋季气温剧降，霜冻往往早来，冬季漫长严寒。年总降水量50～450mm，东北降水多，向西部递减。东部的鄂伦春自治旗降水量达486mm，西部的阿拉善高原年降水量少于50mm，额济纳旗为37mm，蒸发量大部分地区高于1200mm。

鄂尔多斯市位于内蒙古自治区西南部，地处鄂尔多斯高原腹地。鄂尔多斯市自然地理环境起伏不平，西北高东南低，地形复杂，东北西三面被黄河环绕，南与黄土高原相连。地貌类型多样，既有芳草如茵的美丽草原，又有开阔坦荡的波状高原。全市境内五大类型地貌，平原约占4.33%，丘陵山区约占18.91%，波状高原约占28.81%，毛乌素沙地约占28.78%，库布齐沙漠约占19.17%。鄂尔多斯市的土地按自然地貌和成因条件可划分为北部黄河冲积平原区、东部丘陵沟壑区、中部库布齐和毛乌素沙区，以及西部坡状高原区四种类型。第二产业所占比重最高，是全市的经济发展和人民生活水平提高的支柱产业。

四、宁夏回族自治区区情简述

宁夏回族自治区，轮廓南北长、东西短，呈十字形。南北相距约 456 公里，东西相距约 250 公里，总面积为 6.64 多万平方千米。宁夏地处中国地质、地貌"南北中轴"的北段，在华北台地、阿拉善台地与祁连山褶皱之间，高原与山地交错，大地构造复杂。从西面、北面至东面，由腾格里沙漠、乌兰布和沙漠和毛乌素沙地相围，南面与黄土高原相连。地形南北狭长，地势南高北低，西部高差较大，东部起伏较缓。宁夏按地形大体可分为黄土高原，鄂尔多斯台地，洪积冲积平原和六盘山、罗山、贺兰山南北中三段山地。平均海拔 1000m 以上。按地表特征，还可分为南部暖温带平原地带，中部中温带半荒漠地带和北部中温带荒漠地带。全区从南向北表现出由流水地貌向风蚀地貌过渡的特征。宁夏地处黄土高原与内蒙古高原的过渡地带，地势南高北低。从地貌类型看，南部以流水侵蚀的黄土地貌为主，中部和北部以干旱剥蚀、风蚀地貌为主，是内蒙古高原的一部分。境内有较为高峻的山地和广泛分布的丘陵，也有由地层断陷又经黄河冲积而成的冲积平原，还有台地和沙丘。宁夏回族自治区深居西北内陆高原，属典型的大陆性半湿润半干旱气候，雨季多集中在 6～9 月，具有冬寒长，夏暑短，雨雪稀少，气候干燥，风大沙多，南寒北暖等特点。由于宁夏平均海拔在 1000m 以上，气温日差大，大部分地区昼夜温差一般可达 12～15℃。全年平均气温在 5～9℃ 之间，引黄灌区和固原地区分别为全区高温区和低温区。宁夏降水量南多北少，大都集中在夏季。干旱山区年平均降水 400mm，引黄灌区年平均 157mm。属于干旱缺水地区，生态环境较脆弱，境内缺少纳污水体。2015 年，全区完成地区生产总值 2911.6 亿元，其中第一产业产值为 238.8 亿元，第二产业产值为 1380 亿元，第三产业产值为 1292.8 亿元。第二产业所占比重最高，是全市的经济发展的支柱产业。

银川市位于黄河上游宁夏平原中部。东临黄河，与吴忠市盐池县接壤；西依贺兰山，与内蒙古自治区阿拉善盟左旗为邻；南与吴忠市利通区、青铜峡市相连；北接石嘴山市平罗县，与内蒙古自治区鄂尔多斯市鄂托克前旗相邻（以明长城为界）。银川市区地形分为山地和平原两大部分。西部、南部较高，北部、东部较低，略呈西南、东北方向倾斜。地貌类型多样，自西向东分为贺兰山地、洪积扇前倾斜平原、洪积冲积平原、冲积湖沼平原、河谷平原、河漫滩地等。海拔在 1010～1150m，地面坡度为 2‰ 左右。银川西部的贺兰山为石质中高山，呈北偏东走向，全长约 150km，宽 20～30km。最高峰海拔 3556m，是阻挡西北冷空气和风沙长驱直入银川的天然屏障。贺兰山在银川市境内近 70km，面积 5.88 万公顷，山高坡陡，气势雄伟。银川市面积为 9025.38km²，人口为 312.55 万人，其中回族有 55.71 万人。第二产业所占比重最高，在未来五年仍将是全市的经济发展支柱产业。

宁东能源化工基地位于宁夏中东部、银川市东南部，规划总面积 3484 平方公里。东起鸳鸯湖、马家滩、萌城矿区的深部边界，西至白芨滩东界，南起韦州矿区和萌城矿区南端的宁夏与甘肃省界，北至宁夏与内蒙古自治区界，东西宽约 16～41km，南北长约 127km，范围覆盖灵武市、盐池县、同心县、红寺堡开发区 4 个县市（区）。宁东核心区处于灵武市境内，规划面积 885km²，核定面积 766km²，约占规划区总面积 22%。宁东基地是国务院批准的国家重点开发区、国家重要的大型煤炭生产基地、"西电东送"火电基地、煤化工产业基地和循环经济示范区，是宁夏煤、水、土等资源的核心地带和富聚区，也是宁夏举全区之力开发建设的"一号工程"，承担着建设开放宁夏、富裕宁夏、和谐宁夏、美丽宁夏，与全国同步进入全面小康社会的历史重任。

五、能源"金三角"

内蒙古鄂尔多斯市、宁东能源化工基地、陕西榆林市、甘肃陇东地区地处鄂尔多斯盆地，在地理上构成了一个三角形，该地段由于资源较为丰富，被称为能源"金三角"。该地区是古"丝绸之路"的重要通道，伴随着中国"一带一路"倡议的展开，中国与中亚大规模能源合作的开始，以能源"金三角"地带为核心的横贯亚欧大陆的"能源丝绸之路"正在形成。该地区地处我国内陆腹地和西部前缘，居于欧亚大陆桥中枢位置，总面积为 17.18 万平方公里，占到国土总面积的 1.79%。其中，面积最大的是鄂尔多斯市，有 86752km²，面积最小的宁东为 3484km²。目前，该区居民包括汉族、回族和蒙古族等，区内人口最多的是陇东地区，其次是鄂尔多斯市，宁东人口最少。2015 年全区生产总值为 8340.29 亿元。

第二节 二氧化碳源汇资源分布

一、煤化工碳排放源调查

驱油用的 CO_2 气源主要来自高含 CO_2 天然气藏、天然气净化处理厂、煤化工合成气排放、石化厂制氢尾气排放、火力发电厂尾气。由于目前火电厂碳排放源碳净化与捕集成本过高，区域内尚无高含 CO_2 天然气藏，本次研究主要调查了区域内捕集成本低的高纯度规模化（>10 万吨/年）的煤化工类排放源、石化厂制氢尾气的碳排放情况。

我国"富煤、缺油、少气"的资源特征，决定了煤炭资源在未来很长一段时间内仍将是能源供应的主力军，在我国经济建设和保障能源安全方面起着关键作用。煤炭具有能源和资源二重性，煤炭不仅可以作为能源，也是化学品的重要资源保障，大约 60%化学品原料来自煤炭。但是在煤炭不合理开发和利用过程中带来环境污染问题，已经严重威胁到我们赖以生存的环境。开发与应用煤炭清洁高效利用技术，成为缓解我国能源安全与环境污染的有效途径。煤化工产业作为煤炭清洁高效利用技术的技术应用领域在我国得到了长足的发展，同时产业聚集度较高，便于开展大规模集中的 CO_2 捕集净化工作。

1. 煤化工产业链 CO_2 排放源调查方法

现代煤化工是以煤为原料，通过煤气化、变换、净化、合成等工艺生产包括甲醇、烯烃、油、乙二醇和天然气在内的化工产品及燃料。煤气化作为煤化工整个产业链的核心及龙头生产工艺装置，其气化技术的选择不同，决定了同样的产品 CO_2 排放量也不尽相同；同样，在相同的气化技术选择条件下，不同产品对于合成气 C/H 比例的要求也不尽相同，生产排放的 CO_2 也不相同。因此本次调研本区域内的 CO_2 排放量将气化技术选择和产品两条线分开统计，精确计算该地区的 CO_2 排放量以及 CO_2 的排放组成。

目前国内外以煤为原料的煤化工产业采用了各种煤气化工艺，如常压固定床间歇气化、鲁奇碎煤加压气化、粉煤流化床气化、气流床气化，包括 Shell 炉、GSP 炉、Texaco 炉、航天炉等炉型。气流床气化代表着煤气化工艺的最先进技术，因为碳转化率高、环境友好、有效气含量高等优点得到广泛的应用。其中气流床气化技术又可以分为水煤浆气化和粉煤加压气化技术，水煤浆气化技术代表炉型为 Texaco 炉，粉煤加压气化技术代表炉型为 Shell 炉、GSP 炉和航天炉等。水煤浆气化技术进煤工艺采用的是：煤首先经过制浆，然后煤浆由泵打入气化炉中，气化炉普遍采用的是绝热气化炉。而粉煤加压气化炉采用的是干粉煤进料方式，气化炉采用的是水冷壁结构，不受耐火材料对温度的限制，操作温度可以高达 $1500 \sim 1700℃$。生产相同量有效气（$CO+H_2$），水煤浆气化技术比粉煤气化技术多消耗 10% 左右的原料煤，多产生 10% 左右的 CO_2，如表 4-1 所示。

表 4-1　水煤浆气化技术与粉煤气化技术气体组成

气体组成	CO	H_2	CO_2	其他组成	总计
粉煤气化	66.0%	24.0%	8.0%	2.0%	100.0%
水煤浆气化	45.0%	35.0%	19.0%	1.0%	100.0%

不同的产品对于原料气中的 H/C 比要求不一样，这样就决定了在变换装置中 CO 转为 H_2 的深度不相同，煤制甲醇、乙二醇及甲醇制烯烃要求 $H/C \approx 2$，而煤制天然气要求 $H/C \approx 4$，单位产品煤制天然气排放的 CO_2 量最多。

在变换装置中完成合成气中 H/C 比例的调节之后，气体需要进入净化装置中脱除合成气中的酸性气体，净化技术包括：低温甲醇洗、NHD（聚醇醚法）和 MDEA（叔醇胺法）脱碳工艺等。现在普遍采用的净化技术为低温甲醇洗技术。

表 4-2　不同浓度 CO_2 规格

高浓度 CO_2	中浓度 CO_2
CO_2:≥98.5% H_2:0.1%～0.5% CO:0.15%～0.5% N_2:0.1%～0.5% 压力:0.04MPa 温度:30℃	CO_2:约70% N_2:约30% 压力:0.03MPa 温度:20℃

合成气首先进入低温甲醇洗装置的吸收塔中，由低温的甲醇溶解合成气中的 H_2S、

COS、CO_2，脱除酸性气后的净化气，经过换热送至下游合成装置。而溶解有酸性气的富甲醇经过热再生、甲醇与水分离、尾气洗涤等工艺实现甲醇的再生循环利用和 CO_2 富集排放。在该工艺中有两股 CO_2 排放气（具体组成详见表 4-2），分别是 CO_2 含量≥98.5％以上的高纯度 CO_2 和浓度约为 70％的中浓度 CO_2，可以为 CO_2 驱油提供碳源。浓度高达 98.5％以上的高纯度 CO_2，可以直接作为 CO_2 驱油的碳源，不再需要捕集与净化，大大降低单位 CO_2 的使用成本。同时，70％的中浓度 CO_2 通过相应的技术手段可以将浓度提高到 95％以上用于 CO_2 驱油。

2. 不同类型煤化工园区

陕西、甘肃、宁夏、内蒙古地区作为我国煤炭资源富集区，是我国规划的重要的煤炭生产基地，同时该地区也是我国现代煤化工发展的中心、煤电外送中心。在该地区集中了以煤为原料生产甲醇、烯烃、油、乙二醇等化工产品的大型煤化工企业。同时通过科学规划，几乎所有的大型煤化工企业都集中在重要的产业园区，为大规模的 CO_2 捕集、净化、输送及驱油提供了便利条件。在一个工业园区内选择合适的 CO_2 输送起点，以园区内的煤化工企业捕集及净化的 CO_2 作为稳定的碳源，可以保证 CO_2 输送获得充足的碳源。企业园区化为本项目可以顺利实施提供了有利条件。区域内主要工业园区详见表 4-3。

表 4-3　区域内工业园区分布

序号	工业园区名称	所在地
1	府谷煤电化载能工业园区	陕西榆林
2	神府经济开发区	
3	榆神煤化学工业园区	
4	榆林经济开发区	
5	榆横煤化学工业园区	
6	吴堡煤焦化工业园区	
7	定靖油气产业园	
8	国际化工园区	宁东能源基地
9	煤化工园区	
10	临河综合工业园区	
11	化工新材料园区	
12	灵州综合工业园区	
13	长庆桥工业集中区	甘肃陇东
14	平凉工业园区	
15	华亭工业园区	
16	杭锦旗独贵塔拉工业园区	内蒙古鄂尔多斯
17	杭锦旗巴拉贡新能源园	
18	东胜-康巴什-伊犁旗装备制造工业集中区	
19	鄂托克旗蒙西工业园区	

续表

序号	工业园区名称	所在地
20	鄂托克旗棋盘井工业园区	
21	鄂托克旗图克工业园区	
22	鄂托克旗上海庙工业园区	
23	乌审旗图克工业园区	内蒙古鄂尔多斯
24	达拉特旗树林召工业园区	
25	准格尔旗大路工业园区	
26	准格尔旗沙圪堵工业园区	
27	康巴什高新技术园区	

宁东主要的煤化工企业均集中在宁东能源基地，相对较为集中；鄂尔多斯化工园区分布较为分散，分布于整个鄂尔多斯地区，其中准格尔旗大路工业园区和乌审旗图克工业园区煤化工企业已经建设和规划建设项目较多，对于大规模的CO_2捕集、净化、输送及驱油项目建设条件较优，碳源有充足保证；榆林地区的化工园区呈现自北向南均匀分布的格局，该区域比较有代表性的园区为榆神煤化学工业园区和榆横煤化学工业园区；陇东地区规划及建设的化工园区较少，主要包括在建的长庆桥工业集中区和平凉工业园区，以及已经成熟的华亭工业园区。

（1）煤制甲醇和乙二醇项目CO_2排放量及潜能

截至"十二五"末，陕西、甘肃、宁夏、内蒙古地区的建成运行、在建和拟建的煤制甲醇和乙二醇项目近20个。按照相关专业协（学）会的披露信息，上述项目产生的高浓度和中低浓度CO_2如表4-4所示。其中，建成运行项目的高浓度CO_2约为870.8万吨，在建和拟建项目的高浓度CO_2约为738.9万吨。

（2）煤制烯烃项目CO_2排放量及潜能

截至"十二五"末，陕西、甘肃、宁夏、内蒙古地区的建成运行、在建和拟建的煤制烯烃项目13个。按照相关专业协（学）会的披露信息，上述项目产生的高浓度和中低浓度CO_2如表4-5所示。其中，建成运行项目的高浓度CO_2约为1712.4万吨，在建和拟建项目的高浓度CO_2约为1512.8万吨，合计约为3225.2万吨。

（3）煤制天然气项目CO_2排放量及潜能

截至"十二五"末，陕西、甘肃、宁夏、内蒙古地区的建成运行、在建和拟建的煤制气项目近9个。按照相关专业协（学）会的披露信息，上述项目产生的高浓度和中低浓度CO_2如表4-6所示，其中，建成运行项目的高浓度CO_2约为103.6万吨，在建和拟建项目的高浓度CO_2约为6861.6万吨，合计约为6965.2万吨。

（4）煤制油项目CO_2排放量

截至"十二五"末，陕西、甘肃、宁夏、内蒙古地区的建成运行、在建和拟建的煤制油项目有8个。按照相关专业协（学）会的披露信息，上述项目产生的高浓度和中低浓度CO_2如表4-7所示，其中，建成运行项目的高浓度CO_2约为2078.89万吨，在建和拟建项目的高浓度CO_2约为440.2万吨，合计约为2519.09万吨。

（5）煤化工碳排放总量

上述陕西、甘肃、宁夏、内蒙古地区的建成运行、在建和拟建的项目统计数据均来自相关专业协（学）会的交流材料，采用了已投产和在建项目，数据源可信度较高。从表 4-8 可看到，区域内煤化工项目的碳排放量巨大，碳捕集潜力很大。仅统计"十二五"未建成运行项目，年排放的高浓度 CO_2 已接近 5000 万吨，这部分碳源的捕集成本较低，每吨 CO_2 的捕集成本约为百元以内。预计到"十三五"末，年排放的高浓度 CO_2 将再增加 9000 多万吨。

表 4-4 主要运行、在建和拟建煤制甲醇和乙二醇项目不同浓度 CO_2 排放统计

地区	工业园	项目名称	状态	采用技术	高浓度 CO_2/万吨	中低浓度 CO_2/万吨
鄂尔多斯	图克工业园	鄂尔多斯市金诚泰化工有限责任公司 60 万吨/年甲醇项目	2013 年投产	水煤浆气化	74.4	49.8
	纳林河工业园	中煤蒙大新能源 60 万吨甲醇项目	2013 年投产	水煤浆气化	74.4	49.8
		久泰能源内蒙古年产 100 万吨甲醇、30 万吨二甲醚项目	2010 年投产	水煤浆气化	124	83
		内蒙古伊东集团东华能源有限责任公司 60 万吨甲醇项目	2012 年投产	水煤浆气化	74.4	49.8
		内蒙古易高（原三维）20 万吨甲醇项目	投产	水煤浆气化	24.8	16.6
		开滦化工鄂尔多斯 40 万吨煤制乙二醇项目	在建	水煤浆气化	156	52.8
		久泰年产 50 万吨煤制乙二醇项目	拟建	水煤浆气化	195	66
	杭锦旗独贵特拉工业园区	鄂尔多斯新杭能源 30 万吨/年乙二醇综合利用项目	2015 年投产	粉煤气化	41.1	27.6
		昊华能源鄂尔多斯 60 万吨/年煤制乙二醇项目	拟建	水煤浆气化	82.2	55.2
	乌审旗	内蒙古黄陶勒盖 40 万吨煤制乙二醇	拟建	水煤浆气化	57.6	19.6
银川	宁东能源化工基地	神华宁煤集团 25 万吨/年甲醇、21 万吨/年二甲醚项目	投产	水煤浆气化	31	20.75
		神华宁煤集团煤制 60 万吨/年甲醇项目	投产	水煤浆气化	74.4	49.8
		四川化工有限公司控股(集团)宁夏捷美丰友化工有限公司	投产	水煤浆气化	54.7	43.1
榆林	榆林高新区	陕西神木化学工业有限公司 60 万吨煤制甲醇项目	投产	水煤浆气化	74.4	49.8
		兖州煤业榆林能化公司 60 万吨/年甲醇项目	投产	水煤浆气化	74.4	49.8
		华电榆林天然气化工有限责任公司 60 万吨/年煤制甲醇项目	投产	水煤浆气化	74.4	49.8
		神华榆林循环经济煤炭综合利用项目 180 万吨甲醇联产 40 万吨乙二醇	在建	水煤浆气化	248.1	172.8
陇东	华亭工业园	华亭煤业公司中煦煤化工有限公司 60 万吨/年煤制甲醇项目	投产	水煤浆气化	74.4	49.8
已投产项目合计					870.8	589.45
拟建在建项目合计					738.9	366.4
合计					1609.7	955.85

表 4-5　陕西、甘肃、宁夏、内蒙古地区主要运行、在建和拟建煤制烯烃
项目不同浓度 CO_2 排放统计

地区	工业园	项目名称	状态	采用技术	高浓度 CO_2/万吨	中低浓度 CO_2/万吨
鄂尔多斯	图克工业园	中天合创鄂尔多斯煤 130 万吨煤制烯烃	2016 年投产	水煤浆气化	446.4	298.8
		久泰准格尔 60 万吨甲醇制烯烃	投产	水煤浆气化	234	79.2
		道达尔中电投年产 80 万吨煤制烯烃项目	拟建	水煤浆气化	312	105.6
		兖矿荣信化工 60 万吨煤制烯烃	2014 年投产	水煤浆气化	223.2	149.4
宁东	宁东工业园	神华宁煤集团年产 50 万吨甲醇制丙烯（MTP）项目	2014 年投产	粉煤气化	195	66
		中国石化长城能源化工（宁夏）有限公司 45 万吨/年醋酸乙烯项目	2014 年投产	粉煤气化	167.4	102.1
		宁夏宝丰 60 万吨焦炉煤气制烯烃	2014 年投产	焦化干馏＋气化	234	79.2
		宁夏宝廷新能源有限公司低碳烷烃综合利用项目	拟建	焦化干馏＋气化	39	13.2
		神华宁煤与沙比克 70 万吨煤制烯烃及 120 万吨煤化工精细化工项目	拟建	粉煤气化	273	92.4
榆林	榆林高新区	中煤陕西榆横煤化工 60 万吨煤制烯烃	2014 年投产	水煤浆气化	223.2	149.4
		神华陶氏榆林 120 万吨煤制烯烃项目	拟建		431.6	146.08
	靖边能源化工综合利用园区	靖边榆林能源化工 60 万吨烯烃	2014 年投产	水煤浆气化	223.2	149.4
陇东	平凉工业园区	平凉华泓汇金年产 180 万吨甲醇、70 万吨烯烃项目	在建	水煤浆气化	223.2	149.4
已投产项目合计					1712.4	994.3
拟建在建项目合计					1512.8	585.88
合计					3225.2	1580.78

表 4-6　陕西、甘肃、宁夏、内蒙古地区主要运行、在建和拟建煤制气项目
不同浓度 CO_2 排放统计

地区	工业园	项目名称	状态	采用技术	高浓度 CO_2/万吨	中低浓度 CO_2/万吨
鄂尔多斯	大路工业园	中海油鄂尔多斯年产 40 亿立方米煤制气项目	拟建	碎煤加压＋粉煤气化	774.8	455.6
		北控鄂尔多斯年产 40 亿立方米煤制气项目	拟建	碎煤加压＋粉煤气化	774.8	455.6
		河北建投鄂尔多斯年产 40 亿立方米煤制气项目	拟建	碎煤加压＋粉煤气化	774.8	455.6
	上海庙能源基地	内蒙古华星新能源有限公司 40 亿立方米煤制天然气项目	拟建		108	52
	杭锦旗独贵特拉工业园区	新蒙能源内蒙古 40 亿立方米煤制气	拟建	碎煤加压＋粉煤气化	774.8	455.6

续表

地区	工业园	项目名称	状态	采用技术	高浓度 CO₂/万吨	中低浓度 CO₂/万吨
鄂尔多斯	伊金霍洛旗圣圆煤化工基地	内蒙古汇能鄂尔多斯煤制气一期	2014年投产	水煤浆气化	103.6	69.2
		内蒙古汇能鄂尔多斯煤制气二期	在建	水煤浆气化	414.4	276.8
榆林	榆林高新区	中石化榆林80亿立方米煤制气	拟建		2160	1040
陇东	宁县长庆桥工业集中区	宁县长庆桥40亿立方米/年煤制天然气项目	拟建		1080	520
已投产项目合计					103.6	69.2
拟建在建项目合计					6861.6	3711.2
合计					6965.2	3780.4

表 4-7　陕西、甘肃、宁夏、内蒙古地区主要运行、在建和拟建煤制油项目不同浓度 CO_2 排放统计

地区	工业园	项目名称	状态	采用技术	高浓度 CO₂/万吨	中低浓度 CO₂/万吨
鄂尔多斯	大路工业园	伊泰鄂尔多斯16万吨间接煤制油	2009年投产	水煤浆气化	48.32	32.32
		伊泰煤制油200万吨/年煤炭间接液化示范项目	拟建		63.4	28
		伊泰杭锦旗120万吨精细化学品项目	在建	粉煤气化+水煤浆气化	376.8	182.88
	伊金霍洛旗圣圆煤化工基地	神华鄂尔多斯108万吨直接煤制油	2008年投产	粉煤气化	342.36	151.2
		神华鄂尔多斯18万吨间接煤制油	2009年投产	水煤浆气化	57.06	25.2
宁东	宁东能源化工基地	神华宁煤400万吨/年间接液化项目	2016年投产	粉煤气化	1283.85	567
榆林	榆林高新区	延长榆林煤化15万吨煤制油	2015年投产	水煤浆气化	45.3	30.3
		兖矿榆林100万吨/年煤间接液化项目	2015年投产	水煤浆气化	302	202
已投产项目合计					2078.89	1008.02
拟建在建项目合计					440.2	210.88
合计					2519.09	1218.9

表 4-8　煤化工项目不同浓度碳排放量统计

序号	地区	已投产项目 CO₂ 排放量/万吨		在建、拟建项目 CO₂ 排放量/万吨	
		高浓度	中浓度	高浓度	中浓度
1	鄂尔多斯	1868.04	1081.92	4864.6	2661.28
2	榆林	1016.9	680.5	2839.7	1358.88
3	宁东	2040.35	927.95	312	105.6

续表

序号	地区	已投产项目 CO$_2$ 排放量/万吨		在建、拟建项目 CO$_2$ 排放量/万吨	
		高浓度	中浓度	高浓度	中浓度
4	陇东	74.4	49.8	1303.2	669.4
小计		4999.69	2740.17	9319.5	4795.16
		7739.86		14114.66	
总计		21854.52			

3. 区域内化工、石化厂碳排放源调查

区域内具有较大规模的油气企业是中石油和延长油田，中石化在鄂尔多斯盆地的作业产量较少。中石油整体下游炼化企业年碳排放量约 1 亿吨，东北地区约 5400 万吨，华北和西北约 4400 万吨。

中石油长庆油区碳排放 825 万吨，其中纯度较高的制氢驰放气为 236 万吨。问题在于，宁夏石化和兰州石化距离油田较煤化工企业远得多，长庆石化和庆阳石化可利用的碳源规模很小，据测算，气源成本高达 500 元/吨以上。因此，炼化企业碳排放在本区不宜作为主力气源。中石油长庆油田及周边炼化厂气源见表 4-9。

表 4-9　中石油长庆油田及周边炼化厂气源情况

炼化企业	燃料燃烧	催化剂烧焦	制氢	合计/万吨
长庆石化	60.1	0.6	21.1	81.8
庆阳石化	10.1	—	0	10.1
宁夏石化	157.5	24	57.9	239.4
兰州石化	336.3	0	157	493.3

二、油藏资源分布

鄂尔多斯盆地矿产资源丰富，石油资源量为 128.5 亿吨，天然气资源量为 15 万亿立方米，被称为"满盆气、半盆油"，鄂尔多斯盆地的油气勘探开发主要由中国石油、中国石化和延长石油等大型油气能源集团开展。

(一) 中国石油长庆油田

中国石油长庆油田的主营业务是在鄂尔多斯盆地及外围盆地进行石油天然气及共生、伴生资源和非油气资源的勘查、勘探开发和生产、油气集输和储运、油气产品销售等。油气勘探开发业务遍及陕西、甘肃、宁夏、内蒙古、山西五省区，勘探区域主要在陕甘宁盆地，勘探总面积约 37 万平方公里，矿产资源登记面积为 25.78 万平方公里，跨越 5 省区，登记地域范围包括 7 个盆地，占中国石油天然气股份有限公司总登记面积的

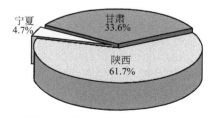

图 4-1　长庆油田探明地质储量
分省统计图

14%，位居中国石油第二位。长庆油田探明地质储量分省统计图见图4-1。

长庆油田油气勘探开发建设始于1970年，累计探明油气地质储量约48亿吨，其中95%的储量分布在陕西和甘肃两省，宁夏回族自治区约占5%。陕西、甘肃、宁夏、内蒙古地区中石油长庆油田油气资源情况简表见表4-10。

表4-10　陕西、甘肃、宁夏、内蒙古地区中石油长庆油田油气资源情况简表

公司	石油/亿吨	天然气/万亿立方米
中石油长庆油田	48	7

长庆油田发育两套含油层系：侏罗系主要发育古地貌油藏，已开发的马岭、元城、红井子等油田以延安组、直罗组油层为主。三叠系主要发育三角洲岩性油藏，已开发的安塞、靖安、西峰、姬塬、华庆等油田均以延长组为主。

长庆油田油藏具有"三低一发育"等典型特征：储层渗透率以0.1~2mD为主；油气藏压力系数偏低，多为0.7~0.85；石油资源丰度低（20~70）×10^4t/km^2。三叠系油藏地层油黏度为1~4mPa·s，侏罗系油藏为4~12mPa·s。储层整体非均质性强，储层孔隙结构复杂，微裂缝发育。

长庆油田油气储量快速增长，每年给国家新增一个中型油田，中国陆上最大产气区和天然气管网枢纽中心，原油产量占全国的1/10，天然气产量占全国的1/4。2009年长庆油田油气当量突破3000万吨，超过胜利油田成为国内第二大油气田，2011年长庆油田年产油气当量突破4000万吨，达到4059万吨。2012年，长庆油田全年累计生产原油2261万吨，生产天然气333亿立方米，折合油气当量超过4500万吨，自此成为中国内陆第一大油气田。在中国石油集团领导下，长庆油田加强科技攻关，形成了低渗透油田开发主体技术系列，2013年油气当量达到5000万吨。

长庆油田历年原油产量增长情况见图4-2。目前长庆油田年产油2500万吨左右。

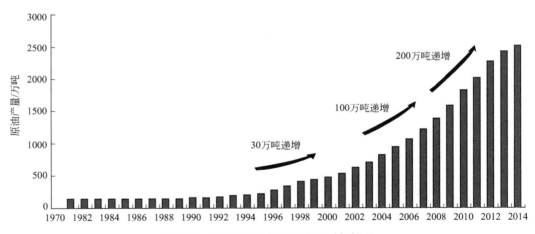

图4-2　长庆油田历年原油产量增长情况

(二) 中国石化华北公司

中国石化华北分公司在河南、陕西、甘肃、宁夏、内蒙古、山西和新疆等地拥有4

个油气生产基地、19 个生产科研单位，拥有"陕-蒙鄂尔多斯盆地北部大牛地气田""甘肃鄂尔多斯南部镇原-泾川地区油气勘查"等油气勘探开发执行区块 16 个，总面积 2.83 万平方公里，石油资源量 11.74 亿吨，天然气资源量 2.53 万亿立方米。

中石化华北油气分公司在鄂尔多斯盆地境内共有两大气田，分别是大牛地气田与东胜气田，其中大牛地气田包括乌审旗、伊金霍洛旗、榆阳区、神木市，东胜气田包括杭锦旗、东胜区、鄂托克旗、达拉特旗。2012 年，鄂尔多斯盆地大牛地气田已经成为中石化"大华北"地区（北京、河北、山东、河南及内蒙古等）的主要气源地。大牛地气田产能建设规模已达到 53.6 亿立方米/年，年销售量已达到 43 亿。天然气外输量根据季节进行调整，最大外输量为 1100 万立方米/天（伊旗和乌审旗两旗合计产量可达到 15 亿立方米），目前年产气 36 亿立方米左右。东胜气田目前已建成 5 亿立方米产能规模。2012 年中石化集团公司启动了中国石化鄂尔多斯致密油气增储上产会战，已建成 50 万吨原油、50 亿立方米天然气生产能力。目前中石化华北油气分公司产量以天然气为主，原油产量比较低。陕西、甘肃、宁夏、内蒙古地区中石化华北局油气资源情况见表 4-11。

表 4-11　陕西、甘肃、宁夏、内蒙古地区中石化华北局油气资源情况

公司	石油/亿吨	天然气/万亿立方米
中石化华北局	1.8	0.7

（三）陕西延长石油集团

陕西延长石油（集团）有限责任公司（简称"延长石油"）是集石油、天然气、煤炭等多种资源高效开发、综合利用、深度转化为一体的大型能源化工企业，隶属于陕西省人民政府。

延长石油源远流长，1905 年经清政府批准在陕西延长县创建"延长石油厂"，1907 年钻成中国陆上第一口油井，曾为中国革命和经济建设做出过重要贡献，被誉为"功臣油矿"，1944 年毛泽东同志题词"埋头苦干"予以鼓励。经过 1998 年和 2005 年两次重组，延长石油迈上了持续发展的快车道。2007 年原油产量突破千万吨大关；2010 年销售收入突破 1000 亿元；2013 年进入世界企业 500 强；2016 年完成油气当量 1127 万吨，生产化工品 459 万吨，年末总资产达到 3166 亿元，营业收入、财政贡献连续多年保持陕西省第一和全国地方企业前列。

陕西延长石油集团业务主要覆盖油气探采、加工、储运、销售、石油炼制、煤油气综合化工、煤炭与电力、工程设计与施工、技术研发与中试、新能源、装备制造、金融服务等领域。目前已形成原油生产能力 1275 万吨/年、炼油加工能力 1740 万吨/年、天然气产能 29 亿立方米/年、煤炭产能 800 万吨/年、化工品产能 500 万吨/年。特别是经过"十一五"和"十二五"的持续努力，探索走出了一条煤油气资源综合利用与深度转化的差异化、特色化发展道路，在特低渗透油气田勘探开发、煤油气资源综合利用、节能环保等领域掌握了一批国际国内领先的前瞻性创新技术，建成投产了全球首套煤油气资源综合化工园区、全球首套煤油共炼和合成气制乙醇等多个工业示范项目，正在开展多项高端能源化工技术中试和示范，基本形成综合型能源化工产业格局，成为保障国家能源供应的重要力量和地方经济发展的重要支柱。延长油田油气资源情况见表 4-12。

表 4-12　陕西延长石油集团油气资源情况

公司	石油/亿吨	天然气/万亿立方米	煤炭/亿吨
延长油田	30	0.5	150

我国低渗透油藏单井产量低、递减快，投资成本增幅明显，开采效益面临很大压力；主力油田处于低采出、中高含水阶段，水驱开发形势严峻，稳产基础薄弱；能量补充方式比较单一，缺乏有效开发接替方式和明确的提高采收率对策。低渗透油田大幅度提高采收率是迫切需要解决的重大技术难题。大力发展 CO_2 驱油技术，有望大幅度提高低渗透油藏采收率和开发水平，为油田开发业务做贡献。

第三节　二氧化碳驱油藏筛选方法

全球实施 CO_2 驱油与埋存项目累计超过 180 项，基本上所有注气油藏都取得了不同程度增油效果，并相继产生了一批气驱油藏筛选推荐的实用标准，如 Geffen、NPC、Carcoana 等提出的标准。这些标准均立足于实现混相驱技术目的。虽有学者探讨了气驱经济性问题，但研究结果不具有普适性。美国 80% 的 CO_2 驱油藏渗透率低于 50mD，中国自 2000 年以来约 71% 的陆上气驱项目亦针对低渗透油藏。理论分析和注气实践还表明，低渗透油藏注气多组分数值模拟预测结果误差往往超过 50%，造成利用数值模拟详细评价注气可行性的环节失效。

国内注气项目更易出现不经济的问题，故有必要完善现有气驱油藏筛选标准。引入一种反映 CCUS 项目整个评价期经济效益的经济极限气驱单井产量新类型，结合低渗透油藏气驱见效高峰期单井产量预测油藏工程方法，得到适合 CO_2 驱的低渗透油藏筛选新方法[5]。

一、气驱见效高峰期产量预测

第三章第一节根据采收率等于波及系数和驱油效率之积这一油藏工程基本原理建立气驱采收率计算公式，并利用采出程度、采油速度和递减率的相互关系，通过引入气驱增产倍数概念得到了低渗透油藏气驱产量预测普适方法。低渗透油藏气驱增产倍数被定义为见效后某时间的气驱产量与"同期的"水驱产量水平之比（即虚拟该油藏不注气，而是持续注水开发）。在气驱增产倍数的严格计算公式(3-18)中，权值 ω 反映了剩余油分布的均匀性，剩余油分布越均匀，ω 越大；对于采出程度很低的油藏和高采出程度的成熟油藏，剩余油分布总体上是均匀的，推荐 $\omega=1.0$。由此得到，低渗透油藏气驱增产倍数工程计算方法如下：

$$\begin{cases} F_{gw} = \dfrac{Q_{og}}{Q_{ow}} = \dfrac{R_1 - R_2}{1 - R_2} \\ R_1 = E_{Dgi}/E_{Dwi}, R_2 = R_{e0}/E_{Dwi} \end{cases} \quad (4\text{-}1)$$

式中，F_{gw} 为低渗透油藏气驱增产倍数；Q_{og} 为某时间气驱产量水平，m^3/d；Q_{ow} 为同期的水驱产量水平，m^3/d；R_1 为气、水初始驱油效率之比；R_2 为转气驱时广义可采储量采出程度；E_{Dgi} 为气的初始（油藏未动用时）驱油效率；E_{Dwi} 为水的初始驱油效率；R_{e0} 为转驱时采出程度。

根据气驱增产倍数定义，欲知气驱见效高峰期或稳产期产量，须知该时期的水驱产量；注气之前水驱产量是已知的，若已知水驱递减规律即可计算出相应于气驱见效高峰期的水驱产量；中国低渗透油藏水驱开发已近 30 年，积累了丰富经验，可借鉴同类型油藏水驱递减规律（指数递减）。假设注气之前 1 年内的水驱单井产量水平为 q_{ow0}，水驱产量年递减率 D_w，从开始注气到见效时间为 t，则气驱见效高峰期单井产量为：

$$q_{ogs} = F_{gw} q_{ow0} e^{-D_w t} \approx F_{gw} q_{ow0} (1 - D_w t) \quad (4\text{-}2)$$

式中，q_{ogs} 为气驱见效高峰期单井产量，t/d；q_{ow0} 为注气之前 1 年内水驱单井产量，t/d；D_w 为水驱产量年递减率；t 为从开始注气到注气见效的时间，年。

国内外低渗透油藏 CO_2 驱实践表明，从开始注气到见气见效所需时间通常为数月或 1 年左右，又由于注气能够补充早期地层压力，可忽略从注气到见气见效的递减，则上式简化为：

$$q_{ogs} = F_{gw} q_{ow0} \quad (4\text{-}3)$$

式（4-3）预测低渗透油藏注气见效高峰期产量的方法得到了国内外 30 个注气实例的验证（见图 4-3）。特低渗或一般低渗油藏小井距和扩大井距试验、混相和非混相驱生产动态均符合该理论。气驱增产倍数概念为在理论上把握气驱产量提供了油藏工程方法依据。

式（4-3）中的产量项对时间求导数有：

$$\frac{dQ_{og}}{dt} = F_{gw} \frac{dQ_{ow}}{dt} \quad (4\text{-}4)$$

式（4-4）表明，气驱产量递减特征类

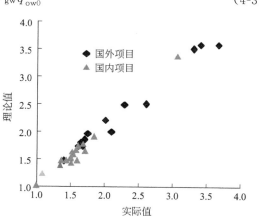

图 4-3　30 个油藏的气驱增产倍数对比

似于水驱，并且气驱产量随时间绝对递减率为水驱产量绝对递减率的常数倍，即气驱增产倍数。当然，递减率也可根据矿场注气经验得到。

二、CO_2 驱经济极限单井产量确定

并非所有油藏注气都能产生经济效益。CO_2 驱油经济极限单井产量指气驱产能建设、生产经营投入与产出现值相等时的稳产期平均单井日产油水平，利用技术经济评价

方法得到。该经济极限产量并非人为调整油井工作制度得到的一个开发技术界限，而是整个项目盈亏平衡时对气驱见效高峰期油井生产能力的要求。对于成熟的气驱油藏管理，见气见效后不应该出现产量大的波动，见效高峰期和稳产年限基本是一致的。将 CO_2 驱见效高峰期持续时间视作稳产年限，CO_2 驱见效高峰期产量即为稳产产量。

记 CO_2 驱项目稳产年限为 T_s，假设试验区年产油按指数递减，则评价期内销售总收入为：

$$I_{c1} = \sum_{j=1}^{T_c} (P_o \alpha_o Q_o r_{co})_j (1+i)^{-j} + \sum_{j=T_c+1}^{T_c+T_s} (P_o \alpha_o Q_o)_j (1+i)^{-j}$$
$$+ \sum_{j=T_c+T_s+1}^{n} [P_o \alpha_o Q_o e^{-(j-T_c-T_s)D_g}]_j (1+i)^{-j} \tag{4-5}$$

式中，T_s 为稳产年限，年；I_{c1} 为评价期销售总收入，元；j 为 CO_2 驱项目实施时间，年；T_c 为 CO_2 驱项目建设期，年；P_o 为油价，元/t；α_o 为原油商品率；Q_o 为稳产期内试验区块的整体年产油量，t；r_{co} 为建设期与稳产期的年产油之比；i 为折现率；n 为项目评价期，年；D_g 为气驱产量年递减率。

若 CO_2 驱生产经营吨油成本为 P_m，则总成本为：

$$O_{c1} = \sum_{j=1}^{n} (P_m \alpha_o Q_o)_j (1+i)^{-j} \tag{4-6}$$

式中，O_{c1} 为生产经营总成本，元；P_m 为 CO_2 驱吨油成本，元。

若平均单井固定投资 P_w（含钻井、CO_2 驱注采工程、地面工程建设与非安装设备投资等），并将偿还期利息纳入经营成本，则固定投资贷款及建设期利息为：

$$O_{c2} = \sum_{j=T_c+1}^{T_c+T} \frac{10000 n_{ow} P_w (1+i_0)^{T_c}}{T} (1+i)^{-j} \tag{4-7}$$

式中，O_{c2} 为固定投资贷款及建设期利息，元；T 为固定投资贷款偿还期，年；n_{ow} 为注采井总数，口；P_w 为单井固定投资，万元；i_0 为固定投资贷款利率。

记固定资产残值率为 r_f，则回收固定资产余值为：

$$I_{c2} = r_f n_{ow} P_w (1+i)^{-n} \tag{4-8}$$

式中，I_{c2} 为回收固定资产余值，元；r_f 为固定资产残值率。

流动资金是 1 年或一个营业周期内变现或运用的资产，占比很小且开发前期花费的流动资金要在后期回收，分析时可不计流动资金。原油销售税金包括增值税、城市维护建设税和教育费附加，油气资源税业已改为从价计征。基于油价的综合税率记为 r_t，则应缴纳原油销售税金 O_{c3} 为：

$$O_{c3} = r_t I_{c1} = \sum_{j=1}^{n} (r_t P_o \alpha_o Q_o)_j (1+i)^{-j} \tag{4-9}$$

此外，上缴的石油特别收益金总额为：

$$O_{c4} = \sum_{j=1}^{n} (P_s \alpha_o Q_o)_j (1+i)^{-j} \tag{4-10}$$

式中，O_{c4} 为石油特别收益金总额，元；P_s 为吨油资源税和特别收益金，元。

将扣除各种税金、特别收益金和吨油操作成本的油价称为净油价 P_{oe}，则：

$$P_{oe}=(1-r_t)P_o-P_s-P_m \tag{4-11}$$

注气项目评价期内总收入为原油销售收入与回收固定资产余值之和；总支出包括生产经营总成本、固定投资及利息、总销售税金、资源税和石油特别收益金。总利润净现值（NPV）等于总收入减去总支出：

$$NPV=(I_{c1}+I_{c2})-(O_{c1}+O_{c2}+O_{c3}+O_{c4}) \tag{4-12}$$

当油藏注气效果差，产量低至一定水平时，总利润净现值将变为零，此时的产量为经济极限产量，即：

$$NPV(Q_{oel})=0 \tag{4-13}$$

联立式(4-5)～式(4-13) 得经济极限气驱产量：

$$Q_{oel}=\frac{P_w\left[\dfrac{(1+i_0)^{T_c}}{T}\displaystyle\sum_{j=T_c+1}^{T_c+T}(1+i)^{-j}-r_f(1+i)^{-n}\right]}{0.0001\alpha_o\psi/n_{ow}} \tag{4-14}$$

其中：$\psi=\displaystyle\sum_{j=1}^{T_c}P_{oe}r_{co}(1+i)^{-j}+\sum_{j=T_c+1}^{T_c+T_s}P_{oe}(1+i)^{-j}+\sum_{j=T_c+T_s+1}^{n}P_{oe}e^{-D_g(j-T_c-T_s)}(1+i)^{-j}$

若注采井总数和生产井数之间关系为：

$$n_{ow}=n_o(\lambda+1) \tag{4-15}$$

经济极限单井日产油量记为 q_{ogel}，则：

$$Q_{oel}=365n_oq_{ogel} \tag{4-16}$$

联立式(4-14) 和式(4-16) 可得 CO_2 驱经济极限单井日产油量计算模型：

$$q_{ogel}=\frac{P_w\left[\dfrac{(1+i_0)^{T_c}}{T}\displaystyle\sum_{j=T_c+1}^{T_c+T}(1+i)^{-j}-r_f(1+i)^{-n}\right]}{0.0365\alpha_o\psi/(1+\lambda)} \tag{4-17}$$

式中，Q_{oel} 为试验区经济极限年产油，t；n_o 为油井数，口；λ 为注采井数比；q_{ogel} 为气驱经济极限单井产量，t/d。

将气源价格从生产经营成本中分离出来并考虑产出气分离与循环注入，以体现气驱特点。若 CO_2 驱换油率为 u_s，循环注入 CO_2 在产出气中体积分数为 y_c，则吨油成本为：

$$P_m=\left(u_s-\frac{y_cGOR}{520}\right)P_g+P_{mw} \tag{4-18}$$

式中，u_s 为 CO_2 驱换油率，即采出1t 油所须注入的 CO_2 质量，t/t；P_g 为气价，元/t；P_{mw} 为扣除气价的吨油成本，元；GOR 为气油比，m^3/m^3。

随着油田开发的延续，生产气油比和综合含水上升，吨油耗气量、耗水量、脱水量、管理工作量均不断增大，导致吨油操作成本增加且构成复杂化，扣除气源价格的吨油操作成本亦递增。

评价期末回收固定资产残值通常不足原值的 3.0%，予以忽略。根据等比数列求和公式及二项式定理可简化式(4-16)，并有方程组：

$$\begin{cases} q_{ogel} = \dfrac{(\lambda+1)P_w(1+i_0 T_c)}{0.0365\alpha_o \psi[1+i(T_c+1)]} \\ P_{oe} = (1-r_t)P_o - P_s - \left[\left(u_s - \dfrac{y_c GOR}{520}\right)P_g + P_{mw}\right] \end{cases} \tag{4-19}$$

折现率取值越大，应用式(4-19)算出的经济极限单井产量越高；折现率至少应为行业内部收益率，目前为 12.0%，建议取 14%。还须指出，对于已收回水驱产能建设投资油藏，可采用总量法确定气驱单井投资；未收回投资油藏用增量法确定。

根据国内外注气经验，15 年评价期内换油率取 3.0t/t 的中等偏上水平，建设期按 1 年计，不同开发阶段生产指标具有不同变化趋势，所有注气油藏都可以划分为未动用-弱动用油藏注气类型、水驱到一定程度油藏注气类型和水驱成熟油藏注气类型 3 种类型。按最新财税政策利用式(4-18)计算了未动用-弱动用油藏、水驱到一定程度油藏、水驱成熟油藏。

① 未动用-弱动用油藏，其特征是未注水或注水时间短，含水尚未进入规律性快速升高阶段即开始注气，其 CO_2 驱油经济极限单井产量简化算法（相对误差绝对值为 4.7%）为：

$$q_{ogel} = \frac{P_w}{4000}[23D_g + 17e^z + 0.3x^2 + 1.6x + (6\lambda - 1.3)e^h] \tag{4-20}$$

② 水驱到一定程度油藏，特征是注水数年，含水已步入规律性快速升高阶段开始注气，其 CO_2 驱油经济极限单井产量简化算法（相对误差绝对值为 4.4%）为：

$$q_{ogel} = \frac{P_w}{3600}[37D_g + 15e^z + 0.3x^2 + 1.6x + (6\lambda - 1.3)e^h] \tag{4-21}$$

③ 水驱成熟油藏，特征是注水开发多年，含水规律性升高阶段结束后开始注气，其 CO_2 驱油经济极限单井产量简化算法（相对误差绝对值为 4.8%）为：

$$q_{ogel} = \frac{P_w}{3200}[50D_g + 13e^z + 0.3x^2 + 1.6x + (6\lambda - 1.3)e^h] \tag{4-22}$$

式中，$x = (0.01P_{mw} + 0.028P_g - 0.0036P_o)(1 + D_g)$；$h = 0.0015P_{mw}$；$z = 0.418 - 0.0001P_o$。

上述 3 个简化公式在 3300 元/t$<P_o<$4800 元/t（相当于油价 70~110 \$/bbl，更低油价难以保证国内大多数低渗透油藏 CO_2 驱油效益开发）、0.05$<D_g<$0.30、1100 元/t$<P_{mw}+2.8P_g<$2300 元/t 这一很宽的范围内均适用。由于评价期内扣除气价的吨油成本一般要高于 500 元，国内 CO_2 价格通常超过 200 元/t，则 CO_2 驱油吨油成本将超过 1100 元；经计算，吨油成本高于 2300 元时，3 类油藏经济极限单井日产油量须达 6t 才有经济效益，如此高的 CO_2 驱油单井产量在国内低渗油藏很难遇到，故将 CO_2 驱油吨油操作成本上限设为 2300 元。

三、CO_2 驱油藏筛选新方法

1. CO_2 驱低渗透油藏筛选新指标

将注气见效高峰期持续时间视作稳产年限，注气见效高峰期产量即为稳产期产量。当气驱见效高峰期产量低于经济极限产量时，即无经济效益，由此引出判断 CO_2 驱项目可行性的新指标。

若低渗透油藏 CO_2 驱见效高峰期单井产量高于 CO_2 驱经济极限单井产量，即：

$$q_{ogs} > q_{ogel} \tag{4-23}$$

将式(4-3) 代入式(4-23)，可得：

$$q_{ow0} > q_{ogel}/F_{gw} \tag{4-24}$$

式(4-23) 表明，欲实现有经济效益的气驱开发，注气之前的水驱产量必须足够高，这意味着油藏物性、原油重度和含油饱和度不能同时过低。在应用式(4-23) 时，若不能确定混相程度，建议按混相情形计算气驱增产倍数。适合注气低渗透黑油油藏 CO_2 混相驱油效率取 80%，水驱油效率通常在 46%～57% 的范围。

2. CO_2 驱低渗透油藏筛选新方法

Taber 曾指出"筛选标准的作用在于从大量油藏中粗略地筛选出更适合注气者，以节省油藏描述和经济评价的昂贵费用"，其所指粗略筛选以现有标准为依据。当出现新的筛选指标时，可发展上述认识。我们建议国内注气区块筛选应遵循如下程序。

① 初次筛选或技术性筛选。主要关注油藏条件下实现混相驱和注气建立有效注采压力系统可能性，着重考查油藏流体性质和储集层物性等静态指标，初次筛选沿用现有筛选标准（见表 4-13）。

表 4-13　CO_2 驱油藏初次筛选标准

油藏参数	建议取值
深度/m	＞800
温度/℃	＜121
原始地层压力/MPa	＞8.5
绝对渗透率/mD	＞0.5
地面原油密度/(g/cm³)	＜0.89
地层油黏度/mPa·s	＜6
含油饱和度/%	＞35

② 二次筛选或经济性筛选。仅针对通过初次筛选油藏进行，主要关注混相驱开发经济效益问题，着重考查气驱经济极限单井产量和气驱见效高峰期单井产量，筛选标准为式(4-24)。其中，气驱见效高峰期单井产量用式(4-3) 预测；气驱经济极限单井产量算法用式(4-19) 计算，应用时须严格二次筛选指标，比如采用较高递减率和单井投资，确保注气经济效益。

③ 可行性精细评价。对象为通过二次筛选的油藏，主要任务是进行油藏描述（着

重研究注采连通性）、数值模拟和油藏工程综合研究，编制注气方案，全面获得注气工程参数和经济指标，精细评价备选区块的注气可行性。

④ 最优注气区块推荐。主要任务是组织相关学科专家审查③中各区块的注气方案，论证并推荐最适合注气的区块。

通过上述 4 个步骤，确保最终筛选的注气方案的经济可行性，这一程序可被命名为"注气区块 4 步筛查法"。目前的气驱油藏筛选方法缺少第 2 个步骤，即经济性筛选，在现行体制及技术水平下很容易造成注气选区失误。

四、应用示例

1. 初次筛选

近年来，中国石油在吉林油田开展了 CO_2 驱先导试验和扩大试验，目前处于工业化应用阶段，并拟在某地区 17 个区块推广 CO_2 驱技术。根据采出程度和油藏物性差别，将 17 个区块分为 5 种类型，5 类油藏同属正常温压系统，原油密度在 $0.855 \sim 0.870 \text{g/cm}^3$，代表性试验区分别为 F48、H59、H79 南、H79 北和 H46。

根据初次筛选标准（表 4-14），5 类油藏均适合 CO_2 驱，覆盖地质储量 2879 万吨。

表 4-14 初次筛选所需油藏静态参数

油藏分类	代表性试验	埋深/m	渗透率/mD	含油饱和度/%	地层油黏度/mPa·s	油藏温度/℃	地质储量/万吨	采出程度/%
Ⅰ	F48	1700～1850	0.7～1.1	53.0～55.0	3.0～4.0	85.1	530	0～1.0
Ⅱ	H59	2200～2500	1.5～5.0	54.0～56.0	2.0～2.5	98.9	508	3.0～4.8
Ⅲ	H79 南	2100～2500	4.0～15.0	50.0～53.0	2.0～2.4	97.3	425	9.0～12.0
Ⅳ	H79 北	2100～2400	4.0～12.0	45.5～49.5	2.2～2.6	94.2	690	20.0～22.0
Ⅴ	H46	2100～2350	5.0～20.0	45.0～47.5	2.2～2.7	97.8	726	25.0～27.0

2. 二次筛选

（1）CO_2 驱经济极限单井产量计算

首先根据待评价油藏含水所处阶段判断属于哪种油藏注气类型，并选择相应的经济极限单井产量计算公式。Ⅰ类和Ⅱ类油藏采出程度低于 5.0%，未注水或注水时间很短，油藏含水尚未进入上升阶段，属于未动用-弱动用油藏，应选择式(4-20)计算 CO_2 驱经济极限单井产量；Ⅲ类油藏采出程度在 10% 左右，已注水开发 4 年多，含水正处于规律性快速升高阶段，属于水驱到一定程度油藏，应选择式(4-21)计算 CO_2 驱经济极限单井产量；Ⅳ类和Ⅴ类油藏采出程度高于 20%，属于水驱成熟油藏，应选择式(4-22)计算 CO_2 驱经济极限单井产量。

以Ⅰ类油藏为例说明计算 CO_2 驱经济极限单井产量的过程。在 CO_2 驱工业化推广阶段须建立完善循环注气和集输系统，实现 CO_2 零排放，确保安全生产。测算Ⅰ类油藏单井固定投资 400×10^4 元；Ⅰ类油藏扣除气价的吨油成本 667 元，CO_2 价格 240 元/t；油价按 4180 元/t（95 美元/桶）；注采井数比 0.28，年递减率为 0.18。将扣除气价的吨油成本、气价、油价、递减率、单井固定投资、递减率和注采井数比代入式 (4-20)，可计算出Ⅰ类油藏 CO_2 驱经济极限单井产量为 2.05t/d。同理可得到其余 4 类油藏的 CO_2 驱经济极限单井产量（见表 4-15）。

表 4-15　二次筛选经济极限单井产量计算结果

油藏分类	注采井数比	单井固定投资/万元	年递减率	扣除气价吨油成本/元	经济极限单井产量/(t/d)
Ⅰ	0.28	400	0.18~0.25	667	2.05
Ⅱ	0.30	450	0.18~0.25	640	2.31
Ⅲ	0.32	340	0.15~0.20	790	2.13
Ⅳ	0.32	280	0.12~0.15	905	2.06
Ⅴ	0.32	280	0.08~0.12	993	2.11

（2）气驱见效高峰期单井产量预测

仍以Ⅰ类油藏为例说明计算气驱高峰期单井产量的过程。首先计算气驱增产倍数。将 CO_2 驱油效率 80.0%、水驱油效率 48.0% 和采出程度 1.0% 代入式(4-1) 可求得气驱增产倍数为 1.68。由于Ⅰ类油藏注气之前 1 年内平均单井产量为 0.7~1.1t/d（见表 4-16）。据式(4-3)，气驱见效高峰期单井产量为 1.17~1.85t/d。同理可得到其他 4 类油藏 CO_2 驱见效高峰期单井产量。

表 4-16　二次筛选气驱高峰期单井产量与经济性筛选结果

油藏分类	驱油效率/%		气驱增产倍数/f	单井产量/(t/d)			经济可行性
	水驱	CO_2 混相驱		注气前	气驱高峰期	经济极限	
Ⅰ	48.0	80.0	1.67~1.68	0.7~1.1	1.17~1.85	2.05	不可行
Ⅱ	55.0	80.0	1.49~1.50	2.5~2.8	3.75~4.20	2.31	可行
Ⅲ	55.1	80.0	1.54~1.58	1.7~2.0	2.61~3.16	2.13	可行
Ⅳ	55.2	80.1	1.71~1.75	1.0~1.1	1.71~1.93	2.06	不可行
Ⅴ	55.5	80.3	1.81~1.87	0.8~1.0	1.68~1.87	2.11	不可行

（3）气驱经济可行性判断

根据气驱油藏筛选新指标即式(4-24) 即可判断各类油藏推广 CO_2 驱可行性：Ⅰ类、Ⅳ类和Ⅴ类油藏经济极限单井产量高于油藏工程预测高峰期单井产量，注气将没有经济效益，不宜实施 CO_2 驱；仅Ⅱ类和Ⅲ类区块可推广 CO_2 驱，且以Ⅱ类区块最为适合，二次筛选得到适合 CO_2 驱地质储量为 933 万吨，仅为初次筛选结果的 32.4%。

选择通过二次筛选的区块进行注气可行性精细评价，编制注气方案，组织专家委员会论证注气参数和生产指标合理性，并推荐最适合 CO_2 驱的区块。根据上述"注气区块 4 步筛查法"可选出 H59 和 H79 南 2 个区块。注气实践证明，两区块注气效果在 5 个代表性注气试验中为最好。根据以上论述知道，现有气驱筛选标准缺乏判断注气是否具有经济效益的指标，低渗透油藏气驱数值模拟预测结果不可靠。气驱见效高峰期单井产量可通过气驱增产倍数乘以注气之前 1 年内水驱单井产量得到。气驱经济极限单井产量是评价期内整个注气项目盈亏平衡时对气驱见效高峰期油井生产能力的要求。若油藏工程预测气驱见效高峰期单井产量低于经济极限气驱单井产量，则目标油藏不适合注气。欲实现有经济效益的气驱开发，注气前的水驱产量必须足够高。

推荐的气驱油藏筛选方法为："技术性筛选—经济性筛选—可行性精细评价—最优注气区块推荐"。该"气驱油藏 4 步筛查法"适合中国油藏特点。应用结果显示，根据新方法所得 CO_2 驱潜力与传统筛选方法的结果大不相同。建议按照新方法选择注气区块，提高试验成功率，增加注气在效益开发低渗透油藏方面的信心。

第四节　驱油类CCUS资源潜力评价

利用上一节的方法评价了区域内中石油、中石化、延长石油所属油田 CO_2 驱油与封存的油藏资源潜力。

一、中国石油所属油田二氧化碳驱油与封存潜力

长庆油田目前成功开发油田 33 个、气田 11 个，油气当量已经连续六年保持在5000 万吨以上。截至 2018 年底，累计向国家贡献石油 3.4 亿吨、天然气 3828.5 亿立方米，折合当量 6.45 亿吨。2018 年长庆油田生产原油 2377 万吨，生产天然气 387.5 亿立方米，油气当量达到 5465 万吨，是目前我国天然气产量最高、油气当量最高的油气田。西气东输、陕京线等 10 条主干线在长庆交汇，是我国天然气的中心枢纽，承担着向京津冀、周边省区等 40 多个大中城市供气任务。截至 2017 年底，长庆油田累计探明石油地质储量 48 亿吨，天然气探明储量 7 万亿立方米。长庆油田整体采出程度约 9%，采油速度约 0.6%，油田平均单井产量为 1.52t/d。

(一) 技术可行潜力

根据初筛选标准，长庆油田有望得到较高混相程度且可建立有效注采压力系统的技术可行潜力为 21.5 亿吨。美国 CO_2 驱项目平均地层油黏度为 1.2mPa·s，80% 的项目不到 2.0mPa·s，建议长庆油田实施 CO_2 驱仍针对地层油黏度低于 2mPa·s 的油藏，确保实现混相驱，达到好的驱油技术效果。

在技术可行潜力中，单井产量低于 2.0t/d 者占 62.7%，单井产量低于 1.0t/d 者占18.8%。整体上，长庆油田有提高单井产量的空间和需求。以上技术可行潜力主要分布在靖安、姬塬、西峰、安塞、镇北、胡尖山等油田。

长庆油田 CO_2 驱技术可行潜力分布见图 4-4。

(二) 经济可行潜力

将注气见效高峰期持续时间视作稳产年限，注气见效高峰期产量即为稳产期产量。

当产量递减率确定时，气驱项目评价期经济效益就取决于稳产产量；盈亏平衡时稳产期产量即为经济极限产量。若低渗透油藏气驱见效高峰期单井产量高于经济极限产量，则注气项目可行。欲实现有经济效益气驱开发，注气前水驱单井产量须足够高。通过计算反映整个项目盈亏平衡情况的经济极限单井产量，并与气驱见效高峰期（稳产期）单井产量计算方法进行对比，可以确定规模化应用条件下的经济可行潜力。

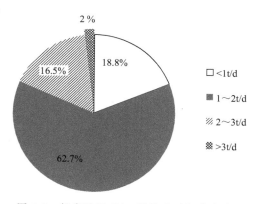

图 4-4　长庆油田 CO_2 驱技术可行潜力分布

目前长庆油田注气试验用 CO_2 价格高于 500 元/吨。假设将来实现管道输送，井口气价按 200 元/t，换油率按 $3.0 tCO_2/t$ 油，则气驱经济极限单井产量为 1.7～3.6t/d。气驱增产倍数为 1.52～1.81，气驱见效高峰期单井产量为 0.86～6t/d。据经济性筛选指标，经济可行 CO_2 驱潜力约为 11.5 亿吨。经济性潜力主要分布在靖安、姬塬、西峰、安塞、镇北等油田。

(三) 碳地质封存潜力

长庆油田具有经济性的油藏潜力区域的采油速度约为 0.8%，综合含水率约 57%。针对油藏条件较好的经济性油藏潜力进行 CO_2 同步埋存潜力评价[6-8]。截至 2050 年可累积封存 3.69 亿吨 CO_2，累积埋存率为 73.4%，埋存系数为 0.385，年注气峰值近 3000 万吨。如果国家给予重大政策支持，21.5 亿吨技术可行潜力全部转化为经济潜力，则碳封存潜力可达到 6.9 亿吨。

长庆油田潜力区的 CO_2 驱年产油情况和气油比变化见图 4-5，长庆油田潜力区的 CO_2 驱年产油和年产气变化见图 4-6，长庆油田潜力区的同步埋存量测算见图 4-7。

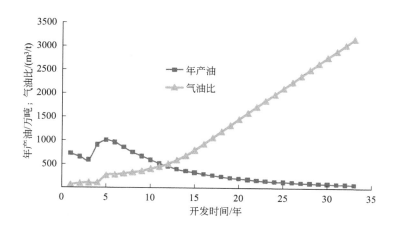

图 4-5　长庆油田潜力区的 CO_2 驱年产油和气油比变化情况

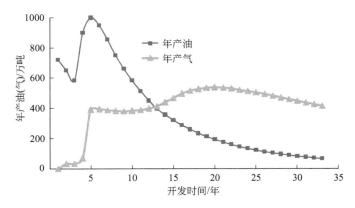

图 4-6   长庆油田潜力区的 CO_2 驱年产油和年产气变化

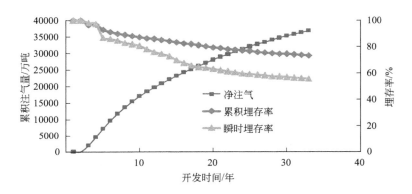

图 4-7   长庆油田潜力区的同步埋存量测算

二、延长石油所属油田二氧化碳驱油与封存潜力

陕西延长石油（集团）有限责任公司（简称延长石油）是集石油、天然气、煤炭等多种资源一体化综合开发、深度转化利用的大型能源化工企业。延长石油结合自身资源、技术和地质优势，开展 CCUS 工作，将"碳减排—碳捕集—碳驱油—碳封存"融为一体，得到了广泛认可。

延长石油地处鄂尔多斯盆地，拥有丰富煤炭、石油、天然气等资源，在同一地域立体并存，为新型碳减排和利用创造了条件。在中美气候变化工作组框架下，延长石油集团建设 100 万吨 CCUS 示范项目初步方案已经国家发改委组织的专家评审，项目调研报告编制工作现全面启动。计划到 2020 年将建成国内首个 100 万吨级 CCUS 示范项目，为我国在全球应对气候变化谈判中争取话语权。延长石油的 CCUS 示范项目已受到国家发改委和美国能源部高度评价，被列入 2015 年《中美元首气候变化联合声明》，由中美双方合作建设。2015 年，延长石油靖边 CCS 项目通过了碳封存领导人论坛（CSLF）的国际认证，成为中国第一个独立得到认证的 CCS 项目。2016 年 6 月 2 日至 3 日，中美气候变化工作组第三届碳捕集、利用和封存研讨会在西安举行，加快推进中美合作建设陕西延长石油集团 100 万吨 CCUS 示范项目，标志着该项目国际化合作迈上新台阶。

延长石油集团开展 CCUS 项目以来，分别在靖边、吴起油区建成两处 CO_2 注入站，注入规模达到 5 万吨/年。投运以来，地面工程设备运转良好，已掌握了 CO_2 输送及注入封存的地面工艺技术，为以后大规模开展 CO_2 驱提高采收率提供了技术支持。CCUS 项目的开展，不但提高了原油采收率，还减少了 CO_2 排放，取得了良好效益。

(一) 技术可行潜力

通过对比前述技术筛选推荐标准，延长油田埋深超过 1000m，有望得到较高混相程度且有望建立注采压力系统的技术可行的地质储量为 15.4 亿吨，0.5~10mD 占比 93.8%，单井产量 1t/d 以上储量占 28.6%，4mPa·s 以下易混相储量为 70%。有望实现混相驱的技术可行潜力主要分布在志丹、吴起、定边等厂县，占比 81.6%。其他厂矿占 18.4%，见图 4-8。

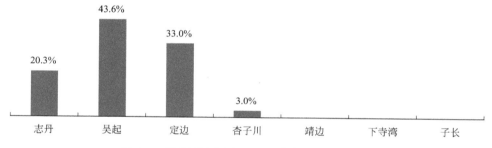

图 4-8　延长石油集团 CO_2 驱技术可行潜力占比

(二) 经济可行潜力

实现有经济效益气驱开发，注气前水驱单井产量须足够高。根据本章第三节介绍的经济性油藏资源评价方法，通过计算反映整个项目盈亏平衡情况的经济极限单井产量，并与气驱见效高峰期（稳产期）单井产量计算方法进行对比，可以确定经济可行潜力。油价 65 美元/桶，井口气价为 200 元/t，CO_2 驱单井固定投资为 150 万元，CO_2 驱经济极限单井产量为 1.14t/d，经济可行潜力为 8.5 亿吨。吴起、定边和志丹三个采油厂占比 97%，吴起、定边以超低渗为主，油品好，埋深较大，实施 CO_2 驱更为有利。

(三) 碳地质封存潜力

针对油藏条件较好的经济性油藏潜力（约 8.5 亿吨）进行评价。截至 2050 年可累积封存 2.36 亿吨 CO_2，累积埋存率为 76.5%，埋存系数为 0.51，年注气峰值为 1500 万吨。如果国家给予重大政策支持，15 亿吨技术可行潜力全部转化为经济潜力，则碳封存潜力可达到 4.5 亿吨，年注气峰值为 2800 万吨。

2018 年陕西省碳排放量约为 1.8 亿吨，碳排放增加速度追平 GDP 增速，GDP 增加速度按 10% 测算，则年碳排放增加约 1300 万吨。那么，根据经济潜力整体实施的情况，延长油田基本上可以消纳陕西省每年的碳排放增量。

延长油田潜力区的 CO_2 驱年产油情况和气油比变化见图 4-9，延长油田潜力区的 CO_2 驱年产油和年产气变化见图 4-10，延长油田潜力区的同步埋存量测算见图 4-11。

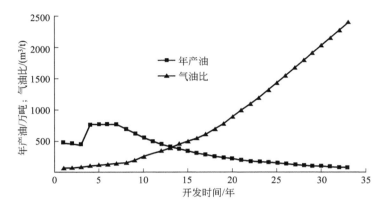

图 4-9　延长油田潜力区的 CO_2 驱年产油和气油比变化情况

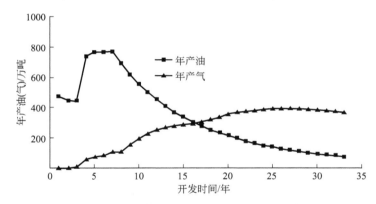

图 4-10　延长油田潜力区的 CO_2 驱年产油和年产气变化

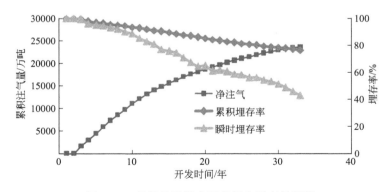

图 4-11　延长油田潜力区的同步埋存量测算

三、中国石化所属油田二氧化碳驱油与封存潜力

区域内中国石化华北分公司以天然气业务为主，目前天然气探明储量近万亿立方

米，2019 年天然气产量约 43 亿立方米。本次 CCUS 百万吨级工程项目可行性研究以驱油利用为主要方向，中国石化华北分公司区域内探明石油地质储量相对较少，2019 年原油产量不到 20 万吨，故本次暂不将其作为主要对象进行详细评价。

综上分析，鄂尔多斯盆地 CCUS 技术可行油藏资源潜力 36.9 亿吨，经济潜力 18.1 亿吨，有望建成千万吨级 CO_2 驱生产能力，CCUS 在鄂尔多斯盆地具有比广阔的产业前景。

四、鄂尔多斯盆地 CCUS 潜力巨大

鄂尔多斯盆地结构稳定、构造简单、断层最不发育，是我国陆上实施 CO_2 地质封存最有利和最安全的地区之一。据评价，鄂尔多斯盆地深部奥陶系灰岩盐水层可封存 CO_2 达数十亿吨，盆地内盐水层总封存量可达数百亿吨[9,10]；盆地内中石油、延长石油和中石化三大石油公司 CO_2 驱油技术可行潜力约 37 亿吨，油藏 CO_2 封存量有望达到 10 亿吨规模。鄂尔多斯盆地具有很大的 CCUS 潜力。从第二章可知，目前我国驱油类 CCUS 理论和技术基本成熟配套。未来 5～10 年是开展 CCUS-EOR 规模试验与工业化推广重要战略机遇期；也是陕西、甘肃、宁夏、内蒙古地区响应国家号召，实现绿色发展，打造大型碳减排基地的重要机会。

第五节　开展驱油类CCUS工作的建议

近二十年来，我国在驱油类 CCUS 技术研究与实践方面取得重要成果的同时，也暴露出了一些问题，主要包括：气源问题依然突出，气源成本过高，成为制约我国 CO_2 驱油技术工业化推广的瓶颈；地面工艺技术不完善，设计标准过高，导致地面建设规模偏大、投资大、运行成本高；气驱油藏管理经验积累不足，对注气效果产生不良影响。在分析上述问题基础上，提出了加快我国 CO_2 驱工业化的若干对策与建议[11,12]。

一、加快推动 CCUS 规模实施

首先，须加强顶层设计，通盘规划鄂尔多斯盆地的 CO_2 驱油与封存产业发展。国家发改委、科技部等有关部委以及相关石油公司宜做好以煤化工为主的碳排放企业和油田驱油用 CO_2 气源对接，成立鄂尔多斯盆地的 CO_2 驱油与封存产业发展规划领导小组和技术委员会，从国家层面制定好鄂尔多斯盆地 CO_2 驱油与封存产业发展战略，迎接低碳时代到来。建议强力推动 CO_2 驱规模应用。鄂尔多斯盆地的低渗透油藏储产量规模大，适合发展大规模 CO_2 驱产业和推动其工业化应用。在此过程中，须高度重视油藏筛选，坚持先易后难原则，力争提高石油采收率 10% 以上，从根本上保障注气项目的技术经济效果。

二、加强 CO$_2$ 气源工作

长远规划 CO$_2$ 供给策略，着重考虑煤化工等高纯度、低成本、规模化气源，与包括外部企业在内的相关碳排放企业合作建设超临界 CO$_2$ 长输管道，探索构建多利益攸关方多元化 CO$_2$ 供应体系和供给途径。须敏锐把握 2017~2020 年全国碳排放权交易市场建设和碳税征收契机，做好 CO$_2$ 源汇匹配和气源建设工作。在国家部委和中国石油和化学工业联合会协调与指导下，充分发挥行业协商作用，建立国际油价与 CO$_2$ 气价联动机制，促进气源供需双方的共赢，切实做好碳减排工作，共同致力于绿色低碳发展。

三、攻关低成本工艺技术

转变 CO$_2$ 驱油工艺设计理念，形成低成本 CO$_2$ 驱油工艺技术，保障 CO$_2$ 驱油项目经济性。建议：CO$_2$ 长输管道按超临界输送理念设计；优化生产工艺流程，缩小高腐蚀风险区；采用新材料和新结构替代不锈钢；药剂与材质防腐相结合，研发长效缓蚀剂降低地面系统防腐费用；大型 CO$_2$ 压缩机等关键装备国产化。通过上述努力，大幅度降低建设费用，使鄂尔多斯盆地规模 CO$_2$ 驱推广阶段单位产能建设投资较试验阶段下降 30% 以上，为提升 CO$_2$ 驱项目经济性奠定基础。

四、提升气驱油藏管理水平

坚持水气交替注入和周期生产为主体（HWAG-PP）的抑制气窜技术，大幅度降低 CO$_2$ 用量；重视注气井网优化；寻找适合低渗透油藏扩大注入气波及体积的低成本调剖剂；重视可逆性，按照"油藏恢复、油墙重塑"策略治理"应混未混"项目；完善 CO$_2$ 驱油藏工程理论与方法，准确预测低渗透油藏 CO$_2$ 驱生产指标；建立全流程 CCUS 技术经济评价方法，正确认识注气效果和效益。逐步形成适合鄂尔多斯盆地的低成本扩大气驱波及体积技术和油藏管理知识体系。

五、积极争取国家有利政策支持

据多家机构预测，油价将长期在低位震荡运行。低油价背景下，完全由企业承担大规模 CO$_2$ 封存项目投资费用会使日子本已不好过的石油企业和煤化工企业雪上加霜。

国家和地方给予政策支持并务实承担一定的碳减排费用很有必要，比如国家出资修建长距离输气管道工程、为规模化 CCUS 项目提供无息贷款，地方政府实施碳减排补贴，以及对碳捕集利用和封存项目予以税收优惠等务实做法。

开展 CCUS 活动企业还要积极参与国家部委组织的碳产业相关活动，不失时机地向主管部门建言献策；将碳减排与油气开发利用相结合，争取国家出台有利行业开展碳业务的政策法规，促进 CCUS 产业可持续发展。

参 考 文 献

[1] Robert B. Why should SPE members be interested in CCS? [R]. Houston：Society of Petroleum Engineer CCUS

Steering Committee，2019.

［2］　秦积舜，王高峰. 低渗透油藏 CO_2 驱油技术发展现状［C］. 大庆：榆树林公司二氧化碳驱技术研讨会，2011.

［3］　高瑞民. 延长油田 CCUS 项目进展与规划［C］. 北京：中国 CCUS 联盟第三届 CCUS 国际论坛（中石油承办），2016.

［4］　计秉玉. 中国 CCUS 的发展、机遇与挑战［C］. 北京：中国 CCUS 联盟第四届 CCUS 国际论坛，2017.

［5］　王高峰，郑雄杰，张玉，等. 适合二氧化碳驱的低渗透油藏筛选方法［J］. 石油勘探与开发，2015，42（3）：358-363.

［6］　王高峰，崔翔宇，宋磊，等. 石油石化近零排放指标体系研究［R］. 北京：低碳与清洁发展专项办公室，2017.

［7］　王高峰，秦积舜，黄春霞，等. 低渗透油藏二氧化碳驱同步埋存量计算［J］. 科学技术与工程，2019，19（27）：148-154.

［8］　赵晓亮，廖新维，王万福，等. 二氧化碳封存潜力评价模型与关键参数的确定［J］. 特种油气藏，2013，20（6）：72-75.

［9］　任相坤，崔永君，步学朋，等. 鄂尔多斯盆地 CO_2 地质封存潜力分析［J］. 中国能源，2010，32（1）：29-32.

［10］　沈平平，廖新维. 二氧化碳地质封存与提高石油采收率技术［M］. 北京：石油工业出版社，2009.

［11］　秦积舜，韩海水，刘晓蕾. 美国 CO_2 驱油技术应用及启示［J］. 石油勘探与开发，2015，42（2）：209-216.

［12］　袁士义，李海平，王高峰，等. 关于加快推进 CO_2 驱工业化的思考［C］. 北京：中国 CCUS 联盟第四届 CCUS 国际论坛（中石化承办），2017.

第五章

百万吨级CCUS项目可行性

　　鄂尔多斯盆地是中国最大的油气生产基地，油田周边存在亿吨级煤化工碳排放源，有开展大规模 CCUS 项目的源汇匹配有利条件；鄂尔多斯盆地地质情况相对简单，地震活动弱，有开展大规模 CCUS 项目的稳定地质构造等有利条件。鄂尔多斯盆地所属陕西、甘肃、宁夏、内蒙古诸省区的社会与民族关系和谐。《中美气候变化联合声明》中，我国政府选定在鄂尔多斯盆地陕西境内进行 CCUS 规模化示范是有科学依据的。由于我国 CO_2 驱技术基本成熟配套，域内延长油田和长庆油田 CO_2 驱油与封存试验工作亦见到成效，因此，鄂尔多斯盆地具备开展大规模 CCUS 工程可行性研究的条件。

　　本章开展多学科联合研究，优化确定百万吨级 CCUS 项目源汇匹配路径，在油藏、注采和地面工程设计基础上，测算项目投资额度，通过技术经济学分析获得了项目经济性和关键技术经济要素之间的定量关系，为提出 CCUS 产业发展建议提供了依据。

第一节　美国百万吨级CCUS项目

　　2009 年 2 月 13 日，在美国第 111 次国会上参、众两院通过了为期 10 年、总额为 7872 亿美元的 "一揽子" 刺激经济复苏的方案，即《2009 年美国复苏与再投资法案》（American Recovery and Reinvestment Act of 2009，ARRA）。ARRA 是二战以来美国政府最庞大的开支计划方案，几乎涉及美国的各行各业。2009 年 2 月 17 日，美国总统奥巴马正式签署了该法案。在 ARRA 中，用于强化资助与化石能源相关的清洁能源技术领域的研究开发、工程示范和商业化示范的支出为 34 亿美元，由美国能源部化石能源办公室组织实施；专门支持具有创新和竞争力的工业产 CO_2 的捕集、CO_2 封存与资源化利用一体化的商业化示范项目。项目的门槛是年捕集 CO_2 百万吨或以上，2009 年入选 3 个项目：FE0002381、FE0001547 和 FE0002314，项目分布见表 5-1。

表 5-1　美国能源部资助的三个 CCUS 工业示范项目情况（据 GCCSI，2015）

项目代号	所在州	项目名称
FE0002381	Texas 得克萨斯	大规模制氢的甲烷蒸气重整工艺排放 CO_2 的捕集与封存示范 Demonstration of CO_2 Capture and Sequestration for Steam Methane Reforming Process Gas Used for Large-Scale Hydrogen Production(2009～2017)
FE0001547	Illinois 伊利诺伊	生物燃料制造过程排放 CO_2 的捕集与西蒙山砂岩中的封存示范 CO_2 Capture from Biofuels Production and Storage into the Mt. Simon Sandstone (2009～2019)
FE0002314	Lousiana 路易斯安那	查尔斯湖碳捕集与封存项目 Lake Charles Carbon Capture & Sequestration Project(2009～2020)

一、FE0002381 项目

　　FE0002381 项目的名称是 "Demonstration of CO_2 Capture and Sequestration for

Steam Methane Reforming Process Gas Used for Large-Scale Hydrogen Production"。
项目承担企业是空气产品和化学品公司（Air Products and Chemicals Inc.，简称 Air
Products）。项目以热电联产类 CO_2 源为对象，通过工业示范方式评价将 CO_2 捕集、驱
油利用与封存技术推进至商业化的可行性。项目的总投资为 4.3 亿美元，国家和项目承
担企业的分担比例是 66%：34%。项目设计的 CO_2 捕集能力是 3000t/d。

项目选址在美国得克萨斯州的阿瑟港市。Air Products 于 1999 年和 2006 年先后在
阿瑟港市建设两座日产超过 1 亿立方英尺（1 英尺＝30.48cm）的甲烷蒸气重整
（SMR）制氢厂（阿瑟港 I 和阿瑟港 II）。通过 FE0002381 项目，Air Products 将甲烷
蒸气重整制氢工艺改进与驰放气中 CO_2 捕集装置建设相结合，设计、建造以真空变压
吸附（VSA）为核心技术的 CO_2 捕集系统，捕集两座甲烷蒸气重整制氢厂排放的
CO_2，见图 5-1 和图 5-2。

图 5-1　阿瑟港 I 甲烷蒸气重整制氢装置与新建碳捕捉装置俯瞰图

图 5-2　阿瑟港 II 甲烷蒸气重整制氢装置与新建碳捕捉装置俯瞰图

2011 年 6 月 Air Products 与瓦莱罗能源公司（Valero Energy Corporation）和丹伯
里陆上（Denbury Onshore）签订协议，将 AirProducts 捕集的作为驱油剂的 CO_2 通过

Denbury Green Pipeline-Texas 的管道输送至 Denbury Onshore 所属的 West Hastings 油田。项目于 2012 年底开始供气。截至 2017 年 12 月底，FE0002381 项目已累积捕集和输送了超过 400 万吨的 CO_2。

根据 Air Products 与美国能源部的协议，Air Products 和 Leucadia 将在得克萨斯州的 West Hastings 油田联合实施 CO_2 驱油与封存的动态监测、CO_2 用量核查和效能评价（monitoring，verification，accounting，MVA）工作。

二、FE0001547 项目

FE0001547 项目的名称是 "CO_2 Capture from Biofuels Production and Storage into the Mt. Simon Sandstone"。承担项目的企业是阿彻丹尼尔斯米德兰公司（Archer Daniels Midland Company，简称 ADM），主要合作单位是伊利诺伊州地质调查局、斯伦贝谢碳服务公司和瑞奇兰社区学院。项目以生产生物燃料过程副产的高浓度（大于99%）CO_2 源为对象，通过工业示范方式评价将 CO_2 捕集与地质封存技术推进，使其具有商业化的可行性。项目总投资为 2.07 亿美元，国家和项目承担企业的分担比例是68%：32%。项目设计碳捕集能力为 3000t/d。图 5-3 是 ADM 项目 CO_2 捕集与封存流程图。项目将有效借鉴 IBDP（Illinois Basin-Decatur Project，伊利诺伊州迪凯特盆地项目）的经验[1]，建成和运行年捕集与地质封存百万吨 CO_2 的工业示范项目。

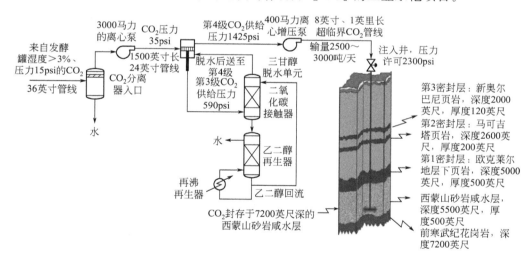

图 5-3　ADM 项目 CO_2 捕集与封存流程图

（1 英寸＝0.0254m；1 英里＝1.6km；1 英尺＝30.48cm；1 马力＝735W；1psi＝6.895kPa）

FE0001547 项目选址于 ADM 在美国伊利诺伊州迪凯特市的乙醇厂附近。ADM 是

---

❶　IBDP 项目是 ISGS（伊利诺伊州地质调查局，Illinois State Geological Survey）负责的 3 年捕集与地质封存百万吨 CO_2 先导试验项目。IBDP 设置了专门课题将对 CO_2 捕集、压缩、脱水和运输等设施建设与运行，注入井、监测井和钻井完井工程，以及注入动态监测在内的 CO_2 捕集与地质封存全过程进行监测、评价和效能评估。IBDP 于 2003 年立项启动，2013 年完成。

美国生物乙醇的主要生产商之一，迪凯特市是 ADM 的农产品加工和生物燃料生产基地。根据文献报道，采用生物质发酵技术路线，理论上每生产 1t 乙醇就会副产 0.96t 高纯 CO_2。基于此，ADM 遴选为项目的主要承担单位。通过实施，ADM 将生物制乙醇生产工艺流程改造与碳捕集流程建设相结合，设计、建设以高浓度 CO_2 提纯、压缩装置为主要设施捕集系统，见图 5-4 和图 5-5。

图 5-4　压缩机组厂房　　　　　　　图 5-5　CO_2 压缩局部流程

项目捕集的 CO_2 将通过管道输送至距 IBDP 项目工区约 1200m 的 ADM 在伊利诺伊州迪凯特市的乙醇厂附近占地 81 万平方米的工区进行地质封存❶。该工区土地所有权为 ADM 所有。在项目实施 CO_2 地质封存过程中，ADM 将在伊利诺伊州地质调查局、斯伦贝谢碳服务公司和瑞奇兰社区学院的协助下，实施 CO_2 地质封存的动态监测、CO_2 封存量核查和效能评价工作。

三、FE0002314 项目

FE0002314 项目的名称是"Lake Charles Carbon Capture & Sequestration Project"。承担项目的企业是卢卡迪亚能源（Leucadia Energy，简称 Leucadia），主要合作单位是丹伯里陆上（Denbury Onshore）、福陆公司（Fluor Corporation）、得克萨斯大学经济地质局（University of Texas Bureau of Economic Geology）。项目的对象是以石油焦为原料的热电联产过程副产的 CO_2 源，通过工业示范方式评价将 CO_2 捕集、驱油利用与地质封存技术推进至商业化可行。项目总投资 4.356 亿美元，国家和项目承担企业的分担比例是 60%∶40%。

Leucadia 旗下的 Lake Charles Clean Energy, LLC 是以石油焦为原料，采用热电联产技术生产能源与化工产品的专业公司。该公司每年外购石油焦的数量超过 250 万吨，生产过程排放 CO_2 超过 400 万吨。项目的主要工作之一是改造生产流程，即建设两套鲁奇低温甲醇洗酸气脱除装置（Lurgi Rectisol Acid Gas Removal unit，AGR）。通过 AGR 净化含有 H_2、CO、水蒸气、CO_2 和少量 N_2、H_2S，以及微量 CH_4、羟基硫、

---

❶　参照 IBDP 注入井的设计，FE00001547 的注入井将在 Mt. Simon Sandstone 下部（7000 英尺左右，1 英尺=30.48cm）完井。

氨等的合成气。净化后的合成气主要成分是 H_2 和 CO，用于生产 AA 级甲醇，余热用于产蒸汽供给汽轮机发电。净化合成气过程副产的 CO_2 的纯度大于 99％，图 5-6 是 AGR 流程示意图。

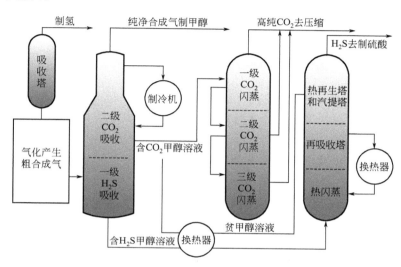

图 5-6　AGR 流程示意图

项目的另一个重要工作是建设两套压缩机系统，一套压缩机对应一套 AGR。压缩机将 CO_2 加压到 2250psi（15.5MPa），CO_2 将以超临界状态进行管输。为了把捕集的 CO_2 输送到 Denbury Onshore 所属的 West Hastings 油田，项目将新建 12 英里的 CO_2 输送管线，与横跨路易斯安那州和得克萨斯州的绿色管道相连，实现 CO_2"并网"。

根据 Leucadia 与美国能源部的协议，Leucadia 和 Air Products 将在得克萨斯州的 West Hastings 油田联合实施 CO_2 驱油与封存的动态监测、CO_2 用量核查和效能评价工作。

四、CCUS 商业项目的启示

本节介绍的 3 个商业化示范项目是由美国能源部统一组织，在全美经过公开程序竞争产生的。透过这些项目我们得到以下启示。

1. 项目可实现性贯穿始终

美国能源部为了组织好这批项目，首先发布公告，公告内容包括产业领域（工业过程的碳源）、技术要求（规模化的成熟技术）、项目目标（捕集百万吨 CO_2）、资金来源（政府和企业按一定比例分担）、遴选标准以及组织程序等。

项目遴选共经过了 3 轮，每一轮都将项目的可实现性贯穿始终。

第一轮，有 18 家企业报名，经过资质（产业领域和技术能力等）审查，12 家企业过关。

第二轮，12 家企业提供实施项目的技术与经济的可行性证据，主要内容包括项目的技术与工程设计方案、产品营销方案、项目的财务、安全和环境评价、项目实施过程中的风险与障碍及其处置策略等。这一轮有 8 家企业胜出。

第三轮，围绕项目目标，8 家企业通过展示项目的技术设计与工程实施方案，在技术、财务、安全与环保、实施许可、风险与障碍及其处置方法等量化指标做详细比较，得分高的 3 家企业获得了承担项目的机会。

三轮次的遴选过程围绕项目的可实现性，论证一轮比一轮细致、要求一次比一次落实。例如，对项目风险与障碍及其处置方法的论证翔实到项目用地征地的许可证、州政府的审批文件、安全与环境监管部门（组织机构）的许可证、项目实施地（县、镇）政府（机构）的许可文件、有关银行同意融资的协商函、当地居民的听证意见书等，甚至军方相关的许可文件等。这些细节的处理显著降低了项目的风险，保证了项目实施进度的可控性等和项目的可实现性。

2. 项目质量监管实施责任人负责制

美国能源部通过严格的程序，确定了承担项目的 3 家企业。

依据 ARRA，美国能源部与 3 家企业签署合同。合同内容主要包括项目目标、项目管理方式、实施阶段与进度、投资比例、项目实施方（责任人）、项目监管方（责任人）、项目联合方（责任人）、项目信息公开要求等。合同通过各类附件明确了项目各方的责、权、利，以及项目的管理细节。

在项目实施与管理过程中，美国能源部将作为服务方和协调方，为项目提供方便。项目监管方（责任人）由能源部从与项目无利益关系的同行专家中选聘，项目监管方（责任人）全权负责项目实施质量的监管和评价，项目监管方（责任人）对能源部负责。

3. 法律法规政策配套

首先，项目投资的法律依据是《美国复苏与再投资法案》（ARRA）。ARRA 中不仅涉及了与项目相关的拨款条款，还涉及了与项目领域相关的减税与增加就业的条款。这样就打通了项目的融投资与利益通道，提高了企业参与和竞争项目的积极性。

其次，项目遴选与立项的依据还包括实效期内的联邦政府和州政府的相关法律和法案。例如：联邦政府于 2007～2009 年颁布的与环境保护、碳减排、新能源项目相关的法案及修正案，以及相关州政府在 2007～2009 年制定和颁布的适合本州特点的与环境保护、碳减排、新能源项目相关的法案及修正案。这些法律和法案中明确了环保项目的认定与界定要求、碳减排与新能源项目的减税、土地征用条件以及碳减排的核查标准等。这样就打通了项目实施企业在项目所在地的壁垒，为项目落地和实施提供了法律依据。

最后，自 20 世纪中期以来，美国政府从国家安全的角度，通过立法的方式，不断完善美国保障能源生产与供应的法律体系。通过立法，解决了建设油气运输基础设施的投融资方式；通过立法，鼓励和激励提高油气采收率技术研发；通过立法，推进新能源和可再生能源技术发展；通过立法，支持和资助绿色环保产业发展；通过立法解决和协调生产、生活与环境保护之间的矛盾等。

第二节　驱油类CCUS工程技术成熟度

一、我国 CO_2 驱油工程技术基本配套有特色

国际上 CO_2 驱油技术是相当成熟的,从捕集到驱油利用的全流程都非常配套完善。中国在应用和发展 CO_2 驱油技术时学习和借鉴了欧美成功经验,并考虑了国情和油藏特点。从功能的独立性考虑,我国发展和形成了多项 CO_2 驱油与埋存关键技术:

① 包括燃煤电厂、天然气藏伴生、石化厂、煤化工厂等不同碳排放源的 CO_2 捕集技术;

② 包括气驱油藏流体相态分析、岩心驱替、岩矿反应等内容的二氧化碳驱开发实验分析技术;

③ 以注入和采出等生产指标预测为核心的二氧化碳驱油藏工程设计技术;

④ 涵盖CCUS资源潜力评价和油藏筛选的二氧化碳驱油与封存评价技术;

⑤ 包括CCUS全过程相关材质在各种可能工况下的腐蚀规律及防腐对策为主要内容的二氧化碳腐蚀评价技术;

⑥ 以水气交替注入工艺、多相流体举升工艺为主要内容的二氧化碳驱注采工艺技术;

⑦ 包括二氧化碳管道输送和压注、产出流体集输处理和循环注入的二氧化碳驱地面工程设计与建设技术;

⑧ 以气驱生产调整为主要目的的气驱油藏生产动态监测评价技术;

⑨ "空天-近地表-油气井-地质体-受体"一体化安全监测与预警的二氧化碳驱安全防控技术;

⑩ 涵盖CCUS经济性潜力评价和 CO_2 驱油项目经济可行性评价的二氧化碳驱技术经济评价技术。

上述涵盖捕集、选址、容量评估、注入、监测和模拟等在内的关键技术,为全流程CCUS工程示范提供了重要的技术支撑,并在CCUS-EOR项目运行过程中逐步完善和成熟。我国在CCUS技术研发与实践中已开始展现自己的特色与优势。在驱油理论方面,扩展了 CO_2 与原油的易混相组分认识,为提高混相程度和改善非混相驱效果提供了理论依据;在油藏工程设计方面,建立了成套的 CO_2 驱油全生产指标预测油藏工程方法,为注气参数设计和生产调整提供了不同于气驱数值模拟技术的新途径和依据;在长期埋存过程的仿真计算方面,基于储层岩石矿物与 CO_2 的反应实验成果,建立了考虑酸岩反应的数值模拟技术;在地面工程和注采工程方面,形成了适合我国 CO_2 驱油藏埋深较大且单井产量较低的实际情况的工艺技术;在系统防腐方面,建立了全流程的腐蚀检测全尺寸中试平台,满足了注采与地面系统安全运行的装备测试需求,"涂层+

药剂"为主体的相对低成本防腐技术满足了现场试验要求。

二、鄂尔多斯盆地开展 CO_2 驱示范技术可行

吉林、大庆等油田的 CO_2 驱油与封存技术基本上可以直接应用于或进行调整后可用于鄂尔多斯盆地。在此过程中，做一些研究是必要的。例如，长庆油田属于黄土塬地貌，微裂缝发育，地层水矿化度高，与其他油田相比差异较大。为此，需要研究高矿化度地层水环境 CO_2 驱油的适应性问题。研究了充注 CO_2 对钙、镁离子沉淀影响，发现：随地层水中 CO_2 增加，沉淀先增后减至无，见图 5-7。过饱和时，CO_2 存在形式以自由气为主，还有少量 H_2CO_3 和 HCO_3^-，无 CO_3^{2-}，不产生无机沉淀。美国 CO_2 驱在碳酸盐岩油藏大量开展，该类油藏的地层水矿化度达几万到几十万是很寻常的，Ca^{2+} 离子丰富，油藏内的 CO_2 驱替过程可以正常进行，这是非常宝贵的启示。pH 值与水中离子含量的关系见图 5-8。

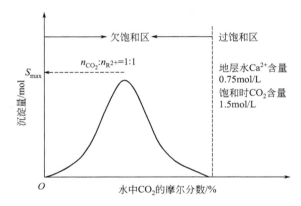

图 5-7 水中 CO_2 量与碳酸钙沉淀量关系

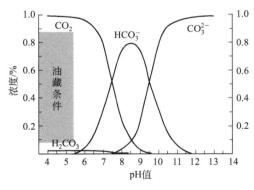

图 5-8 pH 值与水中离子含量关系

再比如，区域内长庆油田或延长油田的注采设施本身存在结垢、腐蚀、材质适应性等问题，须研究已建成工艺能否适应 CO_2 驱。水驱井站、地面管线与设备腐蚀结垢，开展 CO_2 驱面临与已建地面系统能否适应的问题。区域内油田地表地貌为黄土高原，

在沟壑纵横、梁峁交错的地形地貌特点下，CO_2 驱地面工程工艺有必要进行一些改进。这些工程上的问题通过更换相应部位的材质或结构等，都是可以解决的，不会对 CO_2 驱实施造成致命影响。

除了上述工程技术方面的改进，特低渗透油藏 CO_2 驱效益开发需要高油价和政策的支撑，以及政策、法规配套。在当前宏观经济政策下，主要是通过扩大 CO_2 驱规模和创新 CCUS 商业模式两个途径，实现技术可持续发展。

三、鄂尔多斯盆地 CO_2 驱油与封存已有经验

自 2007 年，延长石油先后启动了多项与 CCUS 相关的科研与示范项目，包括国家"十一五"科技支撑计划项目——《低（超低）渗油田高效增产改造和提高采收率技术与产业化示范》，"中美 CO_2 捕集与封存技术的联合研究"项目——《示范区 CO_2-EOR 先导性试验》，国家"十二五"科技支撑计划项目——《陕北煤化工 CO_2 捕集、封存与提高采收率技术示范》，国家 863 计划项目"燃煤电厂烟气 CCUS 关键技术"所属课题《CO_2 地质封存关键技术》，以及中澳国际合作项目——《中-澳 CCUS 一体化国际合作示范项目》等重大项目。

延长石油榆林煤化公司于 2012 年 11 月建成了 5 万吨/年的 CO_2 捕集装置；延长石油兴化新科气体公司，利用先进的工艺技术及装备捕集提纯工业废气，生产食品级液态 CO_2 达到 8 万吨/年；延长中煤榆林能化公司 2014 年启动建设 36 万吨/年的捕集装置，计划 2015 年 5 月建成投产。靖边乔家洼油区靖 45543 注入站于 2012 年 9 月 5 日正式开始运行，2014 年 4 月底，注入规模增加到 5 个井组，CO_2 注入井累计注入 5.0 万吨液态 CO_2，运行平稳。截至目前，有效地补充了地层能量，减缓了产量递减，取得明显增油效果。在吴起油区开展 CO_2 混相驱提高采收率试验，试验区面积达 14.8km^2。2014 年 6 月完成 5 个井组的 CO_2 注入与地面注采集输工作并开始注入。目前已建成 2 个示范区、10 个注入井组，实现近 10 万吨液态 CO_2 安全封存，可提高采收率 8% 以上。

中石油所属长庆油田也位于鄂尔多斯盆地，自 2017 年 7 月至今，姬塬油田黄 3 井区超低渗油藏的 CO_2 驱油试验陆续扩大至 9 个井组，累积注气约 10 万吨，已经见到初步效果。

基于国内已有的实践经验认为，在鄂尔多斯盆地开展 CO_2 驱油工作，利用现有的成熟技术，并通过一定的研究工作，存在的工程问题都是可以解决的，在合适的条件下，CO_2 驱油与封存项目取得良好收益是可以期待的。

四、百万吨级全流程项目实现途径

从本章第一节介绍的美国百万吨二氧化碳的捕集、利用与封存的商业化示范项目情况发现，CO_2 捕集、驱油与封存的特点是技术、资金和资源密集[1-3]。组织和实施百万吨规模 CO_2 捕集、驱油与封存项目将涉及多个产业部门、数十亿资金和数个千万吨储量油藏，以及配套的基础设施和公共资源等。建设、运行管理百万吨规模 CO_2 捕集、

驱油与封存项目是庞大的系统工程，也是实现 CO_2 捕集、驱油与封存产业化不可逾越的实践环节。为了方便描述百万吨规模 CO_2 捕集、驱油与封存项目的建设、运行管理情景，本节中 CO_2 的体积、质量等物理性质统一用 $-20℃$、$2MPa$ 条件下液态 CO_2 的物理性质表述，特殊说明除外。

(一) 百万吨二氧化碳的捕集方式

持续稳定的 CO_2 供给是建设、运行管理百万吨规模 CO_2 捕集、驱油与封存项目的物质基础。按照百万吨规模 CO_2 考虑，保证项目平稳运行的平均每天 CO_2 的捕集量至少为 3000t。从技术示范、系统运行验证、技术经济评价综合考虑，现阶段有必要按照燃烧后捕集、燃烧前捕集、富氧燃烧和工业过程捕集四类技术的应用程度和规模，从中优选出符合实施项目条件的捕集技术，建设 1~2 套捕集能力不小于 1000t/d 的捕集装置，也可以从中优选一种捕集方式建设一套 3000t/d 以上的捕集装置。根据鄂尔多斯盆地碳排放类型和规模，根据源汇匹配情况，从大型煤化工排放源直接捕集足量的二氧化碳是有条件的。具体实施方案将根据源汇距离、运输方式、驱油利用与封存阶段部署，以及商业化前景等技术经济条件的综合评价结果，由企业决策和专家论证决定。

(二) 百万吨二氧化碳的运输方式

低成本运输 CO_2 是百万吨 CO_2 捕集、驱油与封存项目平稳运行的重要环节。考虑鄂尔多斯盆地资源背景，百万吨 CO_2 捕集、驱油与封存项目的 CO_2 运输有两个选项，一是车载运输，二是管道运输。从技术方面看，两个选项均不存在障碍，从安全经济方面分析，管道运输的优势明显。

公路运输 3000t CO_2 需要 25t 的罐车拉运 120 车（次），1 百万吨 CO_2 需要 42000 车（次）。考虑路途路况和季节气候诸因素，以及单车装卸操作等人为因素，安全管理风险成倍增加。

铁路运输 3000t CO_2 需要 50 节 60t 罐车专列 1 趟。除了建设专线外，附加的专用装卸装置、中转存储装置以及短途公路运输等都将增加运行与维护费用和安全管理风险。

相比车载运输，管道运输有两个显著的优点。第一，管道本身具有储存和调节管储 CO_2 的能力。按照管道内径 700mm 估算，每公里管道的容积约 $385m^3$，在 12MPa，32℃超临界工况下，管储 CO_2 量为 305t；管道压力从 12MPa 下降至 9MPa，可调节管储 CO_2 量为 29.45t（占管储量 9.65%），100 公里输气管道调节管储 CO_2 量接近 3000t。第二，管输过程和管输量基本不受路途路况和季节气候的影响，减少了装卸操作等人为因素的影响，安全风险显著降低。相比车载运输，管道运输的缺点是管道建设初期投资大，运行中后期维护工作量大。

对比车载运输和管道运输两种方式的优缺点，在百万吨或以上规模时，应首选管输方式。

(三) 百万吨二氧化碳注入井组规模测算

从 CCUS 系统来说，CO_2 驱油与封存是百万吨 CO_2 捕集、驱油与封存项目的下游环节。与捕集和运输环节的建设及运行不同，CO_2 驱油与封存能力建设将分若干阶段实施，预计 5 年能够达到年百万吨 CO_2 驱油与封存能力的峰值。若采取零排放模式，还需要配套建设产出气中 CO_2 处理（分离）站和 CO_2 循环利用装置等，建设周期会更长。

从 CO_2 驱油与封存能力估算，基于 CO_2 驱油与封存的实施对象为低渗透油藏的实际，借鉴美国能源部资助的百万吨 CCUS-EOR 示范项目整体设计、建设与运行信息资料，注入 3.5 吨 CO_2 换 1 吨油，若年注入 100 万吨 CO_2，对应的年产油水平约为 30 万吨。结合《美国油气》杂志数据，将 100 万吨按单井日注量 10 吨估算，若日注 CO_2 总量为 3000 吨，则至少需要 300 口注入井，按照反七点井网估算生产井数 900 口左右。按照 90 口注入井建一个注入站，需建 10 个注入站。

(四) 全流程百万吨级项目的实现途径

根据本章第一节介绍的美国的 3 个百万吨规模示范项目的投资情况，例如：核心装置建设与改造、气体压缩与输送设施建造、油田注采工程改造、产出流体处理与循环利用设施建设等环节投资，估计在中国实施 1 个百万吨规模的 CO_2 捕集、驱油利用与封存（示范）项目的总体投资应不少于 20 亿元人民币，建设周期不少于 3 年。从项目的上下游特点和源汇匹配可行性，可考虑以下几种实施途径。

1. 煤化工企业与石油企业联合途径

目前，我国煤化工企业相对集中的区域有两个，一个是鄂尔多斯盆地，另一个是新疆北部（准格尔盆地周边）。同时，鄂尔多斯盆地和准格尔盆地南北缘均是我国重要的油气产区。在鄂尔多斯盆地和准格尔盆地具有相对较好的源汇匹配条件。因此，在鄂尔多斯盆地或准格尔盆地（周边）具有煤化工企业与石油企业联合实施百万吨规模的 CO_2 捕集、驱油利用与封存（示范）项目的基本条件。

① 以区域内适合 CO_2 驱油与封存的主力油藏（油田）为中心，以 200km 或更远距离为半径，匹配出若干家具备捕集百万吨 CO_2 条件的煤化工企业；

② 评估具备煤化工企业实施百万吨 CO_2 捕集的技术经济条件，初定 CO_2 捕集方案；

③ 根据源汇匹配要求和工程节点，提出 CO_2 管输方案；

④ 根据年注入百万吨 CO_2 的目标和工程节点，评价、筛选出可部署 CO_2 驱油与封存的油藏区块、注采井组数等；

⑤ 针对筛选出的油藏区块，评估 CO_2 驱油与封存的技术经济条件，评价 CO_2 驱油与长期封存的安全性与可行性；

⑥ 提出项目实施过程的中长期安全监测、CO_2 注入与封存核查初步方案；

⑦ 评估区域内实施百万吨规模的 CO_2 捕集、驱油利用与封存（示范）项目需要协商、协调、解决的各类问题，明确协商、协调、解决这些问题的法律依据；

⑧ 定量评价鄂尔多斯盆地煤化工企业与石油企业联合实施百万吨规模的 CO_2 捕集、驱油利用与封存（示范）项目的技术经济可行性；

⑨ 完成鄂尔多斯盆地百万吨级 CO_2 捕集、驱油利用与封存（示范）项目实施方案初步设计。

2. 热电多联产企业与石油企业联合途径

近年来，作为火电厂升级换代技术的热电多联产技术有较大的发展，具有 $2\times$ 350MW 以上的热电多联产系统副产的 CO_2，可以满足百万吨规模的 CO_2 捕集、驱油利用与封存（示范）项目的碳源要求。现阶段，热电多联产企业与石油企业联合实施项目的基本条件是两个企业间的距离不要显著提高 CO_2 的运输成本。从项目设计与实施角度看，热电多联产企业与石油企业联合实施项目的前期工作与煤化工企业与石油企业联合实施项目的情景基本相同，此处不再赘述。

此外，随着以碳税为基础的碳市场的发展和相关政策的出台，煤化工企业、热电多联产企业、富氧燃烧企业直接实施百万吨规模的 CO_2 捕集与封存项目可能性和机会将大大增加。

第三节 二氧化碳源汇匹配方案

源汇匹配本质上是路径优化的过程，可以降低 CO_2 输运成本，是实施大规模 CCUS 项目的基础工作。下面介绍源汇匹配的方法和百万吨级 CCUS 项目源汇匹配的可能方案。

一、源汇匹配方法

第二章第三节指出，CCUS 技术规模应用项目在方案设计方面有别于小型矿场试验。规模化项目通常包括多个 CO_2 排放源和多个油藏，每个排放源和碳汇的规模都不相同，每个油藏碳汇不同时间对 CO_2 的消化接受能力也不同。在源汇之间进行输气管道选址、建设和输气量匹配须要考虑时空因素、管径搭配因素、生产指标变化因素等技术经济要素对源汇匹配效果的影响，形成源汇优化匹配方法，使项目获得最佳收益。

源汇匹配是在满足对驱油能力与封存规模要求的前提下，结合 CO_2 捕集运输以及 CO_2 驱油与封存全流程技术经济参数分布特征，尽量使 CO_2 运输成本最小化和项目收益最大化。实际中，可以首先采用线性规划和非线性的规划模型建立大型 CCUS 项目源汇匹配的备选方案特征的基本认识，再根据几何学理论，通过人工干预的方法最终获得多方认为合理的源汇匹配方案和场站工程选址。

二氧化碳源汇匹配受黄土塬沟壑纵横、梁峁交错的地形地貌特点的影响较大，在实际的输气管道路径选择时，需要结合 GPS 和实地踏勘确定，最终确定的管线地址与理论方法的结果会存在一定的区别。油田所处的黄土塬地形地貌特征见图 5-9。

图 5-9　油田所处的黄土塬地形地貌特征

二、区域内二氧化碳源汇匹配

(一) 规模性碳源

由于煤化工气源捕集价格较低，主要调研了陕西、甘肃、宁夏、内蒙古地区的煤化工项目，已经建成投产和在建的 10 万吨/年以上排放量的规模性气源约 10045 万吨，其中高浓度 6457 万吨、低浓度 3588 万吨。油田 CO_2 驱技术可行潜力主要位于陕西、甘肃两省境内。由于内蒙古鄂尔多斯地区距离油田较远，为获得最低 CO_2 气源成本，主要考虑陕西、甘肃、宁夏三省内气源情况，已经建成投产和在建的规模性气源约 5635 万吨（含在建 845.7 万吨），其中高浓度碳源 3642 万吨（含在建 510.3 万吨）、低浓度者 1993 万吨（含在建 335.4 万吨）。按照换油率 $3.0tCO_2/t$ 油估算，若高浓度气源得以全部利用，约可保障每年千万吨规模的 CO_2 驱油生产能力。陕西、甘肃、宁夏三省区的规模性煤化工项目见表 5-2。

表 5-2　陕西、甘肃、宁夏三省区的部分规模性煤化工项目

项目名称	高浓度 CO_2/万吨
神华宁煤集团 25 万吨/年甲醇、21 万吨/年二甲醚项目	31
神华宁煤集团煤制 60 万吨/年甲醇项目	74.4
四川化工有限公司控股(集团)宁夏捷美丰友化工有限公司	54.7
陕西神木化学工业有限公司 60 万吨煤制甲醇项目	74.4
兖州煤业榆林能化公司 60 万吨/年甲醇项目	74.4
华电榆林天然气化工有限责任公司 60 万吨/年煤制甲醇项目	74.4
华亭煤业公司中煦煤化工有限责任公司 60 万吨/年煤制甲醇项目	74.4
神华宁煤集团年产 50 万吨甲醇制丙烯(MTP)项目	195
中国石化长城能源化工有限公司 45 万吨/年醋酸乙烯项目	167.4
宁夏宝丰 60 万吨焦炉煤气制烯烃	234
中煤陕西榆横煤化工 60 万吨煤制烯烃	223.2
靖边榆林能源化工 60 万吨烯烃	223.2

续表

项目名称	高浓度CO_2/万吨
平凉华泓汇金年产180万吨甲醇、70万吨烯烃项目（在建）	223.2
神华宁煤400万吨/年间接液化项目	1283.85
延长中煤榆林煤化15万吨煤制油	45.3
兖矿榆林100万吨/年煤间接液化项目	302
合计	3354.85

(二) 技术可行油藏分布

本次源汇匹配以《中美气候变化联合声明》为遵循，榆林-延长沿线及两侧的源汇为例进行研究。主要可以包括中国石油所属长庆油田的靖安、姬塬、安塞等油田，以及延长石油集团的定边、吴起两个油区，至少可以覆盖13.6亿吨技术可行潜力，具体见表5-3。

表5-3 区域内各CO_2驱技术可行性潜力情况

油田	长庆安塞	长庆姬塬	长庆靖安	延长定边	延长吴起	合计
地质储量/亿吨	3.0	1.5	2.4	2.2	4.5	13.6

(三) 源汇匹配方案

主要考虑规模性气源分布、规模化技术可行潜力分布（安塞、靖安、姬塬、延长），考虑以经济性为约束条件，应用国际流行的GAMS软件进行CCUS非线性规划。区域内宜采取"3条干线（引自气源地）+多条次级干线（从干线输送至油田）+网络化次级支线（油田内部分配）"的输气管道网络进行源汇匹配（图5-10）。三条源汇匹配路径具体为：

① 北干线，中煤陕西榆横煤化-延长中煤榆林能源化工-兖州煤业段。北干线全线位于陕西省境内，直线距离约170km，沿公路长度约240km，可满足输送867万吨CO_2，辅以次级干线方式供给安塞、靖安、华庆、姬塬、延长等主力油田，可以满足建成300万吨/年二氧化驱油产量规模用气需求。同时，干支线配合的管网建设办法可以有效减少管道投资。

② 南干线，华亭煤业中煦煤化-华泓汇金煤制甲醇段。南干线全线位于甘肃省境内，直线距离约104km，沿公路长度约170km，主要负责输送297万吨煤化工排放CO_2，辅以次级干线方式供给西峰、镇北、华池三家主力油田，可以满足建成100万吨/年二氧化驱油产量规模用气需求。同时，干支线配合的管网建设办法可以有效减少管道投资。顺便指出，南干线气源规模较小，仅能满足中石油部分区块油藏用气需求，而难以照顾延长等油田用气需要，本次规划暂不做深入考虑。

③ 西干线，宁东能源化工基地（神华宁煤、中石化长城能化、四川化工、宁夏宝丰）段。西干线全线跨越宁夏、陕西两省区，直线距离约220km，沿公路长度约280km，主要负责输送1872万吨煤化工排放CO_2，辅以次级干线方式供给姬塬、华庆、靖安三家主力油田，可以满足建成600万吨/年二氧化驱油产量规模用气需求。同时，干支线配合的管网建设办法可以有效减少管道投资。

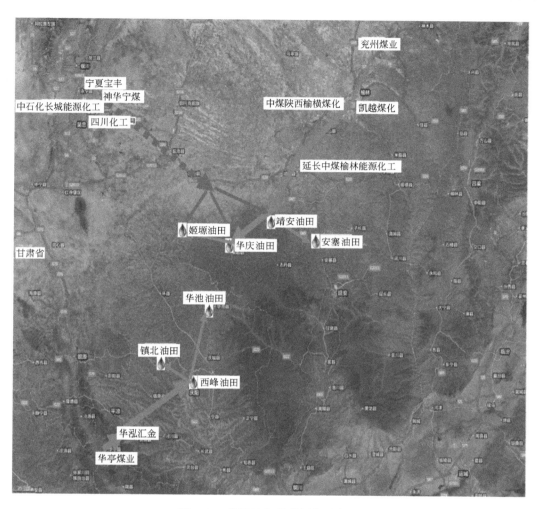

图 5-10　源汇输气管道网络示意图

区域内 CO_2 源汇匹配情况见表 5-4。

表 5-4　区域内 CO_2 源汇匹配情况

油田	煤制甲醇/乙二醇	煤制烯烃	煤制油
安塞	兖州煤业 210km/270km	兖州煤业 210km/270km	—
姬塬	神华宁煤 115km/210km	神华宁煤 115km/210km	神华宁煤 115km/210km
靖安	兖州煤业 210km/237km	兖州煤业 210km/237km	—
西峰	华亭煤业 116km/202km	华泓汇金 72km/145km	—

还须说明的是，西干线气源主要来自宁夏回族自治区宁东能源化工基地，但由于跨省输气将来会涉及碳排放确权和碳排放权转移等问题，我国对这些问题还未从法律法规层面予以明确，本次规划暂不深入考虑。

(四) 区域内规模 CO_2 驱项目备选油藏

本次油藏筛选首先根据源汇匹配成果和技术可行潜力分布进行。技术可行潜力主要分布在安塞、靖安、华庆、姬塬、延长等主力油田。延长油田已开展的 CO_2 驱油试验主要分布在榆林到靖边、吴起地区。上述三条路径中，只有北干线方案能照顾到中石油长庆油田 CO_2 驱油技术需要，并且北干线全线位于陕西省境内，可输送 867 万吨 CO_2，可满足建成 300 万吨/年二氧化驱油产量规模用气需求，能够满足两家油田中长期 CO_2 驱油技术发展需要。

长庆油田备选 CO_2 驱油区块见表 5-5。

表 5-5 长庆油田备选 CO_2 驱油区块

序号	油田	井区	序号	油田	井区
1	安塞	杏南	18	姬塬	罗 1
2	安塞	候市	19	姬塬	耿 155 区
3	安塞	杏河	20	姬塬	耿 19 长 2 区
4	安塞	塞 130 区	21	姬塬	黄 219
5	安塞	塞 160 区	22	姬塬	环 75 井区
6	白豹	白 102 井区	23	姬塬	学 3
7	樊家川	里 167	24	靖安	张渠二区
8	樊家川	木 30	25	靖安	塞 261
9	华庆	白 455	26	靖安	ZJ42-ZJ53
10	华庆	白 239	27	靖安	ZJ6-XP13
11	姬塬	吴 452	28	靖安	大路沟三区
12	姬塬	罗 242 井区	29	靖安	大路沟一区
13	姬塬	沙 106 区	30	马岭	木 34(马岭)
14	姬塬	池 11-池 46	31	绥靖	杨 19 井区
15	姬塬	盐 67	32	绥靖	杨 57 井区
16	姬塬	罗 257 井区	33	油房庄	元 162
17	姬塬	吴 433	34	元城	白 246

第四节 低渗透油藏二氧化碳驱实施时机

注气时机是气驱开发方案设计的一项重要内容[4]。国内外学者较多借助物理模拟和数值模拟（"双模"实验）技术手段探讨注气时机问题，比如李向良、曹进仁等利用长岩心实验研究过注气时机问题。由于物理模拟是针对某一具体问题仅在岩心尺度上进行研究，所得结论缺乏普遍性；而低渗透油藏多组分气驱数值模拟受制于对油藏的认识程度、地质模型逼近真实储层程度、对注气复杂相变的认识程度、对三相以上渗流机理认识程度和渗流数学模型描述注气过程的可靠程度等，气驱数模结果可靠性堪忧。本节以开始注气时水驱采出程度表示注气时机，应用气驱增产倍数概念和油藏工程基本原理等研究了低渗透油藏气驱采收率相关指标与注气时机关系。

一、技术最优注气时机

根据油藏工程基本原理，提出了气驱采收率计算公式；结合气驱增产倍数概念给出了气驱采收率、油藏最终采收率以及气驱提高采收率幅度计算方法，并利用微积分方法研究了三个采收率相关指标随开始注气时水驱采出程度的变化规律；从数学上证明低渗透油藏注气越早，三个采收率相关指标越好。所得结论与物理模拟结果一致，并从微观层面解释了气驱提高采收率幅度随转驱时水驱采出程度增加而下降的原因。最晚注气时机确定方法通过技术经济学评价方法给出。

1. 注水对 CO_2 驱最小混相压力的影响

以注水开发多年的乾安高含水油藏为例，细管实验确定的无水条件下 CO_2 驱最小混相压力为 20.2MPa（见表 5-6）。水的存在是否会改变 MMP，须要开展含水条件下的细管实验研究确定。依据实验结果确定水驱 0.3PV 后再进行 CO_2 驱的最小混相压力是 20.05MPa。含水条件下的 CO_2-乾安 I 地层油体系 MMP 与无水条件下的 20.20MPa 的 MMP 十分接近，说明水的存在对 CO_2-地层油 MMP 影响很小。

表 5-6 乾安 I 井区水驱 0.3PV 下地层油最小混相压力实验结果（细管法）

实验温度/℃	实验压力/MPa	注入 1.20PV 采出程度/%		评价
		CO_2 驱	0.3PV 水+CO_2 驱	
76.0	18.5	85.52	88.57	近混相
76.0	20.0	92.90	92.65	基本混相
76.0	22.0	94.75	94.36	混相
76.0	26.0	95.39	96.10	混相
最小混相压力		20.20MPa	20.05MPa	

表 5-7 乾安 I 井区不同水驱程度时地层油最小混相压力实验结果（细管法）

实验温度/℃	实验压力/MPa	水驱程度/PV	1.20PV 采出程度/%	评价
76.0	22.0	0.00	94.75	混相
76.0	22.0	0.30	94.36	混相
76.0	22.0	0.53	94.28	混相

在混相压力 22MPa 下分别进行了无水驱、水驱 0.3PV 和水驱 0.53PV（水突破）三种水驱程度的 CO_2 细管驱替实验，结果见表 5-7，采出程度与水驱程度的关系曲线见图 5-11。3 种水驱程度的 CO_2 混相驱的采出程度基本一致，说明在混相条件下，水驱

程度对细管模型 CO_2 驱油效率影响不大。

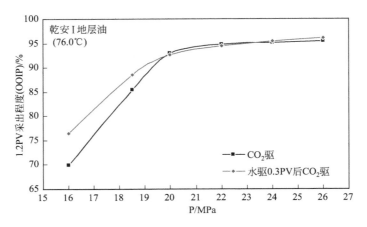

图 5-11　水驱后 CO_2 驱替采出程度与驱替压力关系曲线

在混相压力 24MPa 下进行 0.3PV 后再进行 CO_2 混相驱的细管驱替实验数据见表 5-8，原油采出程度、产出气油比以及产液含水率与注入量的关系曲线见图 5-12。从驱替过程看，注入水在驱替 0.98PV 时突破，但突破后产水很少；接着是注入 CO_2 在 1.18PV 突破，突破后马上产出大量气，气油比急剧升高；而直到 1.37PV 才产出大量的水。虽然水先于 CO_2 注入，但大多数的注入水滞后于 CO_2 产出。

表 5-8　水驱 0.3PV＋CO_2 混相驱细管驱替实验数据

注入量/PV	采出程度/%	气油比	含水率/%	注入流体	备注
0.00	0.00	—	—	水驱	—
0.10	9.81	40.27	0.00	水驱	—
0.20	20.18	38.41	0.00	水驱	—
0.30	29.82	38.23	0.00	转 CO_2 驱	—
0.39	35.98	39.39	0.00	CO_2 驱	—
0.58	47.60	38.96	0.00	CO_2 驱	—
0.93	71.20	40.00	0.00	CO_2 驱	—
0.98	75.30	39.35	3.78	CO_2 驱	少量水突破
1.18	91.13	68.96	3.16	CO_2 驱	气突破
1.37	95.10	1170	25.35	CO_2 驱	大量水产出
1.48	95.34	—	0.00	CO_2 驱	—

2. 气驱采收率相关指标的变化规律

（1）气驱采收率变化规律

将转驱时油藏视为新油藏。气驱采收率受控于油藏地质条件、剩余地质储量、混相程度以及井网情况等多种因素。考虑到水驱采收率计算公式已包含了地质和井网因素，

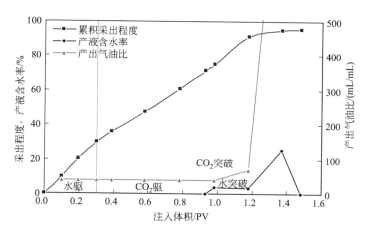

图 5-12　水驱 0.3PV+CO$_2$ 混相驱细管实验参数变化曲线

且多轮次的水气交替注入使气驱波及体积与水驱趋同。将气驱波及体积与水驱波及体积之比称为气驱波及体积修正因子，根据"采收率等于驱油效率和波及系数的乘积"这一基本油藏工程原理，笔者提出了气驱采收率计算公式：

$$E_{Rg} = \eta \frac{S_o}{S_{oi}} \frac{E_{Dg}}{E_{Dw}} E_{Rwn} \qquad (5-1)$$

式中，E_{Rg} 为基于原始地质储量的气驱采收率；E_{Rwn} 为基于转驱时剩余地质储量的水驱采收率；S_{oi}、S_o 分别为原始与转驱时平均含油饱和度；E_{Dg}、E_{Dw} 分别为转驱时气和水的驱油效率（基于原始含油饱和度），%；η 为气驱波及体积修正因子。

将基于转驱时剩余地质储量的水驱采收率 E_{Rwn} 转化为基于原始地质储量的水驱采收率：

$$E_{Rwn} = (R_{eu} - R_{e0}) \frac{S_{oi}}{S_o} \qquad (5-2)$$

式中，R_{eu} 为基于原始地质储量的经验水驱采收率；R_{e0} 为开始注气时的基于原始地质储量的水驱采出程度。

基于多轮次水气交替注入，且气驱波及系数和水驱情形相似，即气驱波及体积修正因子 η 可取值 1.0，并且气驱残余油饱和度近似为常数所提出低渗透油藏气驱增产倍数概念及工程计算方法：

$$F_{gw} = \eta \frac{E_{Dgi}}{E_{Dwi}} = \frac{R_1 - R_2}{1 - R_2} \qquad (5-3)$$

式中，$R_1 = E_{Dgi}/E_{Dwi}$；$R_2 = R_{e0}/E_{Dwi}$；E_{Dgi}、E_{Dwi} 分别为气和水初始（油藏未动用时）驱油效率。

式（5-3）又等价于：

$$F_{gw} = \eta \frac{E_{Dg}}{E_{Dw}} = \frac{D_{Dgi} - R_{e0}}{E_{Dwi} - R_{e0}} \qquad (5-4)$$

将式（5-2）、式（5-4）代入式（5-1）得：

$$E_{Rg} = \frac{E_{Dgi} - R_{e0}}{E_{Dwi} - R_{e0}}(R_{eu} - R_{e0}) \tag{5-5}$$

上式表明，气驱采收率与剩余水驱采收率（水驱采收率和水驱采出程度之差）成正比。水驱开发效果越好，水驱采收率越高，气驱采收率也会越高。

式(5-5)对转驱时采出程度的导数为：

$$\begin{cases} \dfrac{dE_{Rg}}{dR_{e0}} = -1 + \chi \\ \chi = \dfrac{(E_{Dgi} - E_{Dwi})(R_{eu} - E_{Dwi})}{(E_{Dwi} - R_{e0})^2} \end{cases} \tag{5-6}$$

在混相条件下，气驱油效率总高于水驱油效率，即 $E_{Dgi} > E_{Dwi}$；且水驱采收率不会超过水驱油效率，即 $R_{eu} \le E_{Dwi}$。故 $(E_{Dgi} - E_{Dwi})(R_{eu} - E_{Dwi}) \le 0$。因此：

$$\chi = \frac{(E_{Dgi} - E_{Dwi})(R_{eu} - E_{Dwi})}{(E_{Dwi} - R_{e0})^2} \le 0 \tag{5-7}$$

将 χ 代入式(5-5)得到：

$$\frac{dE_{Rg}}{dR_{e0}} = -1 + \chi < 0 \tag{5-8}$$

上式表明，气驱采收率随着转驱时采出程度的增加是逐渐下降的，即注气越晚，气驱阶段采收率越低。

（2）最终采收率变化规律

油藏最终采收率为转驱时采出程度与气驱采收率之和：

$$E_R = E_{Rg} + R_{e0} \tag{5-9}$$

将式(5-5)代入式(5-9)得到：

$$E_R = \frac{E_{Dgi} - R_{e0}}{E_{Dwi} - R_{e0}}(R_{eu} - R_{e0}) + R_{e0} \tag{5-10}$$

上式对水驱采出程度的导数为：

$$\frac{dE_R}{dR_{e0}} = \frac{(E_{Dgi} - E_{Dwi})(R_{eu} - E_{Dwi})}{(E_{Dwi} - R_{e0})^2} \tag{5-11}$$

将式(5-7)代入上式，直接写出：

$$\frac{dE_R}{dR_{e0}} = \chi < 0 \tag{5-12}$$

式(5-12)表明，油藏最终采收率随着转驱时采出程度增加是逐渐下降的。欲使累积产量最多，须尽早转入气驱开发。

（3）气驱提高采收率幅度变化规律

气驱提高采收率幅度为油藏最终采收率与单纯水驱采收率之差：

$$\Delta R_g = E_R - R_{eu} \tag{5-13}$$

将式(5-5)、式(5-9)代入式(5-13)得到：

$$\Delta R_g = \left(\frac{E_{Dgi} - R_{e0}}{E_{Dwi} - R_{e0}} - 1 \right)(R_{eu} - R_{e0}) \tag{5-14}$$

上式表明，气驱提高采收率幅度与剩余水驱采收率成正比。水驱开发效果越好，水驱采收率越高，气驱提高采收率幅度也会越高。取上式对转驱时采出程度的导数得到：

$$\frac{\mathrm{d}\Delta R_g}{\mathrm{d}R_{e0}} = \frac{(E_{Dgi} - E_{Dwi})(R_{eu} - E_{Dwi})}{(E_{Dwi} - R_{e0})^2} \qquad (5\text{-}15)$$

将式(5-7)代入式(5-15)有：

$$\frac{\mathrm{d}\Delta R_g}{\mathrm{d}R_{e0}} = \chi < 0 \qquad (5\text{-}16)$$

因此，气驱提高采收率幅度随着注气时间推后亦单调递减，注气越晚，提高采收率幅度越低。

二、经济合理注气时机

注气实践表明，注气越晚，注气时的单井产量越低，注气经济性越无法保证。当气驱见效高峰期产量低到一定程度时，注气项目接近盈亏平衡，此时的见效高峰期产量即为经济极限产量。将转气驱时的油藏视为新油藏，通过将未收回水驱产能建设投资纳入增量投资的办法，可将气驱项目作为新项目进行经济评价，得到经济极限气驱单井产量计算方法：

$$\begin{cases} q_{ogel} = \dfrac{(\lambda + 1)P_w(1 + i_0 T_c)}{0.0365\alpha_o\psi[1 + i(T_c + 1)]} \\ P_{oe} = (1 - r_t)P_o - P_s - \left[\left(u_s - \dfrac{y_c GOR}{520}\right)P_g + P_{mw}\right] \end{cases} \qquad (5\text{-}17)$$

其中：$\psi = \displaystyle\sum_{j=1}^{T_c} P_{oe}r_{co}(1+i)^{-j} + \sum_{j=T_c+1}^{T_c+T_s} P_{oe}(1+i)^{-j} + \sum_{j=T_c+T_s+1}^{n} P_{oe}e^{-D_g(j-T_c-T_s)}(1+i)^{-j}$

从气驱采收率计算公式入手，推导出低渗透油藏气驱产量变化规律。气驱见效高峰期单井产量计算方法为：

$$q_{ogs} = F_{gw}q_{ow0} \qquad (5\text{-}18)$$

式中，q_{ogs} 为气驱见效高峰期单井产量，t/d；q_{ow0} 为注气前一年内的正常水驱单井产量，t/d。

根据式(5-18)，先由水驱开发经验规律得到水驱单井产量分布，再将历年水驱单井产量乘以相应的气驱增产倍数即可得到气驱见效高峰期单井产量分布情况。然后根据式(5-17)计算出不同转驱时间的气驱经济极限单井产量分布情况，并与气驱见效高峰期单井产量进行对比，即可判断满足经济性要求最晚注气时机。

三、应用

1. 物理模拟验证

曹进仁利用草舍油田泰州组岩心（平均渗透率为 27.7mD）开展了 CO_2 驱长岩心驱替实验：先注水 0.14HCPV 后转入 CO_2 混相驱的最终采收率为 86.1%；注水

0.60HCPV 后再 CO_2 混相驱的最终采收率是 79.6%。王生奎等利用长岩心驱替实验研究了阿尔及利亚某油藏（渗透率为 45.8mD）的混相富气驱注入时机问题，发现早期注入富气 0.5PV 后再水驱至结束的最终采收率要比水驱结束后再注入 0.5PV 富气的采收率高 6.68%。李向良等利用长岩心实验研究了胜利油田樊 124 区块（渗透率为 4.7mD）注 CO_2 驱油时机问题，发现注水 0.3PV 后转 CO_2 驱的驱油效率为 71.6%，而水驱结束后转 CO_2 驱的最终驱油效率为 69.4%。张艳玉等研究了某低渗油藏（渗透率为 40mD）天然气驱的注气时机问题：发现水驱采出程度 14.6% 之后再水气交替的驱油效率为 64.5%，而水驱结束后转水气交替驱的最终驱油效率为 62.1%。

上述物理模拟实验表明：注气越晚，最终采收率越低，气驱提高采收率幅度也越低。造成这种结果的微观机理有：

① 含油饱和度降低会造成油气接触机会和接触面积减少；

② 油气之间存在水相时，气体欲接触油相须先穿过水相，附加注入气在水中溶解和扩散过程，进入油相难度增大；机会也相应减少；

③ 气相为非润湿相且水气界面张力较高，对气相进入孔隙盲端抽提水锁残余油造成障碍；

④ 低渗透油藏采出程度越高，地层压力往往越低，不利于注入气充分萃取地层油中轻组分和气驱油效率的提高。上述原因都会造成气驱提高采收率幅度下降。

2. 采收率指标计算

应用本文方法计算了国外低渗透 LC 油田实施 CO_2 混相驱的采收率相关指标。该油田标定水驱采收率为 58.0%，混相气驱油效率为 91.0%，水驱油效率为 65.0%。不同注气时机的气驱采收率根据式（5-5）计算，最终采收率根据式（5-10）计算，气驱提高采收率幅度由式（5-14）计算。可以看出，LC 油田 CO_2 混相驱提高采收率幅度始终很高（表 5-9），而根据实际生产情况判断采收率能够提高 18%。当然，良好的注气效果主要是由好的油藏条件（储层和流体）决定的，水驱效果好是气驱效果好的必要条件。LC 油田 CO_2 混相驱采收率指标计算结果见图 5-13。

表 5-9　LC 油田 CO_2 混相驱采收率指标计算结果

转驱时采出程度/%	0.0	9.0	18.0	27.0	36.0	45.0
气驱采收率/%	81.2	71.8	62.1	52.2	41.7	29.9
最终采收率/%	81.2	80.8	80.1	79.2	77.7	74.9
注气 EOR 幅度/%	23.2	22.8	22.1	21.2	19.7	16.9

3. 最晚注气时机计算

以国内某特低渗透 HFN 油藏为例，介绍确定 CO_2 混相驱的最晚注气时机的方法。HFN 油藏标定水驱采收率为 18.2%，混相气驱油效率为 80.0%，水驱油效率为 55.0%。根据前述方法计算得到 HFN 油藏的水驱单井产量分布和气驱见效高峰期单井产量分布情况以及气驱经济极限单井产量情况，见图 5-14。可以看出，HFN 油藏的气驱经济极限单井产量约在 2.0～2.2t/d，不同开发时间转气驱所能够达到的单井产量并不总高于相应的气驱经济极限单井产量，并且在水驱 7～8 年之后，气驱经济极限单井产量开始高于气驱见效高峰期单井产量。因此，欲使气驱经济可行，最晚应在水驱开发第 7 个年头开始注气。另外，虽然理论上注气越早越好，但在实际生产中，水驱开发一段时间，待到油井见到注水反应，明确注采对应关系，增加对地下油藏的认识，对预判和应对注气过程中出现的问题是有益的。

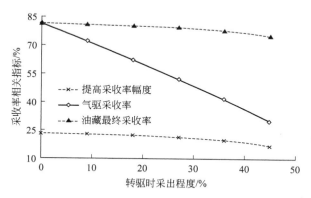

图 5-13 LC 油田 CO_2 混相驱采收率指标计算结果

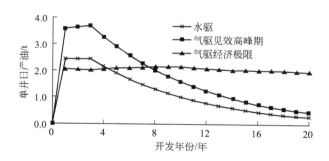

图 5-14 HFN 油藏 CO_2 混相驱采收率指标计算结果

研究结论为，水的存在对 CO_2-地层油 MMP 影响很小；水驱后进行 CO_2 驱，CO_2 能穿越水段塞驱替地层油；在混相驱条件下，水驱程度对细管模型 CO_2 驱油效率影响很小。实施 CO_2 混相驱替，能有效提高注驱油藏采收率。本节提出低渗透油藏气驱采收率、油藏最终采收率和气驱提高采收率幅度计算公式。三个采收率相关指标均随转驱时水驱采出程度增加而减少。低渗透油藏注气越早，最终采收率越高，提高采收率幅度也越大。水驱效果好是气驱效果好的必要条件，建议尽早注气。

第五节 百万吨级CCUS-EOR项目设计

由前面注气时机研究结果可知，越早注气采收率相关技术指标越好。油价固定时，气驱项目经济性也会越好。由此提出，鄂尔多斯盆地 CO_2 驱规模化应用须立足长庆等油田开发现状，及早规划和部署注气工作。以源汇匹配成果为依据，考虑规模注气与稳产接替需要，确定目标油藏并进行 CO_2 驱项目的油藏工程、注采工程和地面工程设计，进而分析项目整体技术经济综合可行性，为制定有助于 CCUS 产业发展的政策法规提供技术依据。

一、百万吨级项目设计原则

为确保规模化注气项目效果，CO_2 百万吨注入方案设计与实施应遵循如下原则。

① 注气项目方案设计与实施应遵循"先易后难、科学设计、有序实施、确保安全、注重效益"的指导方针。

② 注气方案编制须充分借鉴国内外注气经验，应用成熟技术和方法，提高方案合理性。

③ 油藏工程研究须充分利用地质研究成果，确定合理生产指标。

④ 地面工程设计要特别注重地面-油藏-井筒一体化，确定合理规模。

⑤ 输气管道设计要照顾多家公司用气需求，确定合理路线。

⑥ 气驱油藏监测和跟踪调整要及时，提高 CO_2 驱开发水平。

⑦ 从系统观点出发，保证安全生产，循环注气，全流程 CO_2 零排放。

二、CO_2 驱目标油藏确定

1. 源汇匹配合理路径——北干线

筛选出的油藏品质基本上决定了 CO_2 驱开发效果，因此必须高度重视油藏筛选。截至 2016 年底，我国石油行业已开展各类 CO_2 驱油试验项目 30 多项。其中，中国石油共开展 20 项，中国石化开展近 10 项，陕西延长石油开展 3 项。国内对注气生产动态特征已经有了相当全面的认识，对 CO_2 驱开发规律也有了系统性、定量化理解。在国外注气油藏筛选方法的基础上，发展形成适合国内情况的 CO_2 驱油藏筛选方法，详见第四章第三节。

本次油藏筛选首先根据源汇匹配成果和技术可行潜力分布进行。由于技术可行潜力主要分布在安塞、靖安、华庆、姬塬、延长等主力油田。延长油田已开展的 CO_2 驱油试验分布在榆林到靖边、吴起沿线地区。上述三条路径中，只有北干线方案既能照顾到中石油长庆油田 CO_2 驱油技术规模发展需求，也能够满足延长油田用气需求，并且延长油田在建的 36 万吨/年的 CO_2 长输管道也沿此路线；北干线可输送 867 万吨 CO_2，大致可满足建成 300 万吨/年 CO_2 驱油生产能力的用气需求，能够满足两家油田中长期 CO_2 驱油技术需要；此外，北干线全线位于陕西省境内，不涉及跨省碳转移等问题。

2. 目标油藏

目标油藏确定方法整体上沿用适合 CO_2 驱的油藏筛选方法，在源汇匹配合理路径内即北干线附近选择。第一，要尽可能实现混相驱，选择目前地层压力达到或接近最小混相压力的区块。第二，要考虑到 CO_2 驱规模扩大和推广，选择具有较大含油面积和规模的代表性油藏。第三，要照顾到改善油田开发效果，提质增效需要，选择在各油田公司具有代表性的区块作为 CO_2 驱油和封存点。第四，还要考虑地面条件和碳源运输因素，选择源汇距离较近、地形地貌条件相对较好的区块，减少建设难度以确保经济性。

长庆油田具有在鄂尔多斯盆地实施 CCUS 的石油资源优势。目前长庆油田三叠系已开发的主要储层是长6和长8。长6是已开发的主力储层，典型油藏为安塞油田杏河区。沉积相以三角洲平原和前缘亚相沉积为主，储层物性较差（孔隙度为10%～16%，渗透率为1～10mD），微裂缝发育。以岩性油藏为主，油水分异较差。水驱油效率较低（含水95%时效率在40%左右）。地层温度约50℃，原始地层压力为10.2MPa，饱和压力为7.8MPa，属于低压油藏。长8储层是主力上产储层，典型油藏为姬塬油田罗1区等。沉积相以三角洲前缘亚相沉积为主，储层物性差（孔隙度为9%～13%，渗透率<1mD），以岩性油藏为主，储层非均质性较强，储层微裂缝也相对发育。

根据吉林油田和大庆油田已开展 CO_2 驱的经验，有效储层横向连续性差的大庆芳48区块的渗透率仅为0.5mD，吉林红87区块等品质过差的、渗透率小于0.3mD的超低渗储层等注气效果均不理想。而鄂尔多斯盆地1mD左右的油藏众多，储量巨大，有代表性。基于此，在本次目标油藏筛选过程中，暂不考虑水驱困难、渗透率小于0.5mD的油藏，而是选择位于姬塬油田中部、渗透率为0.85mD的超低渗油藏罗1区和位于安塞油田中北部、渗透率为1.98mD的特低渗油藏杏河北区两个亿吨级区块开展百万吨级 CO_2 驱油与埋存工程的可行性分析。此外，杏河中区递减率为7.2%，杏南区递减率为6.6%，而罗1区递减率为9.74%，杏河北区递减率为8.1%。油田寄希望于通过实施 CO_2 驱遏制产量递减是选择罗1区和杏河北区的另一原因。

三、目标油藏地质特征

1. 罗1区开发地质特征

（1）罗1区概况

罗1井区于2008～2010年规模建产，主力层长 8_1^1，砂体连片性好，油层分布稳定，属于超低渗透开发早期油藏。动用含油面积124.65km²，动用地质储量7012.2万吨，储量丰度为56.5万 t/km²，孔隙度为10.6%，空气渗透率为0.85mD，油藏埋深2540m，地层温度为78.3℃，2015年产油58.3万吨，采出程度5.37%，平均单井产量为1.3t/d。

（2）构造特征

罗1北部区是在东西向倾伏的低缓鼻状构造背景下，发育的多个幅度差在10m左右的微型构造。

（3）地层特征

目的含油层系为三叠系延长组长8油层，根据沉积旋回、曲线特征进一步细分长 8_1^1、长 8_1^2、长 8_2^1、长 8_2^2 四个小层，见图5-15。主要含油小层为长 8_1^1，每个小层可细分成两个沉积单元，罗1井区以长 8_1 为主，仅少量井钻遇长 8_2。

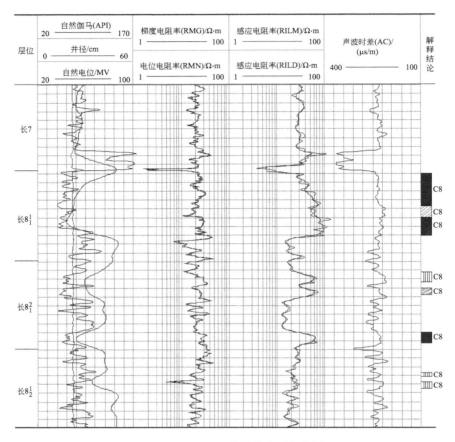

图 5-15　地 164-2 井单井小层柱状图

（4）储层发育情况

长 8 油层沉积环境为三角洲前缘亚相沉积，发育水下分流河道、分流间湾及前缘席状砂、河口坝微相，主要储油砂体为长 81^1 的水下分流河道。长 81^1 砂体钻遇率为 98.2%，横向分布稳定，厚度变化小，平均厚度 12.1m；长 81^2 砂体发育差，横向变化快，纵向上可见 2～3 个单砂体，单砂体厚度 2～3m，平均叠合厚度 5.2m。长 8 油层隔层分布稳定，长 81^1 小层顶部隔层厚度 44～108m，岩性为灰黑色泥页岩、油页岩，全盆地发育，与长 81^2 小层之间隔层厚度为 6～23m，平均 14m。

（5）储层岩石学特征

长 8 储层岩石类型为灰色、灰褐色细-中粒岩屑长石砂岩、长石岩屑砂岩，石英为 30.5%，长石为 28.4%，岩屑为 28.3%，填隙物总量平均值为 12.8%。粒度较细，平均粒径为 0.25mm，分选中至好。磨圆度主要表现为次棱，胶结类型以孔隙式胶结为主。长 8 储层敏感性矿物主要为绿泥石，其次为高岭石和伊利石，少量为伊/蒙间层。敏感性实验分析结果：中等偏弱—弱盐敏，无—弱酸敏、弱速敏，中等偏弱—弱水敏、弱碱敏。

（6）储层物性特征

长 8_1 油层岩心测试平均孔隙度为 9.2%，平均渗透率 0.52mD，属于低孔超低渗储层。储层非均质性较强，变异系数为 0.89，突进系数为 4.78，级差为 44.4。

（7）储层微观特征

长 8_1 油层孔隙类型以粒间孔和溶孔为主，平均孔径 29.3μm，总面孔率平均为 2.86%。平均喉道半径 0.15μm，排驱压力 1.74MPa，退汞效率 35.2%，属于小孔细喉型储层。

（8）裂缝发育特征

罗 1 区主要发育构造缝和层理缝，裂缝密度为 0.09 条/m，地 199-48 成像测井见 2 条高角度裂缝，总体来说天然裂缝发育较弱，没有形成大规模的裂缝系统，主要为北东东向，其次为北北西向。

（9）流体分布与特征

油水分布受岩性控制，局部发育岩性水夹层，区块内基本为油层和油水同层，未见油水界面。地层水为 $CaCl_2$ 型，氯离子含量平均为 29150.7mg/L，总矿化度平均为 48.3g/L。原始气油比为 85m³/t，地层温度为 78.3℃，原始地层压力为 19.04MPa，饱和压力为 9.01MPa，地饱压差为 10.03MPa，压力系数为 0.7，属于低压油藏。

（10）地质储量分布

长 8 油层的油水分布主要受岩性控制，区块内基本为油层和差油层，薄差层多发育干层，未见油水界面，油藏埋深 2420～2540m。油层主要集中在长 8_1^1，储量占比 80% 以上，是注气目的层。

2. 杏河北区开发地质特征

（1）杏河北区概况

杏河北区于 1993 年开始投入开发，区块自上而下发育长 4+5、长 6_1、长 6_2、长 6_3，层间非均质性强，属于特低渗透水驱开发中后期油藏。动用含油面积 221.54km²，动用地质储量 1.25 亿吨，储量丰度 56.4 万 t/km²，孔隙度 12.48%，空气渗透率 1.98mD，油藏埋深 1500～1600m，地层温度 50.3℃，2015 年底产油 34.5 万吨，采出程度 10.3%，平均单井产量 1.6t/d。

（2）构造特征

安塞油田区域构造属鄂尔多斯盆地伊陕斜坡，构造为一平缓西倾单斜，地层倾角小于 1℃，坡降 6～8m/km。发育由东向西倾伏的低缓鼻状构造，幅度在 5～10m。

（3）地层特征

自上而下钻遇地层：第四系、第三系、白垩系、侏罗系安定组、直罗组、延安组、富县组以及三叠系延长组等。主要含油层系为三叠系延长组长 6 油层，根据沉积旋回、曲线特征进一步细分长 6_1^1-1、长 6_1^1-2、长 6_1^1-3、长 6_1^2、长 6_2 和长 6_3 六个小层。

（4）储层特征

长 6 油层为三角洲前缘亚相沉积，发育水下分流河道、分流间湾及前缘席状砂、河口坝微相，具有明显的反旋回特征，主要储油砂体为长 6_1 的水下分流河道和河口坝。

长 $6_1{}^2$ 砂体钻遇率在 90％以上，砂体横向分布稳定，厚度变化小，平均厚度为 10.1m；长 6_2 和长 6_3 砂体发育次之，钻遇率在 70％以上，横向变化快，纵向发育 3～4 个单砂体，单砂体厚度 2～5m，平均叠合厚度 10m；长 $6_1{}^{1\text{-}3}$ 和长 $6_1{}^{1\text{-}2}$ 砂体钻遇率低、发育差。长 6 油层小层之间隔层分布稳定，岩性主要是泥质粉砂岩和泥岩，主要含油小层长 $6_1{}^2$ 与临层的隔层平均厚度为 6.74m，见图 5-16。

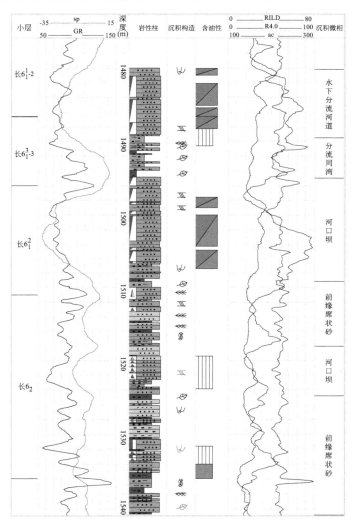

图 5-16　ZJ85 井沉积微相与岩电关系图

（5）储层岩石学特征

储层岩性为一套灰绿色细粒长石砂岩、岩屑长石砂岩，粒径为 0.1～0.4mm，成分以长石为主，石英次之，岩屑含量 10.51％～19.75％；颗粒分选较好，磨圆度次棱，胶结物以绿泥石、浊沸石、方解石为主，胶结类型为薄膜-孔隙型，属矿物成熟度低、结构成熟度高的砂岩储层。储层敏感性矿物主要为绿泥石，其次为伊利石及少量的伊/蒙间层，敏感性实验分析结果：无一弱水酸、无一弱速敏、无一酸敏、无一弱盐敏。

（6）储层物性特征

本区岩心分析平均孔隙度11.4%、平均渗透率0.89mD，长 6_1^{1-2} 和长 6_1^2 小层物性最好，其余小层间差距不大；储层非均质性中等偏强，长 6_1^2 小层变异系数为0.62，突进系数为23.7。

（7）储层微观特征

孔隙类型以粒间孔为主，溶孔次之，平均孔径为52.1μm，总面孔率平均为6.61%；平均喉道半径0.29m，一般在0.03~0.56μm，排驱压力为1.09MPa，退汞效率为30.63%，属中-小孔微细喉型储层。

（8）裂缝发育特征

杏北19口取心井中5口井见天然裂缝，垂向延伸短（0.2~3m），46块薄片观察，仅见一条微裂缝，总体评价裂缝不发育，主要为NE90°及NW向。

（9）流体分布与特征

油水分布受岩性控制，局部发育岩性水夹层，区块内基本为油层和油水同层，未见油水界面，油藏埋深1450~1610m。地层水为 $CaCl_2$ 型，氯离子含量平均为26792mg/L，总矿化度平均为78.93g/L，pH值为6.4。地层温度为48.88℃，原始地层压力为10.2MPa，饱和压力为7.8MPa，地饱压差为2.94MPa，压力系数为0.7~0.8，属于低压油藏。

（10）地质储量分布

试验区油层主要有长 6_1^2、长 6_2 和长 6_3，长 6_1^2 大面积连续分布，厚度分布比较集中，平均8m，长 6_2 和长 6_3 呈带状和宽带状分布，平均厚度分别为2.6m和5.1m，碾平厚度约12m，典型开发单元 6_1^2 深地质储量占比为86%。

四、油田水驱开发简况

1. 罗1区水驱开发

姬塬油田罗1区长8油藏于2008试采并投产，2009~2011年处于快速规模建产阶段，2011年9月，油井数超过1000口。油层平均射开程度为55.0%，初期稳定产量为2.31t/d，长期趋势无稳产期。目前地质储量采出程度为8.96%，地质储量采油速度为0.5%，综合含水约为49.5%，单井产量为1.35t/d，单井产量处于递减阶段，油田开发处于低渗透油藏中期开发阶段。2011~2012年产油处于峰值，此后进入递减阶段；2012年水井数开始缓慢增长，注采井网逐步完善，含水开始逐步上升，整体上是直线升高趋势。目前整体以低含水为主，部分油井呈现裂缝见水特征，地层堵塞导致欠注现象较为突出，加之油藏非均质性强，平面上地层能量分布不均，剖面上注水井吸水剖面不均。

目前地层压力保持水平在83.6%，压力保持水平偏低；边角井压差小，压力平面上分布相对较均衡。水井平均注水压力为14.7MPa，井底流压在40MPa左右。由于井网调整和生产井数变化，历年平均单井产量服从指数递减规律，递减率 9.74%。部分生产井有"水窜"或"台阶式"含水上升特征，单井产液量整体上呈现先降后升趋势，符合一般规律。实施 CO_2 驱有望显著改善开发效果。

罗 1 区综合含水率变化情况见图 5-17，罗 1 区单井产量变化情况见图 5-18。

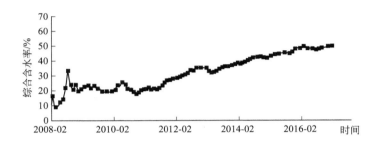

图 5-17　罗 1 区综合含水率变化情况

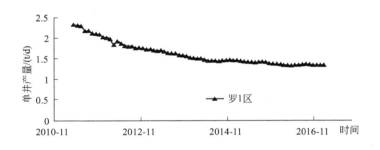

图 5-18　罗 1 区单井产量变化情况

2. 杏河北区水驱开发

安塞油田杏河北区长 6 油藏于 1993 年开始投入开发，快速规模建产，多年来注采井数相对稳定。本区裂缝相对发育，生产上呈现"裂缝主方向水窜、裂缝主方向高压"的一般特征，油井呈现裂缝见水特征明显，综合含水持续升高，例如 2008 年为 28.3%，2016 年底升高到 57.5%；老区注水井排主向油井见水快，侧向油井长期保持低含水率，转注主向油井形成排状注水后，开发效果较好；裂缝主向井压力 18.09MPa，侧向压力 10.75MPa，主侧向压差 7.34MPa，生产井表现为明显的方向性见水；该区为多油层叠合，生产层系较多，主要通过开展分层注水提高水驱动用程度，取得较好效果。

目前井口平均注入压力为 11.2MPa，比初期升高 5.0MPa，注水压力明显升高，注水能力有所下降。压力保持水平在 105%，水驱动用程度保持在 76.0% 以上。历年平均单井产量服从指数递减规律，递减率为 8.12%。堵水效果持续时间短，水驱调整难度大，近年来单井产量持续下降，继续寻找提高采收率技术。

杏河北区综合含水率变化特征见图 5-19，杏河区单井产量变化情况见图 5-20。

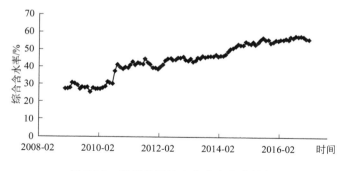

图 5-19　杏河北区综合含水率变化特征

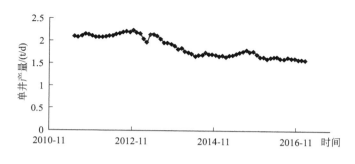

图 5-20　杏河区单井产量变化情况

五、CO_2 驱油藏工程设计

由于 CO_2 百万吨规模注入涉及生产区块较多，采用基于气驱油藏工程方法的 CO_2 驱油藏方案设计技术确定生产指标，为 CO_2 驱地面工程和注采工程设计，以及项目总体经济评价提供依据。

1. 注采联动气驱生产技术模式

本次百万吨注入项目油藏工程设计仍然采用混合水气交替联合周期生产（HWAG-PP）的方案设计模式，见图 5-21。"HWAG-PP"技术特点是注重注采联动配合、注重水动力学调整，对于快速抬升地层压力、扩大注入气波及体积的气驱开发技术模式被证明是高效的，在国内气驱开发研究和低渗透油藏注气生产实践中得到了多次应用。HWAG-PP 的技术内涵如下。

① 混合水气交替（HWAG）。先注入一个大 CO_2 段塞，然后再逐步减小段塞或交替周期实施水气交替的做法被称为混合水气交替。

② 周期生产（PP），即生产井的间开间关。

③ HWAG-PP 是在注入井实施混合水气交替（HWAG），扩大波及体积的基础上，联合油井的周期生产（PP）。既起到进一步控制气窜的作用，又起到快速抬高地层压力强化混相的作用。这种注采联动扩大波及体积的气驱模式命名为：混合水气交替联合周期生产气窜抑制技术。

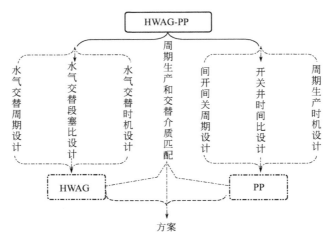

图 5-21　气驱方案设计模式

2. CO_2 驱开发层系与井网

（1）气驱开发层系

适合 CO_2 驱的技术可行潜力区油藏具有以下典型特征：所选择潜力区的储层渗透率以 0.6～3mD 为主，油气藏压力系数普遍偏低，为 0.7～0.85，三叠系油藏地下原油黏度为 1.0～4mPa·s。基本上都可以实现混相/近混相驱油。储层孔隙结构复杂，非均质性强，微裂缝发育，并且注入目的层的石油储量丰度在 (30～50)×10^4t/km²。长庆油田储层物性差，非均质性强，裂缝发育，注入水沿裂缝和高渗条带等优势渗流通道窜流和突进，水驱波及体积低，整体标定采收率仅 21.1%，三叠系采收率仅 19.6%，与国内其他油田对比，水驱采收率相对较低。类似地，延长油田采收率也很低，标定平均值仅有 10.9%。

总之，区域内低储量丰度低，采收率低，渗透率级差不大，适合采用一套井网、一套开发层系进行 CO_2 驱开采；而采用两套及以上开发层系难以保证经济性和利润最大化。此外，目前水驱井网已经形成，再打一套井网在经济上也不可行。

（2）CO_2 驱井网密度

井网密度对气驱开发效果有决定性影响[5]，由于国内规模性气驱实践经验少，加之气驱本身的复杂性，气驱井网密度的计算方法还未见报道。储层地质情况、转驱时剩余储量和气驱混相程度决定了注气的可行性，也决定了气驱井网密度。提出考虑当前采出程度和混相程度的气驱采收率计算公式，在气驱采收率与水驱采收率之间建立了联系。以气驱采收率计算为基础，从技术经济学观点考察了注气项目在评价期内的投入产出情况，建立了气驱井网密度与净现值之间联系。应用微积分学驻点法求极值方法，得到了注气开发低渗透油藏的经济最优和经济极限井网密度的数学模型，实际应用表明气驱井网密度数学模型可用于指导国内注气实践。注气项目在评价期内的总收入为原油及伴生气总销售收入与回收固定资产余值之和。总支出则包括总经营成本、固定投资及利息、总销售税金、资源税和石油特别收益金。净现值（NPV）等于总收入减去总支出。总利润最大时的井网密度就是经济最优井网密度。通过求解 $\mathrm{d}NPV/\mathrm{d}s = 0$，可得经济最优井网密度 S_r。下式即为经济最优气驱井网密度数学模型[5]，用牛顿法迭代求解，采油速度由气驱增产倍数或递减规律得到：

$$\begin{cases} S_r^2 = \dfrac{\alpha N \sum\limits_{j=1}^{n} \{[(1-r_{st})P_o - P_m - Q]\alpha_{og}R_{vg}\}_j (1+i)^{-j}}{A P_w \left[\dfrac{(1+i_0)^{T_c}}{T} \sum\limits_{j=1}^{T}(1+i)^{-j} - 0.03(1+i)^{-n} \right]} \\[4mm] E_{Rg} = \eta \dfrac{E_{Dg}}{E_{Dw}} \cdot \dfrac{S_o}{S_{oi}} E_{Rw}, E_{Rg} = \sum\limits_{j=1}^{n} R_{vgj} \end{cases} \quad (5-19)$$

式中，α 为常数；E_{Rg}、E_{Rw} 为气驱和水驱采收率；E_{Dg}、E_{Dw} 为气驱和水驱驱油效率；R_{vg} 为气驱采油速度；n 为评价期，年；α_{og} 为油气商品率；T 为投资贷款偿还期，年；T_c 为项目建设期，年；P_w 为平均单井固定投资，万元；S_{oi} 为原始含油饱和度；S_o 为当前含油饱和度；N 为地质储量，万吨；A 为含油面积，km^2；P_o 为油价，元/吨；P_m 为单位操作成本，元/吨；r_{st} 为增值税、教育费附加和城市维护建设"三税"税率之和；S_r、S_c 为经济最优和经济极限井网密度，口/km^2；i_0 为固定投资贷款利率；i 为贴现率；Q 为吨油上缴资源税和特别收益金，元；上下标 j 指第 j 年。

特低渗透油藏注气实践发现，气驱采取较大的井距，比如 500m 虽然可以见效，但井网密度还要考虑 WAG 阶段的注水对于井距的要求，过大的井距对于水气交替注入阶段的水段塞注入和起作用是很难的。并且，井网过稀、井距过大，不利于获得较高的气驱或水驱采收率。

以潜力区块平均渗透率 2.0mD，储量丰度 50 万 t/km^2 为例，利用以上模型研究了 CO_2 驱经济性极限和经济最优井网密度随吨油操作成本的变化情况，发现经济合理井网密度约为 12～16 口/km^2，并且经济极限和经济合理井网密度窗口较狭窄，井距在 250～300m 之间可以接受，可以采取 270m 左右的井距。井网密度和吨油成本的关系见图 5-22，气驱井距与吨油成本的关系见图 5-23。

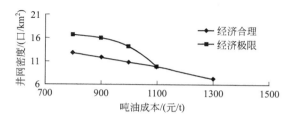

图 5-22　井网密度与吨油成本的关系

在不考虑成本随时间变化情况下，测算井网密度对注气项目经济性的影响。在水驱吨油操作成本按 800 元，CO_2 驱新增吨油操作成本按 1000 元，CO_2 驱提高采收率幅度为 10% 的情况下，计算了不同油价下罗 1 区和杏河区两个区块的气驱井网密度或平均

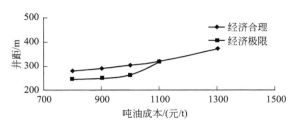

图 5-23　气驱井距与吨油成本的关系

注采井距情况（表5-10）。可以发现，油价越低，越不支持密井网。油价为65～70美元时，罗1区平均注采井距为257～297m，杏河区平均注采井距287～330m。油价过低时，已经不适合实施 CO_2 驱。此外，井网井距还要考虑 WAG 注入阶段的注水对于井距的要求，过大的井距将使注水困难。

表 5-10　不同油价下的井网密度或平均注采井距测算

油价($/bbl)		60	65	70
罗1区	井网密度/(口/km²)	7.9	11.5	15.1
	平均注采井距/m	356	295	257
杏河区	井网密度/(口/km²)	6.3	9.2	12.1
	平均注采井距/m	398	330	287

罗1区目前平均注采井距285m，杏河区平均注采井距约300m。根据前述两种方法的测算结果，两个区块井网密度没有大的调整余地。将来根据需要，可对注气井网进行局部调整。

（3）注气井网类型

井网类型主要取决于油藏开发方式和油藏砂体展布和裂缝发育情况。吉林油田低渗透油藏开发常用反七点井网，黑59区块裂缝方向为东西向，采用反七点井网；大庆油田常用方形反五点井网，适应东西向裂缝条件，可见到明显效果；长庆油田常用菱形反九点井网，长庆油田北东向裂缝很常见，注水沿着裂缝主方向运动，造成裂缝型见水和含水分布情况在生产中很常见，比如王窑老区长6油藏含水分布（图5-24）、白马南区含水分布（图5-25）、五里湾一区长6（图5-26）含水分布、杏河北区含水分布（图5-27）都有类似特征。水驱采用转向方形或菱形反九点井网是应对这些情况的主要手段，以有效减缓含水升高，取得相对好的开发效果。注气情况也是一样，必须采用适应性井网类型。

长庆靖安油田五里湾一区沿用转向的反九点井网，空气泡沫驱油试验（图5-28）可以见到注气效果；延长油田靖边乔家洼 CO_2 驱试验区井网（图5-29）不规则，主要有四点法、反七点和五点法等井网类型，注气反应明显，产量增加明显，取得了良好效果。此外，现有井网已经形成，且井况良好，比如姬塬、华庆等2000年以后开发的油田。整体舍弃现有井网，再行部署一套新井网专门实施 CO_2 驱，在经济上并不可行。沿用现有井网，根据实际情况打更新井或进行井网调整则是一个比较通行的做法。

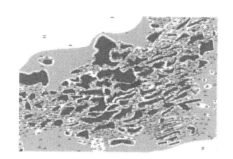

图 5-24　王窑老区长 6 油藏含水分布图

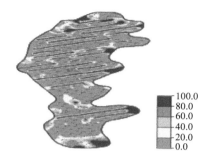

图 5-25　白马南区含水分布

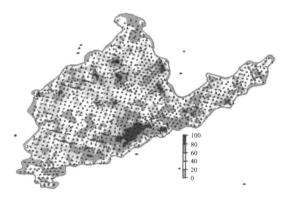

图 5-26　五里湾一区长 6 含水分布图

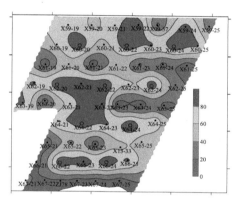

图 5-27　杏河北区含水分布

图 5-28　五里湾一区空气泡沫驱油试验

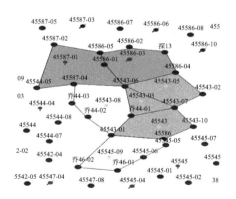

图 5-29　乔家洼 CO_2 驱试验区井网图

3. 地层压力保持水平

注气开发有混相驱、非混相驱等驱替方式，这取决于地层压力的水平、油藏温度，还有地层流体以及注入流体的性质。混相驱条件下，驱油效率较高，采收率较高。对于 CO_2 驱来说，地层压力水平是否高于最小混相压力是决定是否可实施混相驱的唯一因素，也是驱油效果的控制性因素。国际上确定最小混相压力通常采用和实际更加接近的细管实验。

（1）姬塬油田罗 1 区 CO_2 驱目标地层压力

细管实验表明，姬塬油田罗 1 区 CO_2 驱最小混相压力为 19.8MPa，略高于原始地层压力。注气可以快速大幅度补充地层能量，该油藏具备实施混相驱的条件，可保证较高的驱油效率和气驱采收率。实际应用时，地层压力应在最小混相压力之上，可取为 20～21MPa，罗 1 区油藏平均埋深 2540m，目前地层压力 15.9MPa，通过实施 CO_2 驱，将地层压力抬高 5.0MPa 以上，使混相驱具有可行性。罗 1 区 CO_2 驱最小混相压力测试结果见表 5-11。

表 5-11　罗 1 区 CO_2 驱最小混相压力测试结果

驱替压力/MPa	16	18	20	22	24	26
采收率/%	67.71	79.93	89.04	91.6	92.35	92.82

（2）安塞油田杏河区 CO_2 驱目标地层压力

细管试验测试结果表明，杏河区 CO_2 驱最小混相压力为 16.6MPa，目前杏河区地层压力为 10.8MPa，油藏整体具备实施近混相/混相驱的条件，可保证较高驱油效率和气驱采收率。实际应用时可以选择 15～16MPa 作为目标压力，立足实现近混相驱。此外，杏河区原油黏度为 2.2mPa·s，适合 CO_2 驱，油藏温度仅 51.2℃。根据东部开展 CO_2 驱的经验，在如此低的地温梯度和油藏温度下，相应的最小混相压力应该在 15MPa 左右，根据经验公式实际测算 MMP 为 14.8MPa。综合考虑多种因素可认为，杏河区油藏埋深 1550m，通过注气达到目标地层压力接近最小混相压力，实现近混相驱是可行的。罗 1 区最小混相压力见图 5-30，杏河区最小混相压力见图 5-31，杏河区 CO_2 最小混相压力测试结果见表 5-12。

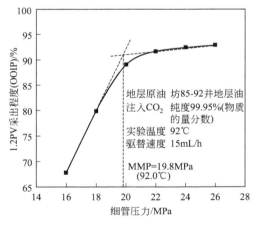

图 5-30　罗 1 区最小混相压力图

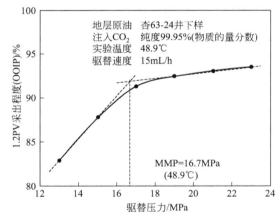

图 5-31　杏河区最小混相压力图

表 5-12　杏河区 CO_2 驱最小混相压力测试结果

驱替压力/MPa	13	15	17	19	21	23
采收率/%	82.89	87.79	91.32	92.48	93.04	93.5

（3）经验公式测算 MMP

由于长庆油田区块众多，在一个项目内难以测量所有油藏的 CO_2 驱最小混相压力。利用经验公式对其他区块的 MMP 进行测算，确定相应的地层压力保持水平。主要根据 Holm、Josendal、Mungan 以及 Alston 等学者建立的关系，预测备选区块 CO_2 驱最小混相压力。

Mungan 对 Holm 和 Josendal 等人的方法进行扩展后的新方法见图 5-32。

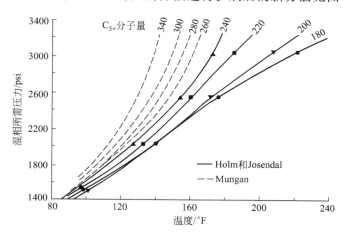

图 5-32　Mungan 对 Holm 和 Josendal 等人建立的关系的扩展
[1MPa=145psi，1℃=5(℉-32)/9]

Alston 等人根据经验关联了 CO_2 气体多次接触混相驱替含气油系统最小混相压力的方法，使最小混相压力和油藏温度、原油 C_{5+} 馏分分子量、易挥发组分、中间烃组分及 CO_2 气体的纯度发生联系，该方法考虑了溶解气及 CO_2 气体不纯等因素的影响：

$$P_{MMCO_2}=8.78\times10^{-4}T^{1.06}(M_{wC_{5+}})^{1.78}\left(\frac{X_{vol}}{X_{int}}\right)^{0.136} \tag{5-20}$$

式中，P_{MMCO_2} 为最小混相压力，psi；T 为油藏温度，℉；$M_{wC_{5+}}$ 为原油 C_5 以上组分的分子量；X_{vol} 为易挥发组分的摩尔分数；X_{int} 为中间烃组分的摩尔分数。

实际应用时，目标地层压力应高于最小混相压力 1.0～2.0MPa。以实际地层压力和目标地层压力差值 6.0MPa 为标准，可以判断各区块 CO_2 驱实施混相驱的可能性。即：

$$\begin{cases}P+6<P_{MMCO_2},非混相驱\\P+6>P_{MMCO_2},混相驱\end{cases} \tag{5-21}$$

从表 5-13 中发现，绝大多数区块具备混相条件，可保证较高驱油效率和采收率。其中，杏河和罗 1 区可望实现混相驱替。

4. 单井注入量

（1）气驱注采比

我国低渗透油藏油品较差、埋藏较深、地层温度较高，混相条件更为苛刻；中国注

表 5-13　长庆油田备用 CO_2 驱油区块地层压力情况

序号	油田	区块	最小混相压力/MPa	地混压差/MPa	状态	序号	油田	区块	最小混相压力/MPa	地混压差/MPa	状态
1	安塞	王窑区	11.6	2.45	混	27	靖安	盘古梁	17	3.31	混
2	安塞	王窑区	11.6	2.87	混	28	镇北	镇251	17.1	3.1	混
3	姬塬	吴仓堡	12.8	2.84	混	29	镇北	镇277	17.5	5.9	非混
4	靖安	张渠二区	13.2	4.9	混	30	镇北	镇250	17.8	5.7	非混
5	绥靖	杨米涧	13.4	9.55	非混	31	姬塬	吴仓堡	17.6	3	混
6	绥靖	杨米涧	13	6.05	混	32	姬塬	洪德	17.6	4.36	混
7	安塞	候市	12.9	3.03	混	33	姬塬	铁边城	17.9	2.6	混
8	靖安	盘古梁	12.9	4.78	混	34	镇北	镇300	18.2	2.2	混
9	靖安	大路沟三区	12.8	4.52	混	35	胡尖山	安边	18.4	6.1	非混
10	靖安	大路沟一区	13	4.48	混	36	姬塬	洪德	18.6	8.6	非混
11	油房庄	元162	14.8	3.42	混	37	西峰	白马中	18.7	2.2	混
12	安塞	杏河	14.8	2.71	混	38	姬塬	马家山	18.8	3.8	混
13	安塞	杏河	14.8	3.94	混	39	姬塬	堡子湾	18.9	3.9	混
14	安塞	杏河	14.8	4.04	混	40	华庆	庙巷区	19.3	3.4	混
15	元城	怀安区	15.2	6.59	非混	41	华庆	温台区	19.6	3.8	混
16	安塞	王窑区	14.8	4.9	混	42	白豹	白102	19.5	5.05	混
17	樊家川	里167	15.3	3.1	混	43	姬塬	冯地坑	21.4	9.7	非混
18	靖安	大路沟二区	15.7	4	混	44	姬塬	洪德	20.8	11.09	非混
19	安塞	候市	16.1	7.22	非混	45	镇北	镇218	21.6	5.3	非混
20	靖安	白于山	16.5	4.05	混	46	西峰	白马中	21.8	3.7	混
21	靖安	白于山	16.6	3.93	混	47	镇北	镇53	22.2	4.9	混
22	西峰	合水	16.9	7.27	非混	48	姬塬	冯地坑	22.3	4.76	混
23	华池	华152	16.8	8.3	非混	49	姬塬	冯地坑	22.5	4.72	混
24	姬塬	王盘山	16.8	5.8	非混	50	姬塬	罗1区	19.8	3.9	混
25	靖安	五里湾一区	17.2	4.24	混	51	姬塬	王盘山	22.6	8.6	非混
26	马岭	北三区	18.5	3.3	混						

水开发低渗透油藏地层压力保持水平通常不高，为保障注气效果，避免"应混未混"项目出现，在见气前的早期注气阶段将地层压力提高到最小混相压力以上或尽量提高混相程度势在必行。中国气驱油藏管理经验不够成熟，气窜后也面临着确定合理气驱注采比以优化油藏管理的问题。中国低渗透油藏注气开发中，气驱注采比设计具有特殊的重要性，利用第三章第四节的方法确定气驱注采比。根据罗1区和杏河北区油藏地质参数和生产数据情况，测算注采比，如图5-33所示，两个区块的早期注采比都比较高，杏河北在2.7左右，罗1区在3.0左右。地层压力升高以后，注采比须要适当下降，两者均在2.0左右，杏河北区稍高于罗1区，原因主要是裂缝系统的浪费。由于地质认识的局

限性，计算注采比和实际会有所不同，须在实施后特别是见气后，结合生产动态资料进行优化调整，以适应气驱油藏管理需要。

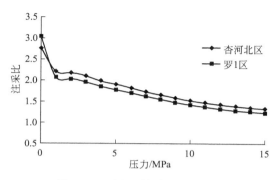

图 5-33　两个区块的 CO_2 驱注采比

（2）注气早期单井日注量

若注入量过大，井底流压会超过地层破裂压力，形成裂缝，并导致沿裂缝快速气窜，井组范围地层能量得不到补充，单井产量难以提高，注气反应过慢；或造成井底沥青析出，堵塞孔道，影响注气能力。若注入量太低，地层能量补充太慢，单井产量提高困难；地层压力起不来，混相驱难以实现，采收率可能比水驱还要低。若干 CO_2 驱试验早期配注情况见图 5-34。

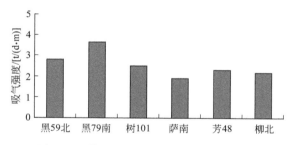

图 5-34　若干 CO_2 驱试验早期配注情况

国内实施 CO_2 驱油藏吸气强度都在 2.5t/(d·m) 附近，可保证较快恢复地层压力。单井日注气设计方法为：$q_{ing}＝2.5h_e$（h_e 为注气层位有效厚度，m）。

罗 1 区主力层为长 8_1^1，平均有效厚度约 10.5m，则单井日注气量为 26.3t/d。杏河区主力层为长 6_1^2 和长 6_2，平均有效厚度约 12.1m，则单井日注气量为 30.2t/d。按上述设计可以保证地层压力快速恢复。建议在 CO_2 驱早期注入，罗 1 区单井日注 CO_2 量 26t/d，杏河单井日注 CO_2 量 30t/d。

统计了注气强度在 2.5t/(d·m) 时几个 CO_2 驱项目的地层压力变化情况（表 5-14），可以看到地层压力升高范围从 4.1MPa 到 9.2MPa 不等，黑 59 北区块注气压力升高超过 9.0MPa，黑 79 南升高幅度较小是由供气不足和工作制度不合理（生产井没有采取周期生产或显著降低采油速度的做法）造成无法混相，影响了 CO_2 驱开发效果。这些注气项目地层压力平均升高 6.6MPa。因此，只要注采井采取合理的工作制度，可以预计杏河北区地层压力从 10MPa 升高到接近 16.6MPa，从而实现近混相-混相驱，罗 1 区地层压力从 16.0MPa 升高到 19.8～22.6MPa，实现混相驱是完全有把握的。此外，靖安油田五里湾一区空气泡沫驱先导试验的地层压力升高 3.0MPa，这表明，在鄂尔多斯盆地，尽管裂缝系统发育，通过注气使地层压力得到有效升高是没有问题的。

表 5-14　若干 CO_2 驱试验注气前后地层压力变化情况

区块	黑 59 北	黑 79 南	树 101	柳北	平均
地层压力升高/MPa	9.2	4.1	6.0	7.0	6.6

混合水气交替联合周期生产气窜抑制技术被证明是更高效的气驱生产技术模式，在东部油藏 CO_2 驱方案设计和实施过程中得到多次应用。在早期注气阶段，注气井充分注气，配合油井周期生产或降低采油速度生产，可以快速恢复地层压力。

（3）见气见效后单井注气量

罗 1 区 2016 年度水驱注采比为 2.29，杏河北区 2016 年度水驱注采比为 2.12，两个区块的地层压力保持程度均在 80% 左右。我国东部的吉林、大庆油田同类型油藏的注采比达到 1.4～1.5 即可使地层压力保持在 80% 左右。低渗透油藏注入水利用率偏低，裂缝型低渗透油藏注入水利用率则更低。鄂尔多斯盆地的天然裂缝发育，将相当一部分注入水疏导至油藏外部，注入水利用率仅相当于东部油藏 65%～70% 的水平。沿着裂缝流失的注入水不能算作用于驱油。CO_2 驱过程也是类似的，仍然会发生注入的 CO_2 沿裂缝方向窜进，比如吉林油田黑 59-6-6 井和黑 59-4-2 井注入气不到两周即窜逸到 480m 远的井中，还有腰英台油田也观察到注入 CO_2 沿裂缝运动。因此，鄂尔多斯盆地天然裂缝发育区块在 CO_2 驱早期注气设计时，注采比要大大高于裂缝发育较弱的东部油藏的情况。东部大庆和吉林等实施 CO_2 驱油藏早期注采比在 1.8～2.2，可按 2.0 进行测算，则鄂尔多斯盆地天然裂缝发育区块的 CO_2 驱注采比则须要达到 2.9 的水平。

罗 1 区单井平均日产油 1.35t，单井平均日产水量 1.35t，含水率约 50%，注采井数比为 1:2.8，油藏温度为 80℃，见气见效后目标地层压力为 20MPa，CO_2 地下密度为 0.6t/m^3，则单井日注气量为 19.4t。杏河北区单井平均日产油 1.5t，单井平均日产水量 1.96t，含水率约 55.6%，注采井数比为 1:2.72，油藏温度为 48.8℃，地层压力目标为 20MPa，CO_2 地下密度为 0.74t/m^3，则单井日注气量为 26.0t。建议在 CO_2 驱见气见效阶段，罗 1 区单井日注 CO_2 量 19.4t/d，杏河北区单井日注 CO_2 量 26t/d，两区块单井注水量变化情况见图 5-35。

（4）水气交替阶段单井注水量

注气方式仅分为连续注气和水气交替注入两种。水气交替注入是与气介质连续注入相对的一个概念，周期注气或脉冲注气可视为水气交替特殊形式（水段塞极小）。实践表明，水气交替注入是改善油藏气驱效果最经济有效的做法，主要机理为提高驱替相黏度，改善流度比，抑制气窜并扩大波及体积。

注水量设计参照历史注水情况。罗 1 区历史单井日注水 20.2m^3，杏河北区单井日注水 25.1m^3。在水气交替注入阶段，日注水量仍沿用此值。

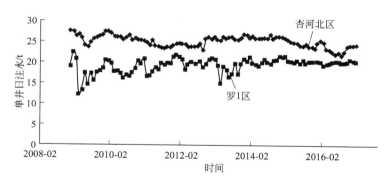

图 5-35 两个区块单井注水量变化情况

5. 超临界 CO_2 注入压力

（1）理论依据

准确预测注入井井底流压是 CO_2 驱工程计算和分析的基础性工作。由井口注入压力和井口流温数据可预测井底流压。通常井底流压可以由井筒内液、气柱压力加上井口流压得到，也可以利用一些经验公式进行估计。这些经验方法虽简单，却误差较大，可靠性较差。最为有效的预测技术是基于动量定理和热传导理论。考虑局部损失的压力方程、带摩擦生热的 Ramey 井筒传热方程，多组分凝析的气井流动剖面预测模型如下[6]：

$$
\begin{cases}
\dfrac{\mathrm{d}P}{\mathrm{d}L} = \rho v\,\dfrac{\mathrm{d}v}{\mathrm{d}L} + \rho g\sin\theta + 2f\,\dfrac{\rho v^2}{D} + \delta\xi\,\dfrac{\rho v^2}{2\mathrm{d}L} \\[2ex]
\dfrac{\mathrm{d}T}{\mathrm{d}L} = -\dfrac{c_{Tw}}{\rho A v C_p}(T - T_e) - \dfrac{1}{C_p}\Big(g\sin\theta + v\,\dfrac{\mathrm{d}v}{\mathrm{d}L}\Big) - c_J\,\dfrac{\mathrm{d}P}{\mathrm{d}L} + \dfrac{1}{C_p}\dfrac{2f_T v^2}{D} \\[2ex]
P = \dfrac{RT}{V-b} - \dfrac{a(T)}{V(V+b) + b(V-b)} \\[2ex]
z_i = e_V y_i + (1 - e_V)x_i
\end{cases}
\tag{5-22}
$$

此温度、压力等变量构成的方程组可应用四阶龙格-库塔格式一次性求解，也可对温度、压力变量进行交替求解。

（2）注入压力和流压的关系

根据安塞、华庆、华庆、姬塬等目标油田地层温度和埋深，年平均气温按 13℃ 可计算出油藏潜力分布区的地层温度梯度约为 10.0257℃/m。在此基础上，采用管流模型预测注气井筒沿程压力分布情况（图 5-36 和图 5-37）。注气压力既要保障有效注入，也要防止超破裂压力注气。由于百万吨注入规模大，不适合采用罐车拉运和液相注入，宜采用长距离管道超临界输送和注入。

延长油田乔家洼 CO_2 驱先导试验区于 2012 年 9 月投注，目前累积注入 CO_2 超过 5 万吨，井口注入压力小于 9MPa，生产井注气反应明显，增产明显。因此，延长油田目前采用的液态注入经验并不能用于超临界注气项目。吉林油田黑 46 区块目前采用了超临界注气，但由于温度梯度与鄂尔多斯区别较大，故本次项目只能重新设计与计算。

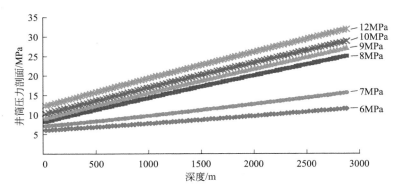

图 5-36　不同注入压力下的井筒流压分布（井口 30℃）

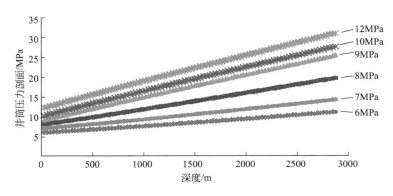

图 5-37　不同注入压力下的井筒流压分布（井口 35℃）

潜力区油藏埋深大致可以分为五类，包括安塞王窑区埋深 1200m 左右，安塞杏河区埋深 1500m 左右，靖安白于山埋深 1800m 左右，姬塬洪德、马家山、堡子湾和华庆庙巷区、温台区埋深 2100m 左右，姬塬罗一区和冯地坑埋深 2500～2700m 左右。计算在超临界注入条件下，注入 CO_2 纯度为 97%，上述五类代表性油藏埋深，满足不同需求井底压力与井口注入压力之间的对应关系。不同埋深油藏井口压力与井底流压关系见图 5-38。

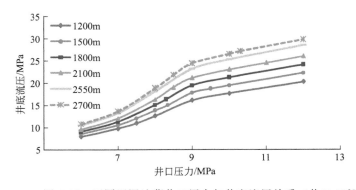

图 5-38　不同埋深油藏井口压力与井底流压关系（井口 35℃）

（3）目标油藏注气压力

注入压力设计原则有三，一是保证正常注入，二是保障最大程度实现混相，三是留有余量，防止地层破裂。

杏河北区注水压力整体呈现升高趋势，最高达到 12.8MPa，目前在 12MPa 左右。地层压力为 10.0MPa，注水压差在 17.0MPa 左右。杏河北区目前地层压力为 10MPa，地层破裂压力为 30MPa，最小混相压力为 16.7MPa。

罗 1 区物性更差，一些井的注入压力高达 18MPa。罗 1 区注水压力也在逐渐升高，目前平均 14.7MPa，地层压力约 16.0MPa，注水压差高达 23.7MPa。罗 1 区目前地层压力为 16MPa，地层破裂压力为 46.6MPa。

本次注气设计给出满足不同需求的井底流压目标值：启动注入压力按现有地层压力加 0.5MPa 计，正常注气压力按比地层压力高 10～15MPa 计。早期正常注气压力设计按保证井底流压高于目前地层压力 10～15MPa 计；地层压力升高到最小混相压力之后，注气压力设计按保证井底流压比 MMP 高 5～10MPa 计。地层破裂压力系数取值 0.017MPa/m。据此，计算得到不同情况下注入压力，见表 5-15 和表 5-16。

表 5-15　注入早期阶段满足不同需要的注入压力

区块	埋深/m	地层压力/MPa	启动注入压力/MPa	正常注入压力/MPa	破裂注入压力/MPa
杏河北	1550	10.0	7.1	10.5～14.5	15.6
罗 1	2550	16.0	7.7	10.5～14.0	23.5

表 5-16　地层压力升高到最小混相压力后满足不同需要的注入压力

区块	埋深/m	地层压力/MPa	启动注入压力/MPa	正常注入压力/MPa	破裂注入压力/MPa
杏河北	1550	16.7	8.8	11.6～15.8	15.6
罗 1	2550	19.8	8.4	10.0～13.0	23.5

从表 5-15 和表 5-16 可以看出，杏河北和罗 1 两个区块正常注气压力在 10.0～16MPa 之间。延长乔家洼试验区注气压力不高于 9.0MPa 即可满足需求，主要是因为注入 CO_2 为液相，密度较大，液柱压力较高。由于注气过程是极其不稳定的，在相邻两天都有变化，吸气指数很难评价，且范围较宽，可取吸水指数的 2～10 倍。气驱启动压力比水驱启动压力高，是因为通常 CO_2 密度较低且有变化。吉林黑 46 区块埋深 2200m，超临界注入压力须在 14MPa 以上。超临界注气压力应根据油藏埋深和地层温度确定，坚决避免低压注气，防止"应混未混"项目出现。

6. 注水压力

杏河北区注水压力整体上呈现升高趋势，最高达到 12.8MPa，目前在 12MPa 左右。地层压力 11.2MPa，注水压差达到 15.8MPa。杏河北区注入压力变化情况见图 5-39。

罗 1 区物性更差，一些井的注入压力高达 18MPa。罗 1 区注水压力也在逐渐升高，目前平均 14.7MPa，地层压力约 16.0MPa，注水压差高达 23.7MPa。罗 1 区注入压力统计见表 5-17。

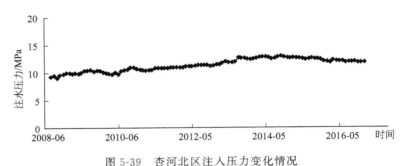

图 5-39　杏河北区注入压力变化情况

表 5-17　罗 1 区注入压力统计

井号	地 163-5	地 163-7	地 165-11	地 165-7	地 165-9
注水压力/MPa	16.1	16.1	16.2	16.2	14.3
井号	地 167-11	地 167-9	地 169-11	地 169-13	地 171-13
注水压力/MPa	14.8	12.7	12.3	12	16

注：注水压力平均值为 14.7MPa。

7. CO_2 驱单井日产油

（1）计算方法

产量预测事关注气潜力、注气部署、产能建设规模与投资等重大问题，是气驱生产指标预测的最重要内容。一直以来，气驱生产指标预测主要是靠多组分数值模拟技术，但多年来的注气研究工作经验表明，数值模拟技术不能提供可靠预测。例如，红 87-2、芳 48、贝 14、黑 79 北等低渗透 CO_2 驱试验区块数值模拟预测结果与生产实际严重不符（符合率 40.0%，误差 60%）。打击了注气信心，也影响了气驱工业化推广进度。可能原因：一是实施方案本身不够可靠；二是现场对于方案的执行不到位。研究认为第一种原因是主要的，比如黑 59 和黑 79 北小井距试验的产量地层压力已经超过了最小混相压力，实现了混相驱，单井产量仍远低于预测值。这就说明方案设计本身不够可靠，把没完成方案设计的注气量作为生产指标没有达到的理由并不合适。低渗透油藏气驱多组分数值模拟预测生产指标可靠性往往低于 50%，可根据概率论证明，详细见第二章。

正因为低渗透油藏气驱数值模拟方法可靠性不到 50%，人们不得不转向气驱油藏工程研究，美国、加拿大、中国等国做了这方面的探索和研究。基于对低渗透油藏气驱提高采收率主要机理的认识，找到了一种简单可靠的低渗透油藏气驱产量预测油藏工程方法。根据采收率等于波及系数和驱油效率之积这一油藏工程基本原理建立气驱采收率计算公式，并利用采出程度、采油速度和递减率的相互关系，通过引入气驱增产倍数概念得到了低渗透油藏气驱产量预测普适方法。低渗透油藏气驱增产倍数被定义为见效后某时间的气驱产量与"同期的"水驱产量水平之比（即虚拟该油藏不注气，而是持续注水开发）。低渗透油藏气驱增产倍数工程计算方法为：

$$\begin{cases} q_{\text{ogs}} = F_{\text{gw}} q_{\text{ow0}} \\ F_{\text{gw}} = \dfrac{R_1 - R_2}{1 - R_2} \\ R_1 = E_{\text{Dgi}} / E_{\text{Dwi}} \\ R_2 = R_{\text{e0}} / E_{\text{Dwi}} \end{cases} \tag{5-23}$$

式中，F_{gw} 为低渗油藏气驱增产倍数；q_{ogs} 为气驱见效高峰期单井产量，t/d；q_{ow0} 为注气前正常水驱单井产量，t/d；R_1 为气和水的驱油效率之比；R_2 为广义可采储量采出程度；R_{e0} 为转驱时的采出程度，％；E_{Dgi} 为气的初始驱油效率，％；E_{Dwi} 为水的初始驱油效率，％。

以黑79北小井距试验为例，注气时采出程度按20％，水驱油效率55％，混相驱油效率80％（地层压力高于MMP）。根据前面低渗透油藏气驱增产倍数计算方法：$R_1 = 80/55 = 1.4545$，$R_2 = 20/55 = 0.3636$，则气驱增产倍数：

$$F_{\text{gw}} = \frac{R_1 - R_2}{1 - R_2} = \frac{1.4545 - 0.3636}{1 - 0.3636} = 1.71$$

统计了黑79北26口井生产情况，注气前水驱单井产量0.8t/d，在高峰期平均气驱产量1.4t/d，故实际气驱增产倍数为1.4/0.8＝1.75。可见该方法有较高的预测精度，而数值模拟方法误差为63％。

低渗透油藏气驱增产倍数计算方法自提出以来，得到了国内外30个注气项目的验证，并曾用于冀东油田柳赞北 CO_2 驱扩大试验编制（2013年）和长庆油田罗1区 CO_2 驱先导试验方案编制（2014年）。本次鄂尔多斯盆地 CO_2 百万吨注入方案设计仍然用此法，原因是很难在较短的项目周期内开展大规模的气驱数值模拟研究。当然，主要还是因为低渗透油藏气驱数值模拟预测结果可靠性很差。

（2）罗1区 CO_2 驱单井产量

应用低渗透油藏气驱增产倍数工程计算方法预测罗1区 CO_2 驱产量的步骤为：

① 首先根据产量历史值获得递减规律，预测水驱产量变化情况。

② 再将初始驱油效率和水驱采出程度代入式(5-17)求出气驱增产倍数。

假设罗1区2018年初开始注气，2016年底采出程度为7.14％，2017年底或2018年初开始注气时的采出程度按8.4％计，水驱油效率50％。前面已论证该区 CO_2 驱后地层压力高于MMP，可实现混相驱，混相驱油效率取80％。

根据前面低渗透油藏气驱增产倍数计算方法：$R_1 = 80/52 = 1.538$，$R_2 = 7.87/52 = 0.151$，则气驱增产倍数：

$$F_{\text{gw}} = \frac{R_1 - R_2}{1 - R_2} = \frac{1.538 - 0.151}{1 - 0.151} = 1.634$$

③ 最后，将步骤①中水驱产量乘以气驱增产倍数即得气驱产量变化情况。

④ 根据目前油井数和 CO_2 驱单井产量情况，可预测 CO_2 驱生产能力。罗1区目前油井数为1078口，CO_2 驱见效高峰期单井产量为1.65t/d，则罗1区 CO_2 驱油生产能力可达到64.8万吨/年。

　　罗 1 区单井产量变化情况见图 5-40，罗 1 区单井产量预测情况见图 5-41，罗 1 区水驱与 CO_2 驱产量变化情况见图 5-42。

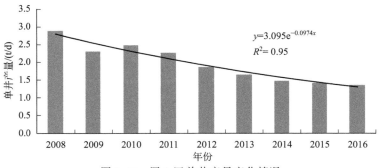

图 5-40　罗 1 区单井产量变化情况

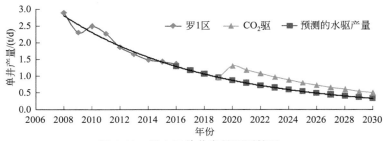

图 5-41　罗 1 区单井产量预测情况

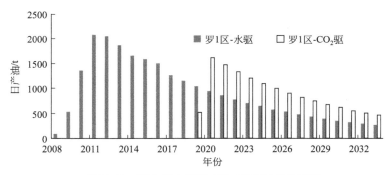

图 5-42　罗 1 区水驱和 CO_2 驱产量变化情况

（3）杏河北区 CO_2 驱单井产量

　　① 首先根据产量历史值获得递减规律，预测水驱产量变化情况：$q = 2.913e^{-0.0812(t-2007)}$

　　② 求出气驱增产倍数。杏河北区 2016 年底采出程度约 8.95%，2017 年底或 2018 年初开始注气时的采出程度按 9.424% 计，水驱油效率为 53%。前面已论证该区 CO_2 驱后地层压力可接近 MMP，基本实现混相驱，混相驱油效率取 80%。根据前面低渗透油藏气驱增产倍数计算方法：$R_1 = 80/53 = 1.51$，$R_2 = 9.424/53 = 0.178$，则气驱增产倍数：

$$F_{gw} = \frac{R_1 - R_2}{1 - R_2} = \frac{1.51 - 0.178}{1 - 0.178} = 1.62$$

③ 最后将①中水驱产量乘以气驱增产倍数即得 CO_2 驱单井产量变化情况。杏河北区单井产量变化情况见图 5-43，杏河北区单井产量预测情况见图 5-44，杏河北区水驱与 CO_2 驱产量变化情况见图 5-45。

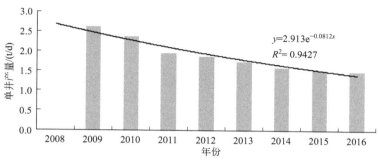

图 5-43 杏河北区单井产量变化情况

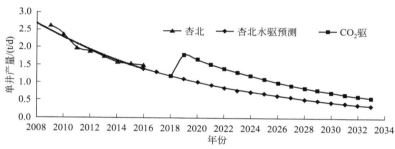

图 5-44 杏河北区单井产量预测情况

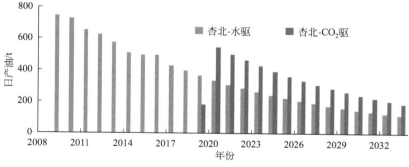

图 5-45 杏河北区水驱和 CO_2 驱产量变化情况对比

④ 根据目前油井数和 CO_2 驱单井产量情况，可预测 CO_2 驱生产能力。杏河北区目前油井数为 332 口，CO_2 驱见效高峰期单井产量为 1.78t/d，则杏河北区 CO_2 驱油生产能力可达 21.6 万吨/年。

8. 水气交替注入段塞比

（1）理论依据

注气方式仅分为连续注气和水气交替注入两种。水气交替注入是与气介质连续注入相对的概念。周期注气或脉冲注气可视为水段塞极小的特殊水气交替形式。实践表明，水气交替注入是改善油藏气驱效果最经济有效的做法，主要机理为提高驱替相黏度，改善流度比，抑制气窜并扩大波及体积。因此，水气段塞比是注气驱油方案设计的一个重要参数。

驱替流度比控制水气交替注入单周期的水、气段塞的波及系数，注入水和气的波及系数决定了 WAG 注入单周期的水气段塞比下限。在满足稳定低渗透油藏地层压力需要时，水气段塞比的上限受控于单交替注入周期内的水气两驱注采比。水气交替注入单周期内地层压力的维持是通过气段塞对地层能量的补充和水段塞注入期间的地层能量损耗实现的，维持地层压力须控制水段塞注入时间。"油墙"集中采出阶段（稳产期主体）气段塞连续注入时间存在上限，避免自由气段塞窜进生产井。对特低渗油藏，油墙集中采出阶段气段塞注入时间可采取水气段塞比约束下的注气时间上限；对于一般低渗透油藏，"油墙"集中采出阶段中后期须采用时间序列上的锥形气段塞组合。

（2）水气段塞比油藏工程确定方法

将满足扩大注入气波及体积的水气段塞比作为下限，并将满足提高驱油效率的水气段塞比作为上限，可得到低渗透油藏 WAG 注入阶段水气段塞比的合理区间。确定低渗透油藏合理水气段塞比与合理水气段塞比约束下的单个 WAG 周期内水气段塞连续注入时间的方法见第三章第五节。

当地层压力抬高到最小混相压力以上之后，特别是整体或井组生产动态进入见气见效阶段之后，须转入水气交替注入。因此，水气交替段塞比参数设计并非是地层压力升高阶段的过程参数，而是见气后扩大注入气波及体积的工程参数。水气段塞比的确定需用到水段塞注入期间的水驱注采比、气段塞注入期间气驱注采比。罗 1 区 2016 年度水驱注采比为 2.29，杏河北区 2016 年度水驱注采比为 2.12。两个区块的地层压力保持程度均在 80% 左右。东部吉林、大庆油田同类型油藏的注采比达到 1.4～1.5 即可使地层压力保持在 80% 左右。理论上，注采比 1∶1 时即可使地层能量保持到原始水平，正如高渗油藏表现的那样。基质型低渗透油藏注入水利用率比较低，裂缝型低渗透油藏注入水利用率则更低。鄂尔多斯盆地的天然裂缝发育，将相当一部分注入水疏导至油藏外部，注入水利用率仅相当于东部油藏 60%～70% 的水平，沿着裂缝流失水不能算作用于驱油。

据此，计算出罗 1 区和杏河北区不同气驱注采比下的水气交替注入段塞比变化情况，见图 5-46。由于见气见效后的气驱注采比在 2.0 左右，由图可知，气驱注采比 2.0 对应的罗 1 区水气段塞比为 1.20，杏河北区水气段塞比为 1.30。

（3）水气段塞比数值模拟研究结果

针对罗 1 区 10 井组的小型区块开展的数值模拟显示，水气段塞比为 1.0 时，采出程度较高，采油速度较高，气油比上升速度较缓慢。罗 1 区不同 WAG 下气油比变化情况见图 5-47。

针对杏河北区 10 井组开展的数值模拟水气交替机理研究显示，水气段塞比为 1.0

和 0.5 的采出程度接近，均高于水气段塞比为 2.0 的情形，并且水气段塞比 1.0 时的气油比升高速度适中。杏河北区不同 WAG 下气油比变化情况见图 5-48。

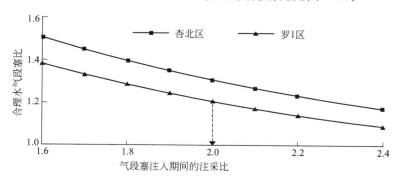

图 5-46　不同气驱注采比下的水气交替注入段塞比变化

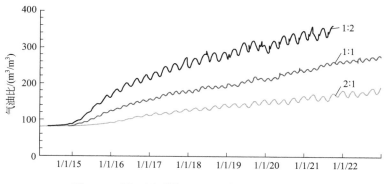

图 5-47　罗 1 区不同 WAG 下气油比变化情况

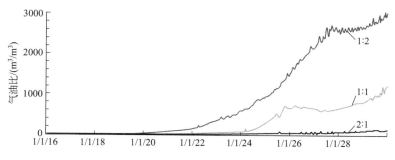

图 5-48　杏河北区不同 WAG 下气油比变化情况

（4）水气段塞比约束下的连续注气时间

根据前述研究，罗 1 区 CO_2 驱油生产能力可达 64.8 万吨/年，罗 1 区 CO_2 驱油见气见效初期或见效高峰期采油速度约为 1.2%，主力层长 8^1 采油速度约 1.35%。杏河北区 CO_2 驱油生产能力可达 21.6 万吨/年，罗 1 区 CO_2 驱油见气见效初期或见效高峰期采油速度约为 0.756%，主力层长 6_2^1 和长 6_2 采油速度约为 1.3%。

为确保混相，提出一个较为严格的限制：在 WAG 单周期内水段塞连续注入期间容许的地层压力降不超过 $0.5MPa$；对于适合注气低渗透油藏，将 ΔP_{wd} 取值为 $1.5MPa$。若水气交替太过频繁，易加速腐蚀，除了给注入系统造成负担，也会徒增现场人员管理工作量和生产成本。

计算保持地层压力稳定以及水气段塞比约束下，不同注采比对应的连续注气时间上限。气驱注采比2.0对应的罗1区连续注气时间上限为38d，杏河北区连续注气时间上限为45d，具体见图5-49。

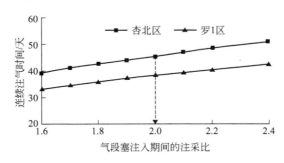

图 5-49　不同注采比下见气后连续注气时间上限

9. CO_2 驱综合含水率

（1）理论依据

注气对油藏含水有很大影响，注气时的油藏含水情况也影响着气驱生产动态。实际含水变化复杂，影响因素繁多，有人工控制因素，有时间因素，更有油藏开发客观规律的反映。气驱含水变化特征可分为三种代表性类型：

① 油藏含水未进入规律性快速升高阶段就开始注气的情形，属于弱未动用油藏实施气驱类型；

② 油藏含水处于规律性快速上升阶段开始注气的情形，属于水驱动用程度较低油藏实施气驱类型；

③ 油藏含水的规律性快速升高阶段结束之后开始注气的情形，属于水驱开发的成熟油藏实施气驱类型。按照第三章中气驱综合含水率预测方法计算的综合含水下降幅度一般在 $10\%\sim40\%$。但实际生产中由于过早启动水气交替、边底水入侵或生产调整的影响，含水率"凹子"可能没有那么深。而油藏的复杂性以及注采工艺变化会使含水率"凹子"呈现多种形态，实际中出现U形、V形、W形等都不足为奇。三种情形的含水率"凹子"是气驱提高采收率效果的真正体现。而情形②的"凹子"出现之前综合含水的第一次升高则是注气前水驱作用的继续表现，含水上升加速则是地层能量补充的结果。情形②注气初期含水规律性升高阶段即便实施注气，油藏含水升高且产量递减的发生是不可避免的。

（2）罗1区和杏河北区含水变化情况

根据罗1区和杏河北区的产液量和产水量变化情况，可以计算年度综合含水率变化情况，再根据前述产量递减规律和趋势，可以预测未来评价期内的水驱含水率变化情况，见图5-50。

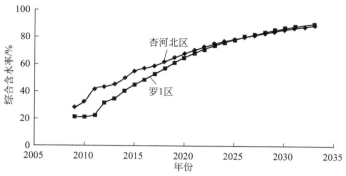

图 5-50　杏河北区和罗 1 区的历史综合含水率变化情况

由于注入介质由水改为气，含水率下降便是应有之义。假设项目建设资金充裕，百万吨注气工程建设期为 2 年，2018 年开始工程建设，2019 年开始对罗 1 区和杏河北区注气。在前面已经计算了罗 1 区和杏河北区两个区块的气驱增产倍数 F_{gw} 分别为 1.634 和 1.62。将相应年份的含水率数值代入气驱综合含水率及其下降幅度计算公式即可得到气驱综合含水率年度变化情况，见图 5-51。

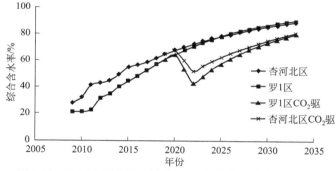

图 5-51　杏河北区和罗 1 区的 CO_2 驱综合含水率变化情况

10. CO_2 驱生产气油比

（1）理论依据

注 CO_2 驱油的生产气油比大致可以分为三个阶段，第一阶段是从开始注气到见气见效的时间段，第二阶段是从见气见效到开始整体气窜的时间段，第三阶段是整体气窜后的生产调整阶段。其中，计算油墙溶解气油比是关键。

根据第三章气驱生产气油比计算方法，发现混相 CO_2 驱"油墙"溶解气油比要比地层原油升高 $40\sim60m^3/m^3$，"油墙"泡点压力比原状地层油的泡点压力约高 $4.0\sim6.0MPa$。

（2）见气见效后的气油比

杏河地层油溶解气油比为 $76.3m^3/m^3$，体积系数为 1.15，地面原油密度为 $837kg/m^3$，地层油密度为 $778kg/m^3$，根据上述方法可计算出 CO_2 混相驱"油墙"溶解气油比可以达到 $128.4m^3/m^3$，要比地层原油升高 $52.1m^3/m^3$。

罗 1 地层油溶解气油比为 $65.1m^3/m^3$，体积系数为 1.273，地面原油密度为

$831kg/m^3$，地层油密度为 $733kg/m^3$，根据上述方法可计算出 CO_2 混相驱"油墙"溶解气油比可以达到 $121.6m^3/m^3$，要比地层原油升高 $64.5m^3/m^3$。

正如上图显示的那样，在实际生产过程中，会有脱气现象，实际生产气油比通常会高于溶解气油比的计算值，特别是像杏河北这样的埋深仅 1550m 的中浅层油藏，生产井底流压往往会低于泡点压力。

（3）气窜后的生产气油比

在弄清气驱"油墙"物性的基础上，针对罗 1 区小型区块开展数值模拟研究，以罗 1 区合理水气段塞比为 1.2 时，预测见气见效后的生产气油比上升情况。罗 1 区合理水气段塞比下的气油比变化情况见图 5-52。

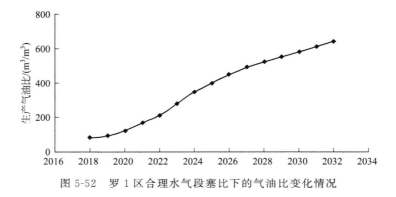

图 5-52　罗 1 区合理水气段塞比下的气油比变化情况

在弄清气驱"油墙"物性的基础上，针对杏河北区小型区块开展数值模拟研究，以杏河北区合理水气段塞比为 1.3 时，预测见气见效后的生产气油比上升情况。杏河北区合理水气段塞比下的气油比变化情况见图 5-53。

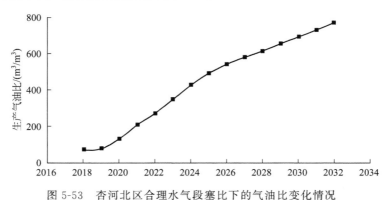

图 5-53　杏河北区合理水气段塞比下的气油比变化情况

11. 百万吨注气方案要点与生产指标

（1）百万吨注入项目的生产指标

2018 年开始百万吨注气项目启动，建设期 3 年，综合以上油藏工程研究成果，可以得到罗 1 区和杏河北区两个区块的概念性方案设计结果。各项生产指标见表 5-18～表 5-21，以及图 5-54 和图 5-55。

表 5-18　百万吨注入工程生产指标（罗 1 区部分）

年注 CO_2 量/万吨	年注水/万吨	年产气/万吨	年产油/万吨	年产水/万吨	油井数/口	注气井数/口
0.0	265.4	3.6	35.9	56.1	1078	400
151.8	177.0	6.5	40.9	74.6	1078	400
238.2	97.0	9.5	55	64.1	1078	400
146.9	152.0	15.3	66.3	50	1078	400
121.0	168.9	21.7	66.3	62	1078	400
121.0	168.9	24.4	60.4	68.4	1078	400
121.0	168.9	29.6	55	74.2	1078	400
121.0	168.9	33.7	50	79.6	1078	400
121.0	168.9	35	45.5	84.5	1078	400
121	168.9	35.9	41.5	89.1	1078	400
70.8	221.2	35.6	37.7	93.2	1078	400
70.8	221.2	34.4	34.4	97.1	1078	400
70.8	221.2	33.1	31.3	100.6	1078	400
70.8	221.2	31.8	28.5	103.9	1078	400
70.8	221.2	30.4	25.9	106.9	1078	400

表 5-19　罗 1 区水驱生产指标

油井数/口	注气井数/口	年注水/万吨	水驱年产油/万吨	水驱年产水/万吨
1078	400	294.9	40.9	63.9
1078	400	294.9	37.2	67.9
1078	400	294.9	33.9	71.6
1078	400	294.9	30.8	75.0
1078	400	294.9	28.1	78.1
1078	400	294.9	25.5	81.0
1078	400	294.9	23.3	83.7
1078	400	294.9	21.2	86.1
1078	400	294.9	19.3	88.4
1078	400	294.9	17.5	90.5
1078	400	294.9	16.0	92.4
1078	400	294.9	14.5	94.2
1078	400	294.9	13.2	95.9
1078	400	294.9	12.0	97.5
1078	400	294.9	11.0	98.9

表 5-20　百万吨注入工程生产指标（杏河北区部分）

年注 CO_2 量/吨	年注水/万吨	年产气/万吨	年产油/万吨	年产水/万吨	油井数/口	注气井数/口
0.0	98.6	1.1	12.1	22.3	330	120
52.6	65.7	2	14	29.1	330	120
85.2	34.3	2.7	17.7	26.2	330	120
56.9	52.5	5.2	20.8	22.4	330	120
53.2	47.1	8.5	21.1	26.5	330	120
53.2	47.1	10.1	19.5	28.1	330	120
53.2	47.1	12.1	18.1	29.7	330	120
53.2	47.1	13.7	16.6	31.1	330	120
53.2	47.1	14.4	15.3	32.5	330	120
53.2	47.1	14.7	14.1	33.7	330	120
28.5	66.4	14.6	13.1	34.8	330	120
28.5	66.4	14.1	12.1	35.9	330	120
28.5	66.4	13.9	11.1	36.9	330	120
28.5	66.4	13.6	10.3	37.8	330	120
28.5	66.4	13.3	9.5	38.6	330	120

表 5-21　杏河北区水驱生产指标

油井数/口	注气井数/口	年注水/万吨	水驱年产油/万吨	水驱年产水/万吨
330	120	88.5	14.0	25.7
330	120	88.5	12.9	26.9
330	120	88.5	11.9	27.9
330	120	88.5	11.0	28.9
330	120	88.5	10.1	29.8
330	120	88.5	9.4	30.6
330	120	88.5	8.6	31.4
330	120	88.5	8.0	32.1
330	120	88.5	7.4	32.7
330	120	88.5	6.8	33.3
330	120	88.5	6.3	33.9
330	120	88.5	5.8	34.5
330	120	88.5	5.3	34.9
330	120	88.5	4.9	35.4
330	120	88.5	4.6	35.8

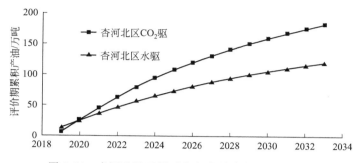

图 5-54　杏河北区不同开发方式累计产量预测对比

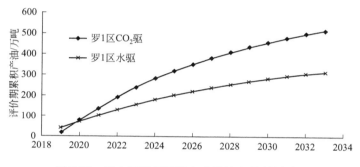

图 5-55　罗 1 区不同开发方式累计产量预测对比

（2）百万吨注入项目概念设计要点

① 罗 1 区方案要点。经油藏工程、数值模拟和开发地质多学科联合研究论证，得到罗 1 区长 $8_1{}^1$ CO_2 驱油藏工程方案要点如下：

项目规模：400 注 1087 采。

注气方式：连续注气 1 年后转水气交替。

注入速度：早期单井日注 26t CO_2，见气见效阶段单井日注 19.4t，单井日注水 $20m^3$。

WAG 水气段塞比：段塞比为 1.2∶1，或按 30d CO_2 和 40d 水交替注入。

注入压力：采用注气站增压，超临界注气；井口注气压力为 10～14.0MPa；井口注水压力为 12～17MPa，建议地面管线承压能力和气密封能力按 20MPa 设计。

采收率：采收率比水驱提高 10.8%，评价期末采出程度提高 8.75%。罗 1 区不同开发方式下采出程度变化情况见图 5-56。

② 杏河北区方案要点。经油藏工程、数值模拟和开发地质多学科联合研究论证，得到杏河北区长 6_{1-2} CO_2 驱油藏工程方案要点如下：

项目规模：120 注 330 采。

注气方式：连续注气 1 年后转水气交替，或按 30d CO_2 和 34d 水交替注入。

注入速度：早期单井日注 30t CO_2，见气见效阶段日注 26t，WAG 阶段单井日注水 $25m^3$。

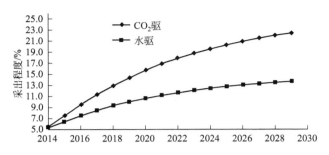

图 5-56　罗 1 区不同开发方式下采出程度变化情况

WAG 水气段塞比：段塞比为 1.3：1。

注入压力：采用注气站增压，超临界注气；井口注气压力为 10～15.8MPa，井口注水压力为 10～14MPa，建议地面管线承压能力和气密封能力按＜20MPa 设计。

采收率：采收率比水驱提高 9.7％，评价期末采出程度提高 8.05％。杏河北区不同开发方式下采出程度变化情况见图 5-57。

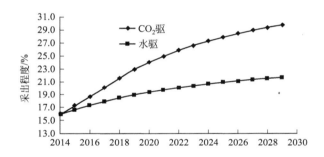

图 5-57　杏河北区不同开发方式下的采出程度变化情况

六、CO_2 驱注采工程设计

1. 杏河区注采设计概要

（1）注气工程方案

由于鄂尔多斯盆地油藏物性差，已动用区的层间差异比较小，采取笼统注气开发方式。

井口设计：杏河区设计 CC 级 35MPa 气井井口。

管柱设计：管柱结构由 27/8" 气密封油管、封隔器、球座、腐蚀测试筒等部件组成。

防腐措施：井筒工程以"碳钢＋环空保护液"为主，井口、封隔器等关键部位使用防腐材质。

（2）采油工程方案

采用气举-助抽-控套-防气一体化采油工艺。

防腐措施：井筒工程以"碳钢＋缓蚀剂"方法为主，井口、泵等局部使用防腐材质。

井口设计：杏河区设计 CC 级 35MPa 标准井口。

管柱设计：管柱结构主要由控套阀、防气泵、气液分离器、筛管等组成。

（3）注入井井口选择

借鉴吉林油田注入井选择经验（35MPa，CC 级采气井口），根据 GB/T 22513—2013《石油天然气工业　钻井和采油设备　井口装置和采油树》，按注入压力 16MPa、安全系数 1.5 计算，杏河北注入井选择 KQ65/35 采气井口，注气井口技术参数见表 5-22。

表 5-22　注气井口技术参数表

名称	制造标准	材料级别	温度级别	工作压力	井口主要结构
参数	GB/T 22513—2013	CC	-46~121℃	35MPa	井口结构主通径为 65mm

井口主要结构：根据井口和采油树国家标准（GB/T 22513—2013），考虑注入井测试与调配的需要，设计选用采气井口装置，主通径为 65mm，旁通径为 65mm。

（4）注入管柱设计

借鉴吉林油田管柱工艺设计，全井采用混注，由油管+专用封隔器+压力计坐落接头+喇叭口（射孔段以上 40m）组成，图 5-58 是注气管柱示意图。

① 油管：采用 N80 钢级，73mm，油管扣采用 BGT-1 气密封特殊螺纹扣型，图 5-59 是油管扣载荷曲线。

② 选用 PHL 可回收封隔器。

通过水气交替加注缓蚀剂段塞和环空保护液，注入井油管整体上不腐蚀，材料的选择主要考虑油管的力学性能。杏河北井口注入压力为 16MPa，井深 1600m，折

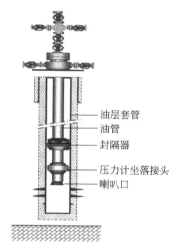

图 5-58　注气管柱示意图

算井底压力约 32MPa，依据吉林油田经验，安全系数取 2.0，计算抗挤强度为 64MPa，因此选择 N80 材质油管。表 5-23 是 BTG 油管的力学参数表。

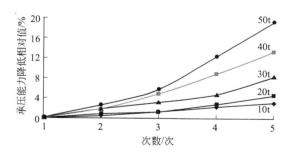

图 5-59　BGT-扣油管承压能力受交变载荷影响曲线

表 5-23　BTG 油管的力学参数（壁厚 5.51mm）

力学参数	J55	N80	P110
抗挤强度	52.97	76.96	99.66

（5）采油井口选择

根据 GB/T 22513—2013《石油天然气工业　钻井和采油设备　井口装置和采油树》，采油井口设计如下：考虑与 φ73mm 油管尺寸的匹配性，井口通径选择 65mm。考虑 CO_2 突破后注采井勾通，采油井口压力等级要求与注入井注入压力相同。借鉴吉林油田经验，采用防腐双级防喷盘根盒，整体耐压 12MPa。图 5-60 是采油井井口示意图，表 5-24 是采油井井口关键参数表。

表 5-24　采油井井口关键参数

名称	制造标准	规范标准	材料级别	温度级别	连接方式	额定工作压力
参数	GB/T 22513—2013	PSL-3	CC	−46~121℃	法兰连接	35MPa

（6）采油井配套工具及设备选择

借鉴吉林油田经验，管柱结构为"油管＋气举阀（80m）＋油管＋气举阀（150m）＋油管＋防气抽油泵＋泄油器＋气液分离器＋筛管＋丝堵"，如图 5-60 和图 5-61 所示。

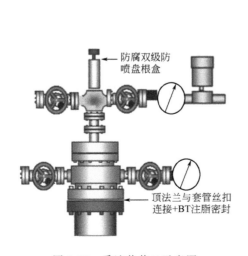

图 5-60　采油井井口示意图

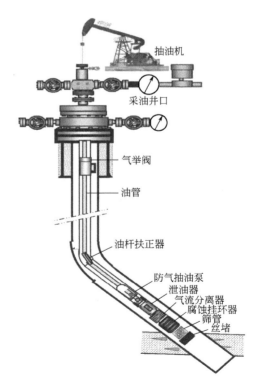

图 5-61　采油井管柱示意图

抽油泵：根据 GB/T 18607—2017 配置，见表 5-25。
抽油杆：借鉴吉林油田经验，选用 H 级抽油杆。
光杆：按照 SY/T 5029—2013，采用 1″KD 级标准光杆。
泄油器：采用耐腐蚀防喷泄油器。

表 5-25 抽油泵关键部位材料选择

泵阀球座	抽油泵阀罩	泵筒	柱塞
碳化钨硬质合金	低合金钢	45♯钢镀铬	45♯钢镀铬

（7）防腐配套

借鉴吉林油田注入井油套环空保护经验，杏河北区采用在采出水回注井规模应用效果良好的 SY 环空保护液（使用浓度 $1000\mu g/g$），见表 5-26。

借鉴吉林油田采出井采用加注缓释剂防腐工艺，考虑杏河北区腐蚀环境，优选出咪唑啉类缓蚀剂。低含水阶段采用油溶性缓蚀剂 ZD1-1，含水率大于 60% 后，采用水溶性缓蚀剂 IMC-80BH，见表 5-27。

表 5-26 SY 环空保护液性能

密度(25℃)/(g/cm³)	pH 值	腐蚀速度/(mm/年)	缓蚀率/%	杀菌率/%
1.01~1.02	8.44~8.46	<0.076	85~90	99.99

表 5-27 J55 失重挂片试验结果

空白腐蚀速率/(mm/年)	200μg/g 浓度缓蚀剂下腐蚀速率/(mm/年)		缓蚀率/%	
	ZD1-1	IMC-80BH	ZD1-1	IMC-80BH
1.7487	0.0417	0.0311	97.3	98.2

（8）防垢措施

根据对杏河北区结垢的技术风险分析，需要在采出井井筒加注 $CaCO_3$ 垢阻垢剂。图 5-62 是 ZG-558 阻垢剂的效果图。

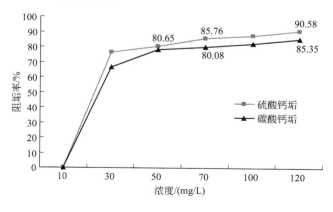

图 5-62 ZG-558 阻垢剂的效果曲线

（9）气窜治理

杏河北采用水气交替注入方式。对 CO_2 注入井进行注水剖面监测，对存在严重尖峰状吸水井进行剖面调整。

注 CO_2 过程中视气窜程度采取措施：

① 如果气窜不严重，采取化学调剖措施进行调堵；

② 如果气窜较严重，先关井，然后进行封层或封井处理。

2. 罗 1 区注采设计概要

罗 1 区 CO_2 驱注采设计整体上与杏河区相同，却也有差异。罗 1 北区和杏河北区注采工程方案主要不同点如下。

（1）油管材质不同

通过加注缓蚀剂段塞和环空保护液进行防腐，材料的选择主要考虑油管的抗挤强度（见表 5-28）。

罗 1 北井口注入压力 18MPa，井深 2500m，折算井底压力 43MPa，依据吉林油田经验，取安全系数 2.0，计算抗挤强度为 86MPa，因此选择 P110 材质油管，而杏河北则选择 N80。

表 5-28　**BTG 油管的力学参数**（壁厚 5.51mm）

力学参数	J55	N80	P110
抗挤强度/MPa	52.97	76.96	99.66

（2）防垢措施不同

根据罗 1 北不仅有 $CaCO_3$ 垢而且存在 $BaSO_4$ 垢，选择 PASP 阻垢剂，在配制水样（Ca^{2+}：7800mg/L，Ba^{2+}/Sr^{2+}：2200mg/L，SO_4^{2-}：2100mg/L）下，钙垢阻垢率为 83.5%，钡/锶垢阻垢率为 79.3%，具体见图 5-63。

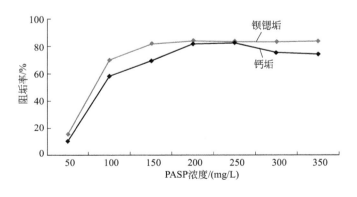

图 5-63　罗 1 区 PASP 阻垢剂的效果曲线

（3）气窜治理方案不同

罗 1 北区采用 5 年注气后转气水交替注入。在注气阶段，根据裂缝监测、井温测试、动静态分析及气驱前缘监测，确定气窜的方向和突破层位。针对不同调堵对象，采取泡沫或调堵剂及时对注入井优势通道进行有效调堵。转气水交替前，对注入井进行注水剖面监测，对存在严重尖峰状吸水井进行剖面调整。气水交替过程中视气窜程度采取措施：

① 如果气窜不严重，采取化学调剖措施进行调堵；

② 如果气窜较严重，先关井，后进行封层或封井处理。

3. 注采工程投资估算

由于阶段和目的不同，试注方案和先导试验方案注采井单井投资较规模应用方案高。进入规模应用后，重点是技术的整体推广。后期如有需要，监测投资可成本列支。罗 1 区和杏河北区注采工程方案投资如下。

（1）罗 1 区注采工程投资

罗 1 区块 400 注 1087 采规模应用方案投资共计 165290 万元，其中注气井投资 46000 万元，采油井投资 48915 万元，其他投资 70375 万元。罗 1 区注采工程工作量及投资估算见表 5-29。

表 5-29　罗 1 区注采工程工作量及投资估算

项目		主要工作量/口	单价/万元	投资估算/万元	小计/万元	备注
注气井	井口、气密封油管、气密封封隔器、缓蚀剂等材料费	400	60	24000	46000	井深按 2550m 考虑
	完井作业、气密油管检测等作业费	400	55	22000		
采油井	井口、气举阀、气液分离器、缓蚀剂等材料费	1087	40	43480	48915	抽油机利旧，油管、抽油杆等部分利旧
	作业费	1087	5	5435		
其他	井况、腐蚀状况等工程监测	1487	25	37175	70375	
	老井井况治理	160	70	11200		
	扩大波及体积措施	200	30	6000		
	注气井修井	80	200	16000		
合计					165290	

（2）杏河北区注采工程投资

杏河北区 120 注 330 采规模应用方案投资共计 43960 万元，其中注气井投资 10200 万元，采油井投资 12210 万元，其他投资 21550 万元。杏河北区块 120 注 330 采注采工程工作量及投资估算见表 5-30。

表 5-30　杏河北区块 120 注 330 采注采工程工作量及投资估算

项目		主要工作量/口	单价/万元	投资估算/万元	小计/万元	备注
注气井	井口、气密封油管、气密封封隔器、缓蚀剂等材料费	120	50	6000	10200	井深按 1550m 考虑
	完井作业、气密油管检测等作业费	120	35	4200		

续表

项目		主要工作量/口	单价/万元	投资估算/万元	小计/万元	备注
采油井	井口、气举阀、气液分离器、缓蚀剂等材料费	330	35	11550	12210	抽油机利旧,油管、抽油杆等部分利旧
	作业费	330	2	660		
其他	井况、腐蚀状况等工程监测	450	25	11250	21550	
	老井井况治理	50	70	3500		
	扩大波及体积措施	60	30	1800		
	注气井修井	25	200	5000		
合计					43960	

七、CO_2 驱地面工程初设

1. CO_2 驱地面工程技术路线

（1）地面工程设计参数

根据油藏工程研究成果，给出鄂尔多斯地区 CO_2 百万吨注入地面工程设计关键参数，为定出设计方案提供依据，见表 5-31。

表 5-31 地面工程设计关键参数

参数类型	参数值
注采井改造工作量	罗1和杏北注入井共计520口,采油井共计1417口
单井日注气量	罗1区早期26t,杏河区早期30t
年注气规模/（万吨/年）	罗1区240,杏河区90,合计330
注入方式	水气交替
井口注入压力/MPa	10～16
注入介质温度/℃	>10
气源来气压力/温度/水露点	8.0MPa/3～10℃/－10℃
单井产油量/（t/d）	1.0～2.5
单井产液量/（t/d）	2.0～10.0
综合含水/%	50～94
气油比/（m³/t）	60～800
井口出油温度/℃	3～6
井口回压/MPa	<1.5

（2）地面总体布局

根据吉林油田和国外油田实践经验，结合黄土高原梁峁交错的地形地貌特点，对比了依托已建接转站集中布站和依托已建接转站分散布站两种地面系统总体布局方式。很明显，集中建站的工程量、建设投资和生产管理便利性都有明显优势，并且集中建站有助于体现规模效益。因此，注气地面工程依托已建接转站，采取集中布站的方式优化地面总体布局。

（3）输气与注气方式

由气源至注入井管线输送长度超过 250km，考虑建设及运行费用相对较低的气态输送、高压超临界注入，以及低压超临界输送、高压超临界注入。根据吉林油田和国外油田实践经验，并考虑产出气循环处理与油藏工程设计注入压力情况，选用经济上占优的低压超临界输送（详见管道输送设计相关内容）、中高压注入技术。

（4）压缩机的选择

本工程采用超临界注入方式，压缩机是注入的关键设备。国产压缩机造价低，但稳定性较差，机组维修费用较高，且需要备用设备；进口压缩机造价高，安全性、稳定性高，无需备用；根据国内外现场实践，首选进口压缩机作为注入设备。

（5）油气集输方式

CO_2 驱使油井产量、油气比上升，已建集油支干线不能满足生产的需求，需要敷设复线，采用油气分输、混输相结合的方式。具有投资低、管线较短、设备少、管理点较少等优点。

（6）站外系统

注入井口：能够实现水气交替注入，同时满足分层注气需求。

注入管网：采用枝状与射状管网结合、单管多井高压注入工艺。

采油井口：阀门、管线更新为不锈钢材质。

单井集油：采用小环状掺输流程，利用原有单井玻璃钢管线。

油井计量：实现单环计量，掺输水设计量表。

掺输计量间：采油系统采用不锈钢阀门及管线，取消翻斗，建设计量分离器，掺水系统采用碳钢材质，加注缓蚀剂防腐。

产出液：进入已建集输系统，在各接转站加注缓蚀剂并进行腐蚀监测。

2. 煤化工碳捕集概念设计

（1）气源气捕集对象

利用北干线气源，延长油田 40 万吨的碳捕集项目已经启动。本次百万吨注入设计的主要捕集对象为中煤陕西榆横煤化工 60 万吨/年煤制烯烃项目、华电榆林天然气化工有限责任公司 60 万吨/年煤制甲醇项目、兖矿榆林 100 万吨/年煤间接液化项目等煤化工企业的煤气化或制氢装置和低温甲醇洗工艺流程排放的 98％以上的高纯度 CO_2。榆林地区的上述煤化工项目具有相对集中、排放量大的特点。

（2）碳捕集工艺流程

① 神华集团 10 万吨/年项目 CO_2 捕集工艺。CO_2 捕集装置采用 CO_2 压缩机将煤制油生产过程中的煤气化制氢阶段产生的 CO_2 升压、脱硫脱油、变温变压吸附（TSA）脱水、冷冻、液化及精馏、深冷后送球罐贮存，然后经装卸栈台装车送往封存区。

② 采用超临界管输，并且规模较大，因而不同于神华 10 万吨项目所采用的低温液化工艺。所设计的低温甲醇洗装置排出 CO_2，进入输气管道的预处理与捕集工艺流程为，采用压缩机将 CO_2 升压、脱硫、脱水，然后进入管输首站工程，升压至10.8MPa，再经长距离管道输送至油田驱油、利用与封存。

③ CO_2 外输管线首站出站压力为 10.8MPa，温度为 35℃。水露点要求控制在 10.8MPa 下，温度为 -5℃。

（3）碳捕集系统投资概算

参考延长石油集团煤化工 36 万吨 CO_2 捕集与输送工程系统投资，根据本次油藏工程设计百万吨 CO_2 输送规模（400 万吨），设计输气压力及温度需求，需新建两座首站，建设中低压压缩机和脱水、水冷等设备工程，以及仪表系统等。煤化工碳捕集系统投资估算见表 5-32。

表 5-32　煤化工碳捕集系统投资估算

系统	主要工程内容	小计/万元
预处理系统	400 万吨输气规模，建设气源站两座，需建设脱水、水冷装置，接入首站管道系统、仪表系统，征地等	86280.5

3. 管道输送工程概念设计

（1）气源供给

利用北干线气源供给。榆林煤化工神华集团内蒙古煤制油项目产生的 CO_2 作为气源，后期可考虑神华宁东基地气源。

北干线全线位于陕西省境内，直线距离约 170km，沿公路长度约 240km（可按 300km 进行设计），年输气能力 400 万吨（未来通过敷设复线以满足年输送 1000 万吨 CO_2），辅以次级干线方式供给安塞、靖安、华庆、姬塬、延长等主力油田，目前可满足建成 400 万吨/年二氧化碳驱油产量规模用气需求。同时，干支线配合的管网建设办法可有效减少管道投资。

（2）CO_2 管道输送工艺概述

CO_2 管道输送系统的组成类似于天然气和石油制品输送系统，包括管道、中间加压站（压缩机或泵）以及辅助设备。考虑到管道内流体的多相流动比单相流动的压降大，且易造成冲蚀，故一般要求输送介质为单相。

由于 CO_2 的临界参数较低，其输送可通过三种相态实现，即气相、液相和超临界相，相对应的有不同的输送工艺流程。究竟采用何种流程取决于从气源输送到 CO_2 管线首站后的 CO_2 压力、温度以及所必需的设备等因素。

在国外，通常将 CO_2 致密液相和超临界相统称为致密相，且并没有严格区分二者，这是因为只要压力远高于临界压力，即使温度改变使得 CO_2 在超临界相与致密液相之间发生相变时，物性参数也不会发生突变。

由于致密液相和超临界相之间没有严格的物性差异，且管道系统的组成和对管道材质的要求类似，可以将二者归在一处，因此超临界输送实际上包含了致密液相输送。

气相输送：输送过程中 CO_2 在管道内保持气相状态，通过压缩机提高输送压力，管道是否进行保温需要通过热力核算确定。

液相输送：输送过程中 CO_2 在管道内保持液相状态，通过泵送升高输送压力以克服沿程摩阻与地形高差，由于冷凝液化的设备和能耗以及管线相关的保温绝热配套措施，都使得输送成本增高。

超临界相输送：输送过程中CO_2在管道内保持致密相状态（压力高于临界压力），通过泵或压缩机提高输送压力，考虑到经济性，一般采用超临界泵进行增压，其典型流程与液态输送类似，早期修建的CO_2管道采用的是压缩机增压。

对于工业捕获的CO_2，一般为气相，且压力较低（接近于常压），因此在输送前需对CO_2进行增压、液化等处理，以满足不同相态输送的要求。图5-64是CO_2增压及液化过程中焓值变化曲线。图中曲线①表示用压缩机将CO_2气体从大气压多级增压到低压状态。在此基础上，若采用气相输送，则继续用压缩机增压，如曲线②所示；若采用液相输送，则先低温液化，再用泵增压，如曲线③所示；若采用超临界输送，可以在曲线③的基础上继续用泵增压，也可采用先高压液化（此过程用压缩机增压），再用泵增压至管输所需压力的方式，如曲线④所示。

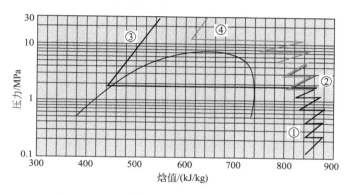

图5-64　CO_2增压及液化过程中焓值变化曲线

（3）CO_2管道输送方式选择

针对三种相态的几种方案（表5-33），气态CO_2在管道内的最佳流态处于阻力平方区，液态与超临界则在水力光滑区。具体采用何种输送方式最经济，需要根据CO_2气源、注入或封存场所实际情况优化研究而定。

表5-33　CO_2管道输送和注入方式设计方案

方案	输送状态	CO_2增压注入状态	集气站设备	注入站设备
1	气态	液态增压、液态注入	低压压缩机	液化装置＋增压泵
2	气态	气态增压、超临界注入	低压压缩机	高压压缩机
3	液态	液态增压、液态注入	低压压缩机液化装置	增压泵
4	高压超临界	高压超临界注入	高压压缩机	—
5	低压超临界	低压超临界增压、高压超临界注入	低压压缩机	压缩机或增压泵

（4）成本分析

为避免寒冷条件气态CO_2在管线中发生相变，考虑采取以下几种措施：

① 降低管线入口压力；

② 提高管线入口温度；

③ 在管线中途增加加热站；

④ 安装保温层。

分析可知（图 5-65），输送距离越长基建费用越大，不论管线长短，方案 4 的基建费用是最大的，因为管线需要耐高压，所需的钢材量大，购置和铺设的费用高。方案 1 的基建费用比较小，这是由于 CO_2 采用气态输送，管线耐压要求低一些，所需钢材量小。方案 2 虽然也是气态输送，但是不需要液化装置，所以基建费用还是要略低于方案 1。方案 5 采用低压超临界输送，管线耐压要求低，并且管径相对于气态输送要小，因此基建费用更低。方案 3 虽然采用的是低压液态输送，要采取保温措施和液化装置，基建费用增高。

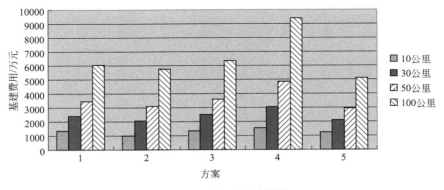

图 5-65　各方案基建费用

从单位 CO_2 输送注入费用（图 5-66）来看，由于各方案都是假设同样的 CO_2 输送量，自然输送距离越长，单位 CO_2 输送注入成本也就越高。各方案中，方案 5 的输送成本最低，采用低压超临界输送，需要的钢材量较少，基建费用较低，并且随输送距离的增加经济性更加明显。方案 4 采用大于 25MPa 的高压输送，虽然输送效率很高，而且流程简单，在较短输送距离内，具有很高的经济性，但要求管线壁厚较大，随着输送距离增加，其管线铺设费用迅速增大，致使单位 CO_2 的输送注入费用也迅速上升。方案 2 采用低压输送，在较短输送距离内，由于需要在管线末端进一步增压以达到注入要求，使得其经济性并不突出，且由于输送压力低，输量受到极大的限制。方案 3 采用液

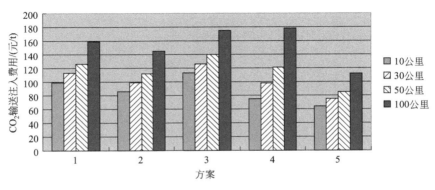

图 5-66　CO_2 输送注入费用

态输送、液态注入方式，虽然管线的输送效率较高，但是基建费用（需液化装置和保温措施）和操作费用（液化费用）都很高，使得这一方案经济性最差。因此，针对本次工程300km CO_2 长输管道，推荐采用低压超临界增压、高压（大于25MPa）超临界注入方式，而低压超临界输送包含高压密相输送，本次设计采用高压密相输送的方式，输送压力为 $8.0\sim10.8$MPa。

4. CO_2 输送管道工艺计算

CO_2 输送管道的工艺计算可参照油气管道的计算方法，一般气相 CO_2 在管道内的最佳流态处于阻力平方区，而超临界 CO_2 则在水力光滑区。应注意的是，对于超临界 CO_2 管道，一般要求管道内最小压力不低于 8.0MPa。

（1）设计参数

CO_2 输送管道设计输量为 400 万吨/年，设计压力为 12MPa，运行压力为 $8.0\sim$ 10.8MPa，末点压力控制在 8.0MPa 以上，长度为 300km，由于缺少最大高差数据，设计暂且不考虑最大高差，管线埋深 -2.0m，通过建设中间增压站维持 CO_2 相态的稳定。

（2）管线设计方案——不设增压站直接外输（推荐方案）

根据设计参数，建立管道模型，通过模拟优化，本条 CO_2 输送管线通过末点压力进行 CO_2 相态控制，设计最大输量为 470 万吨/年。管线 300km 建设模型如图 5-67。

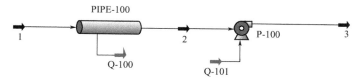

图 5-67　管线 300km 建设模型

Q-101 的热流为 356.1kW

1—温度为 35℃，压力为 10.80MPa，最大输量为 4×10^6 吨/年；

2—温度为 2.688℃，压力为 8.792MPa，最大输量为 4×10^6 吨/年；

3—温度为 4.712℃，压力为 10.80MPa，最大输量为 4×10^6 吨/年

CO_2 输送管线模拟参数：管线起点压力为 10.8MPa，温度为 35℃；300km 后压力为 8.792MPa、温度为 2.688℃。设计管线最小管径为 $\phi508$mm$\times11$mm（L415 管材）。

管线 300km 最大输量建设模型见图 5-68。

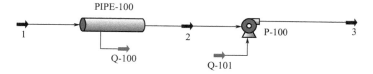

图 5-68　管线 300km 最大输量建设模型

Q-101 的热流为 587.9kW

1—温度为 35℃，压力为 10.80MPa，最大输量为 4.7×10^6 吨/年；

2—温度为 3.284℃，压力为 8.004MPa，最大输量为 4.7×10^6 吨/年；

3—温度为 6.196℃，压力为 10.80MPa，最大输量为 4.7×10^6 吨/年

① 压力控制。管线全程（含增压站）按设计压力 12.0MPa 计，全程采用牺牲阳极保护设计，沿程压力预测见图 5-69。

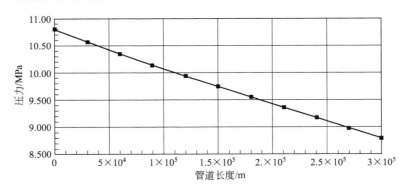

图 5-69　沿程压力预测

② 水合物防治。管线输送 CO_2 水露点要求满足 CO_2 输送管道要求，低于环境温度 3℃，沿程温度预测见图 5-70。

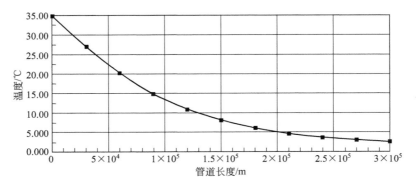

图 5-70　沿程温度预测

③ 管线材质。通过模拟计算，管线发生泄漏产生的温降不低于－20℃。依据 GB 50316—2000《工业金属管道设计规范》中规定，L415 满足输送的要求，在进行管道维修放空时，放空气量增大，温降易达到－20℃以下，因此放空系统建议采用二级节流放空，管线材质选用 16Mn。

④ 线路截断阀室。根据沿线人文状况，按照 GB 50251—2015《输气管道工程设计规范》有关规定，全线设 9 座截断阀池，放空及与放空连接管线材质选用 16Mn。具体功能为接收上游来气输往下游、输气紧急截断、事故状态及维修时的放空、截断阀室预留接口。截断阀前后安装放空系统，在必要时放空泄压，本方案截断阀室不具备远程操控功能。

⑤ 管线敷设。以沟埋方式敷设，深埋在冻层以下，管底埋深－2m。一般地段管沟尺寸，如沟深、底宽、坡比执行《输气管道工程设计规范》（GB 50251－2015）的要求。本次工程途经草原、林地、盐碱地、公路、乡路、村屯及采油厂的井区，地形比较

复杂，全程采用牺牲阳极保护设计。本次工程按通球设计。管线走向尽量避开不良地段，管道敷设尽量平直顺滑，管道转弯采用弹性敷设、现场冷弯、热煨弯管三种方式满足管道变向安装要求。当管道水平或竖向转角较小时（2°～4°），管道采用弹性敷设，曲率半径不小于1000D；若受地形限制弹性敷设无法实现时，采用冷弯弯管，曲率半径大于18D；冷弯弯管无法实现时，采用热煨弯管，曲率半径为6D。

⑥ 线路穿跨越。CO_2 输送管线应尽量避免穿越，由于没有具体测绘图纸，无法确定穿越次数及方式。具体穿越要求如下：

穿越水泥路、沥青路：采用顶管穿越方式，套管采用钢筋混凝土管 ϕ1.2m。

穿越砂石路：采用大开挖方式穿越，穿越后对路面进行恢复。

穿越管线：从已建管线下方穿过时，提前放坡，并与已建管线保持0.3m净距；穿越液态 CO_2 管线时采用硬质聚氨酯泡沫塑料夹克局部保温。

穿越不可预见障碍物：需建设单位、施工单位、监理单位及设计单位现场协调解决。

其他穿越详见《油气输送管道穿越工程设计规范》（GB 50423—2013）。

⑦ 标志。线路沿线设置标志桩，每隔1公里处设置1个里程桩，转角处设转角桩，凡与地下建构筑物交叉处，穿越等级公路两侧均设置标志桩。管道通过学校等人群聚集场所设警示牌，管道靠近人口集中居住区、工业建设地段等须加强管道安全保护的地方设置警示牌。

⑧ 阴极保护。对管线采用强制电流阴极保护，在首站设一阴极保护站，并在保护站内安装2台双机双回路防腐仪，保护站内建一个深井阳极地床，使全线保护电位达到 $-0.85V$，为方便检查、测试被保护管线的保护电位，除在通电点、管线进出站绝缘短接处、大型穿越处加设电位检测桩外，沿管线每公里加设一个电位检测桩。站内辅助阳极地床采用深井阳极地床，阳极地床深度60m，高硅铸铁阳极12根。为减小电流流失，管线进出站及阀池两端需加绝缘短接。

（3）方案一输送能力分析

① 增设增压站1座，提高输送能力至600万吨/年。第一段 CO_2 输送管线模拟参数：管线起点压力为10.8MPa，温度为35℃；150km后压力为8.07MPa，温度为13.27℃。管线管径为 ϕ508mm×11mm（L415管材）。增压站模拟参数：增压站密相泵总负荷为824.3kW，设计负荷为1000kW，设计建设密相增压泵5台（开四备一），单台密相泵流量为200m³/h。

② 增设增压站2座，提高输送能力至750万吨/年。第一段 CO_2 输送管线模拟参数：管线起点压力为10.8MPa、35℃，100km后压力为8.075MPa、19.75℃；管线管径为 ϕ508mm×11mm（L415管材）。增压站模拟参数：增压站密相泵总负荷为1058kW，设计负荷为1300kW，设计建设密相增压泵7台（开五备二），单台密相泵流量为200m³/h。

③ 增设增压站3座，提高输送能力至850万吨/年。第一段 CO_2 输送管线模拟参数：管线起点压力为10.8MPa，温度为35℃；75km后压力为8.07MPa，温度为

13.27℃。管线管径为 $\phi508mm\times11mm$（L415 管材）。增压站模拟参数：增压站密相泵总负荷为 1265kW，设计负荷为 1500kW，设计建设密相增压泵 8 台（开六备二），单台密相泵流量为 $200m^3/h$。

④ 增设增压站 4 座，提高输送能力至 1000 万吨/年。第一段 CO_2 输送管线模拟参数：管线起点压力为 10.8MPa，温度为 35℃；60km 后压力为 8.037MPa，温度为 24.84℃。管线管径为 $\phi508mm\times11mm$（L415 管材）。增压站模拟参数：增压站密相泵总负荷为 1503kW，设计负荷为 2000kW，设计建设密相增压泵 8 台（开六备二），单台密相泵流量为 $200m^3/h$。

（4）增压站设计方案

增压站是输送管道的接力站，主要功能是给管道内介质增压，提高管道的输送能力。本次工程增压站设置清管功能，根据《石油天然气工程项目建设用地指标》，增压站用地面积 $4500m^2$。增压站工艺流程（图 5-71）为：管线来 CO_2→收球筒→密相 CO_2 缓冲罐→增压泵房→计量→进 CO_2 输送管线。站内放空管线材质均采用 16Mn。

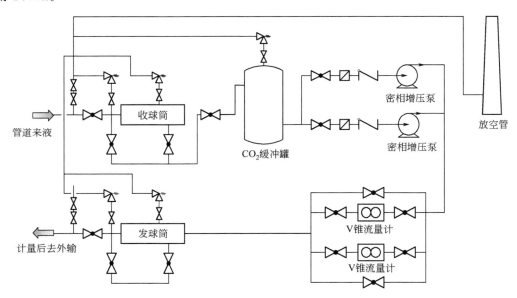

图 5-71 增压站工艺流程图

（5）首末站需求

首站：本次工程 CO_2 外输管线首站出站压力为 10.8MPa，温度为 35℃；水露点要求控制在 10.8MPa 下，温度为 -5℃。根据 CO_2 输送压力及温度需求，首站可能需要新建压缩机、脱水、水冷等设备。

末站（密相注入站）到站压力为 8.0MPa 以上，站内需增压至注入压力。末站需建设 CO_2 缓冲罐、注入泵房、分配阀组，将来气分配至各配注间，到注入井注入。

以来气为微正压（含粉尘、少量含水）考虑首站建设，由于大排量国产压缩机尚不成熟，需要进一步调研协商才能确定。根据 CO_2 输送压力及温度需求，首站需新建压缩机、脱水、分离除尘、发球等设备和配套仪表、电气系统，末站新建密相注入泵、收球及计量等设备。初步估算首末站工程总费用为 2.5 亿元，其中两个站场永久征地费为 380 万元。CO_2 管道输送工程费投资估算见表 5-34。

表 5-34 CO_2 管道输送工程费投资估算表

系统	主要工程内容	小计/万元
输送系统	1. 输 CO_2 管线，ϕ508mm×11mm，L415，300km	54000
	2. 管线永久征地(管线两侧 5m，按 150m/m² 计算)	45000
	3. 穿跨越部分	10000
	4. 线路截断阀室，9 座	720
仪表系统	300 km 管线电流阴极保护系统 1 套(含绝缘短接、高硅铸铁阳极、测试桩、电缆等)	2000
首末站工程	首末站等设备和配套仪表、电气系统与征地等	86280.5
费用合计		198000.5

5. CO_2 驱场站工程概念设计

（1）站场工程概念设计

① 注入站参数。超临界注入：罗 1 区注入站、杏河北区注入站。技术指标：注入气体中 CH_4+N_2 的含量不超过 7%，超临界注入压力为 20MPa。

② 注入站流程。油井产出气进入油气集输系统，计量后进入预处理后系统，分离处理后的气体进入循环注入系统，经增压、级间脱水（采用四级压缩，三级抽出，脱水装置工作压力设计为 4MPa），再增压至 8.5MPa 与超临界长输管道来气 CO_2 汇合，再由注入压缩机增压至 20MPa，去站外配注。

③ 注入站平面。注入站依托已建接转站建设，站外集油进入已建集油系统，集气进入新建循环注入系统，水、暖、电等依托已建系统。

④ 站外设计。注气井口按满足水气交替注入进行改造（图 5-72）。新建注气管网，支干线采用枝状管网，单井采用射状管网，注入间内单井计量。站外水气交替系统框图见图 5-73。

单井集油：站外油井利旧，采用原小环状掺输流程，井口管线更新为不锈钢，单井集油管线利用已建玻璃钢管线。

油气支干线：建设复线。在支干线起端采用气液同输，末端气液分输，枝状管网，管线材质选用芳胺环氧高压玻璃钢管材，埋深 2.0m，起保温作用，与注入管线同沟敷设。

计量间（带分离操作间）：CO_2 驱产出气量增加，取消翻斗，建设生产分离器 1 台、计量分离器 1 台；分离出的液体进入已建集输系统，分离出的气体进入伴生气分离处理系统。间内同时满足单井产液、产气计量，掺水系统加注缓蚀剂。

油气集输系统流程示意图站见图 5-74。

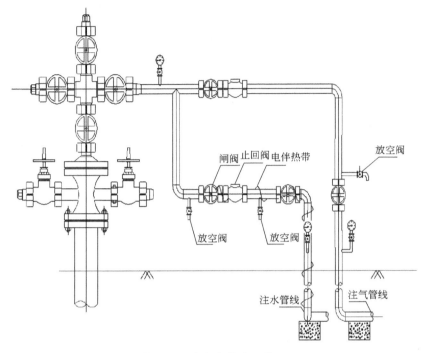

图 5-72　水气交替注入井口

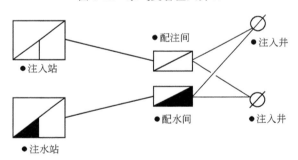

图 5-73　站外水气交替系统框图

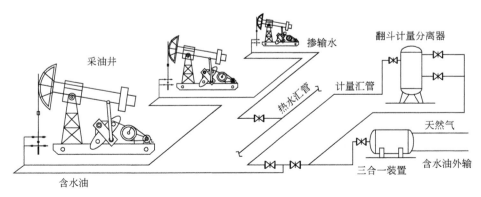

图 5-74　油气集输系统流程示意图站

⑤ 站场总体工程量。新建循环注入站 2 座。站场总体工程量见表 5-35。

表 5-35 站场总体工程量

注入站	循环注入站		新建合计
	罗1区	杏河北区	
注入状态	超临界	超临界	超临界
采油井/口	1087	330	1417
注气井/口	400	120	520
计量(分离)操作间/座	70	21	91
注入规模/($\times 10^4 m^3/d$)	460	160	620
伴生气规模/($\times 10^4 m^3/d$)	120	40	160
输 CO_2 干线/(km/DN)	45/300	25/300	70/300
输 CO_2 干线/($\times 10^4 m^3/d$)	500	180	680
脱水规模/($\times 10^4 m^3/d$)	120/1 套	40/1 套	160/2 套
伴生气压缩机/($\times 10^4 m^3/d$)	10/12 台	10/4 台	160/16 台
增压注入泵/(t/h)	20/25 台	20/9 台	680/34 台

（2）配套工程

① 污水平衡。CO_2 驱后污水注入量减少，需将多余污水输往清水注入站。建罗 1 区联合站至姬塬黄 3、黄 57、黄 117 等站污水管线（见图 5-75）；建杏河北区联合站至杏河站污水管线（见图 5-76）。

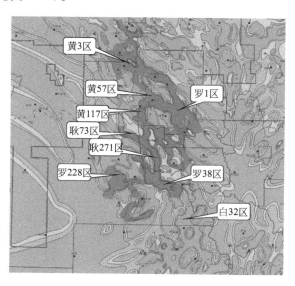

图 5-75 姬塬油田长 8 油藏分布

② 配电系统。新建 110kV 罗 1 变电所：主变 12.5MV·A 变压器2套；新建 110kV 送电电源 1 条，电源引自已建线路，长度 10km。

图 5-76　污水管线

新建 110kV 杏河变电所：主变 1 台 12.5MV·A 变压器；新建 110kV 送电电源 1 条，电源引自已建线路，长度 15km。

6. CO_2 驱地面工程投资估算

目前国内系统完整的 CO_2 驱地面工程成果并不多见。主要依据吉林油田经验，结合长庆油田情况来估算本次预可行性研究的地面工程投资，具体见表 5-36。

表 5-36　CO_2 地面工程投资估算表

项目	系统	投资估算/万元	小计/万元
长输管道	输 CO_2 管线，仪表系统、阀室	61000.5	118000.5
	管线永久征地	30000	
	超临界输气首末站工程	27000	
站场及其他	罗 1 循环注入站及站外	130655.7	135093.6
	配套工程	4437.85	
	杏河北区循环注入站及配套	39450.5	41607.7
	配套工程	2157.2	
合计		294701.75	294701.8

本书提供了基于气驱油藏工程方法的大规模驱油型 CCUS 项目生产指标确定方法和设计方法。CCUS 实践中，在碳源供给合同框架下，也出于落实油田产量规划对气驱等提高采收率产量的要求，大规模项目往往需要不断投入新储量，以达到接替稳产或上产目的。这就需要对更多开发单元或区块进行多批次的气驱开发方案设计和技术经济评价。由于方法和原理是相同的，下面就不再赘述了。

八、项目经济性分析

(一) CO_2 驱油项目技术经济评价方法

可采用折现现金流中的动态经济评价方法对 CO_2 驱油提高采收率项目进行经济评

价[7,8]。国家出台专门政策支持大规模的 CCUS 项目，主要是为了应对气候变化。当侧重研究二氧化碳的地质封存效果时，驱油型 CCUS 项目可以被视作新项目进行技术经济评价。将前期水驱固定投资折旧折耗后的剩值计入 CCUS 项目建设新增投资，而产量和成本则以 CO_2 驱油与封存过程总量计。这种创新的"部分增量法"融合了作为二次采油的水驱和作为三次采油的 CO_2 驱的技术效果，又可以在全生命周期内对水驱固定投资进行持续的、平滑的处理，避免了水驱投资剩余部分的沉没。

还需指出，该"部分增量法"与油田开发全生命周期内开发方式组合的"总量法"评价方法在理论上是等价的；"有无对比法"仅覆盖了项目寿命期，其增量收入和增量成本的误差超过"总量法"。另外，将 CCUS 这种"负碳"技术应用项目完全按三次采油项目对待并采取"增量法"评价并不合适。

项目的经济评价参数包括投资、成本、销售收入及税金。同时，CO_2 捕集与运输流程阶段的各项参数也应被包括其中，将 CCUS-EOR 项目中碳捕集、运输与封存流程阶段视为一个项目整体进行经济评价。

(二) 百万吨二氧化碳注入项目经济评价

按照《中国石油天然气股份有限公司建设项目经济评价方法与参数》（2016 年版）的规定，对项目经济效益进行评价。

1. 基础数据

百万吨二氧化碳注入项目经济评价的基础数据与取值和工程生产指标如表 5-37 和表 5-38 所示。

表 5-37　经济评价的基础数据与取值

参数类型	取值方法
流动资金	70%贷款,贷款利率5.04%
固定资产投资	50%贷款,贷款利率5.76%
社会折现率	12%
固定资产形成率	100%
原油商品率	95.79%
所得税	2020 年以前按销售收入 15%,2020 年以后按 25%
资源税	原油销售收入的 4.09%
增值税	按 17%
城市建设税	按增值税的 5%
教育税附加	按增值税的 3%
操作成本	根据油田 2016 年实际操作费用和油田开发成本变化方法估算

表 5-38　百万吨注入工程生产指标（杏河北区与罗 1 区）

年注 CO_2 量/吨	年注水/万吨	年产气/万吨	年产油/万吨	年产水/万吨	油井数/口	注气井数/口
0.0	364.0	4.7	48.0	78.4	1408	520
204.4	242.7	8.5	54.9	103.7	1408	520

年注 CO_2 量/吨	年注水/万吨	年产气/万吨	年产油/万吨	年产水/万吨	油井数/口	注气井数/口
323.4	131.3	12.2	72.7	90.3	1408	520
203.8	204.5	20.5	87.1	72.4	1408	520
174.2	216.0	30.2	87.4	88.5	1408	520
174.2	216.0	34.5	79.9	96.5	1408	520
174.2	216.0	41.7	73.1	103.9	1408	520
174.2	216.0	47.4	66.6	110.7	1408	520
174.2	216.0	49.4	60.8	117.0	1408	520
174.2	216.0	50.6	55.6	122.8	1408	520
99.3	287.6	50.2	50.8	128.0	1408	520
99.3	287.6	48.5	46.5	133.0	1408	520
99.3	287.6	47.0	42.4	137.5	1408	520
99.3	287.6	45.4	38.8	141.7	1408	520
99.3	287.6	43.7	35.4	145.5	1408	520

2. 投资与成本估算

（1）总投资

该 CO_2 驱油与封存项目的主要投资包括注采工程投资、地面工程投资（含输气管道和煤化工高纯 CO_2 捕集处理系统），以及油藏工程费用三部分，具体见表 5-39。

表 5-39　CO_2 百万吨注入项目投资估算表

类别	项目	杏河北区/万元	罗 1 区/万元	合计/万元
油藏工程	取样与分析化验费用	500	820	1320
	监测费用	1250.2	1755.8	3006
注采工程	笼统注气井费用	10200	46000	56200
	采油井费用	12210	48915	61125
	其他费用	21550	70375	91925
地面工程	站场工程及其他	41607	135093.6	176700.6
	长输管道建设投资	82147.1	29572.9	111720
	碳捕集与处理系统	40000	46280.5	86280.5
合计		209464.3	378812.8	588277.1

（2）资金筹措与建设期利息估算

本项目固定资产投资的 50% 为自筹，其余 50% 考虑银行贷款，贷款利率按照《中国石油天然气股份有限公司建设项目经济评价参数》的规定。

（3）流动资金估算

流动资金为维持生产占用的全部周转资金，是流动资产与流动负债的差额。本项目采用详细估算法，其构成为 30% 的自有流动资金和 70% 的银行贷款。

（4）成本估算

根据 2016 年杏河北区实际发生操作成本评价期杏河北区的平均分项成本和姬嫄油田实际发生操作成本评价期罗 1 区平均分项成本。

评价期杏河北区平均操作成本：804 元/t，罗 1 区为 694 元/t，并根据综合含水变化情况逐年增加。

营业费用：企业在销售产品、提供劳务等过程中发生的各项费用，营业费用按营业收入 3% 提取。

财务费用：企业为筹集资金而发生的各项费用。

管理费用：本项目主要包括矿产资源补偿费和其他管理费用。

折旧费：按直线法折旧，折旧年限为 10 年，不计残值。

3. 销售收入、销售税金与附加、所得税

① 销售收入。原油价格参考目前油价变化情况取值研究，原油商品率取 96.0%。

② 销售税金及附加。销售税金及附加包括城市建设税、教育费附加、资源税。

③ 所得税。根据 2007 年《中华人民共和国企业所得税法》规定及西部大开发的优惠政策继续沿用，即 2020 年以前仍按 15% 执行，自 2020 年以后，企业所得税按 25% 的税率缴纳。

4. 经济性分析结果

该百万吨注入项目的建设期按 3 年，据中国石油天然气股份公司规定的油田开发项目技术经济评价方法，对几种不同政策和经济技术条件下项目净现值情况进行测算。

（1）有息贷款情形

前已指出 50% 的项目投资来自贷款，在这部分资金为有息贷款的条件下，预测了项目评价期内净现值变化情况，见图 5-77。

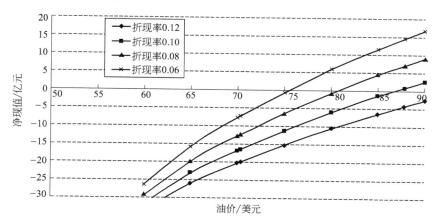

图 5-77 有息贷款条件下的项目净现值

（50% 投资为有息贷款，企业全部承担投资成本）

从图 5-77 可以看出，采用的社会折现率越高，项目经济性越差；国际油价越低，项目越难产生经济效益；当油价低于 75.5 美元/桶时，在通常的内部收益率范围内，项

目净现值均小于零，项目经济上不可行。

（2）无息贷款情形

前已指出50％的项目投资来自贷款，在假设可按照低碳项目争取这部分资金为无息贷款的条件下，测试了项目评价期内净现值变化情况，见图5-78。

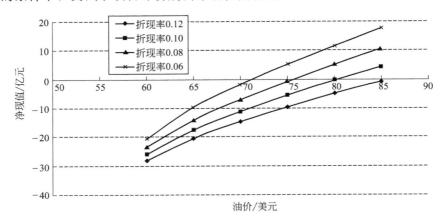

图 5-78 无息贷款条件下的项目净现值

（50％的投资为国家提供的无息贷款，企业全部承担投资成本）

可以看出，采用的社会折现率越高，项目经济性越差；国际油价越低，项目越难产生经济效益；不论是怎样的内部收益率，当油价低于71.3美元/桶时，项目净现值均为负，不具有经济性。

近四年来，国际油价不超过55美元/桶，据多家机构预测，油价将长期在低位震荡运行。低油价下，完全由企业承担大规模 CO_2 封存项目会使油企雪上加霜。因此，国家承担一定的碳减排费用很有必要。

（3）国家出资建设长输管道+ 有息贷款情形

建设长距离输气管道是鄂尔多斯地区实施规模化 CO_2 驱油与封存项目的关键。本次设计管道建设相关费用为11.2亿元，剩余47.63亿元的项目投资的50％来自银行贷款，在这部分资金为有息贷款的条件下，以及国家承担管输工程投资的情况下，测算了项目评价期内净现值变化情况，见图5-79。可以看出，采用的社会折现率越高，项目经济性越差；国际油价越低，项目越难产生经济效益；当油价低于67.3美元/桶时，在常见的内部收益率取值范围内，项目净现值小于零，项目经济上不可行。

由此可见，国家出资建设长输管道工程降低了项目对油价的依赖。比如折现率6.0％时的零净现值对应的油价从71.3美元/桶下降到67.3美元/桶。但低油价下（油价低于65美元/桶），能源企业仍然难以从项目中获得经济效益。

（4）国家出资建设长输管道+ 无息贷款情形

建设长距离输气管道是鄂尔多斯地区实施规模化 CO_2 驱油与封存项目的关键。在国家承担管输工程投资，剩余资金的50％为无息贷款的条件下，测算了项目评价期内净现值情况，见图5-80。可以看出，采用的社会折现率越高，项目经济性越差；国际油价越低，项目越难产生经济效益；当油价低于 65 美元/桶时，在常见的内部收益率取值范围内，项目净现值小于零，经济上不可行。

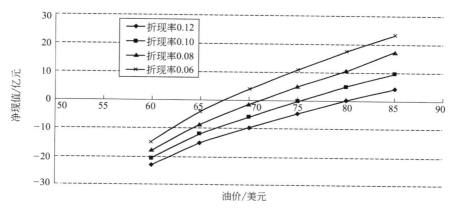

图 5-79　国家出资建设管道有息贷款时的项目净现值

（国家出资建设管道，其余 50%投资为有息贷款）

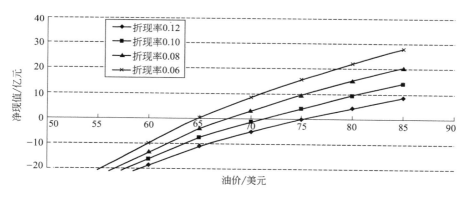

图 5-80　国家出资建设管道无息贷款时的项目净现值

（国家出资建设管道，其余 50%投资为无息贷款）

由此可见，在国家出资建设长输管道工程的基础上，实施无息贷款，进一步降低了项目经济效益对油价的依赖。比如折现率 6.0%时的零净现值对应的油价从 67.3 美元/桶下降到 65 美元/桶。虽然，低油价下（油价低于 65 美元/桶），能源企业仍然难以从项目获得经济效益。无息贷款为能源企业减了负，也更充分体现了全社会对碳减排成本的分担，体现了社会的进步。

（5）国家出资+ 无息贷款+ 地方碳减排补贴情形

在国家承担管输工程投资，剩余资金的 50%为无息贷款，地方政府实施补贴的条件下，测算了碳补贴 60 元/t 时的项目净现值变化情况，见图 5-81。可以看出，采用的社会折现率越高，项目经济性越差；国际油价越低，项目越难产生经济效益；当油价低于 61 美元/桶时，在常见的内部收益率取值范围内，项目净现值小于零，项目经济上不可行。

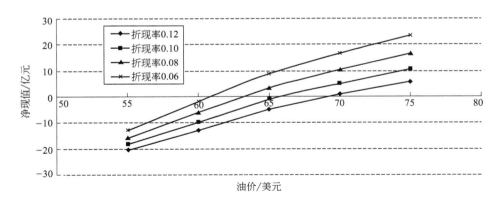

图 5-81　国家出资建管道、无息贷款、地方碳减排补贴 60 元/t 条件下的项目净现值
（国家出资建设管道，其余 50％投资为无息贷款，地方政府补贴 60 元/t）

由此可见，在国家出资建设长输管道工程和无息贷款的基础上，实施碳补贴，不仅显著降低了项目经济效益对油价的依赖，还为低油价下（油价低于 65 美元/桶）能源企业获得一定的经济效益，为碳减排活动的可持续性提供了重要机会。实施补贴也体现了地方政府主动务实支持碳减排的担当，体现了地方政府对绿色发展的重视。

（6）碳减排补贴时机

在国家承担管输工程投资，剩余投资 50％为无息贷款，地方政府实施碳减排补贴的条件下，进一步测算了欲达到 8％的内部收益和保障低油价下项目经济性对碳补贴额度的要求。

由图 5-82 可以看到，在油价 55 美元/桶时，欲使内部收益率达到 8％，封存 1 吨 CO_2 的政府补贴须达到 192 元/t；在预期油价 60 美元/桶时，欲使内部收益率达到 8％，碳减排补贴须达到 110 元/t 以上；油价高于 65 美元/桶时，基本上可以取消碳减排补贴政策，仅通过国家出资建设长输管道工程和提供无息贷款的方式即可保证鄂尔多斯盆地大规模 CCUS 项目内部收益率达到 8％。

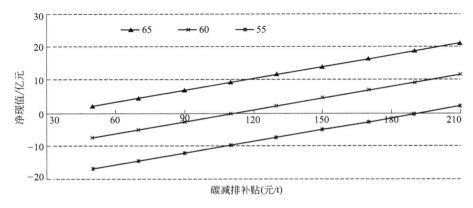

图 5-82　在国家出资建管道、无息贷款、地方碳减排补贴、内部收益率 8％条件下的净现值
（国家出资建设管道，其余 50％投资为无息贷款，贴现率 8％时的不同碳减排补贴）

5. 小结

① 在没有国家和地方政策支持的情况下，开展 CO_2 驱油与封存类型的碳减排项目的经济性堪忧。采用的社会折现率越高，项目经济性越差；原油价格越低，项目越难产生经济效益；当油价低于 75.5 美元/桶时，在通常的内部收益率范围内，项目净现值均小于零，该百万吨注入项目不具有经济可行性；欲达到 8% 的内部收益率，原油价格需高于 80.3 美元/桶。

② 假设可按照清洁低碳技术应用项目争取到无息贷款时，当油价低于 71.3 美元/桶时，项目净现值均为负，无经济可行性；当原油价格高于 75 美元/桶时才能达到 8.0% 内部收益率。

③ 建设长距离输气管道是鄂尔多斯地区实施规模化 CO_2 驱油与封存项目的关键。即便在国家出资建设 300km 长距离输气管道工程的情况下，当油价低于 67.3 美元/桶时，项目经济上仍然不可行，但国家出资建设长输管道工程降低了项目经济性对油价的依赖。

④ 在国家出资建设管道和提供无息贷款组合优惠的条件下，当油价低于 65 美元/桶时，项目经济上也不可行；欲使项目内部收益率达到 8.0%，油价需高于 67.5 美元/桶。

⑤ 在国家出资建设管道、提供无息贷款以及地方政府实施碳补贴 60 元/t 的条件下，当油价低于 60.8 美元/桶时，常见折现率下的该百万吨级 CCUS 项目不具有经济可行性；原油销售价格需要高于 63 美元/桶，项目内部收益可达到 8.0% 以上。

⑥ 在国家出资建设管道、提供无息贷款以及地方政府实施碳补贴（或税收减免），以及原油销售价格 60 美元/桶时，若使项目内部收益率达到 8.0% 以上，地方政府实施碳补贴（或税收减免）不可低于 110 元/t。

近四年来，国际油价在 55 美元/桶左右徘徊，大庆油价在 50 美元/桶左右震荡，据多家机构预测，油价将长期在低位震荡运行。低油价下，完全由企业承担大规模 CO_2 封存项目投资费用会使石油企业和煤化工企业雪上加霜。因此，国家和地方给予政策支持并务实承担一定的碳减排费用很有必要。CO_2 驱既是大幅度提高低渗透油藏采收率的有效手段，也是碳减排工作重要抓手。建议国家制定 CCUS 产业发展战略，加快 CO_2 驱技术工业化进程。

参 考 文 献

[1] 陈春香，马晓茜. 燃煤机组富氧燃烧发电的生命周期评价 [J]. 中国机电工程学报，2012，29：82-85.

[2] 张建府. 碳捕集与封存技术（CCS）成本及政策分析 [J]. 中外能源，2011（3）.

[3] 武娟妮，张岳玲，田亚峻. 新型煤化工的生命周期碳排放趋势分析 [J]. 中国工程科学，2015（9）.

[4] 王高峰，李花花，李金龙. 低渗透油藏混相驱合理注气时机研究 [J]. 科学技术与工程，2016，16（17）：145-148.

[5] 王高峰，马德胜，宋新民，等. 气驱开发油藏井网密度数学模型 [J]. 科学技术与工程，2011，11（11）：2708-2710.

[6] 王高峰，胡永乐，李治平. Ramey 井筒传热方程的改进与应用 [J]. 西南石油大学学报，2011，33（5）：118-121.

[7] 吉林油田. 大情字井油田 50 万吨 CO_2 驱总体开发方案 [R]. 北京：中国石油天然气集团公司，2011.

[8] 黄耀琴. 石油工业技术经济学 [M]. 北京：中国地质大学出版社，2014.

第六章

CCUS风险管控与产业发展
对策建议

CCUS 技术可持续发展主要取决于安全性和经济性。"天下大事，必作于细。"通过风险识别、风险估测、风险评价，选择与优化组合各种风险管理技术，有效控制和妥善处理风险，使风险可能造成的不良影响减至最小。同时，提出产业发展建议，从法律法规和政策层面解决 CCUS 项目实施可预见的风险，以推动 CCUS 产业可持续发展。

本章重点介绍实施 CCUS 项目过程中的经济风险、安全风险、环境风险和社会风险，以及各种风险的管控对策，也提出了促进 CCUS 产业可持续发展的对策建议。

第一节　实施CCUS项目的风险分析

一、CCUS 项目的经济风险

1. 国际原油价格变化对经济效益影响较大

据前述经济评价结果，在低油价下，百万吨注入工程项目的经济性堪忧。国际油价回升到较高水平时，CCUS 项目的经济效益将得到改善，实施 CO_2 驱油项目的动力将得到促进。但多个机构预计，在一个较长的时期内，国际油价将继续维持在低水平。低油价下 CO_2 驱油与封存建设项目的投资决策面临严峻挑战，是国家和 CCUS 项目参与方需要思考的课题。

2. 项目运行过程中系统运维更新投资，对效益影响较大

一个 CCUS 项目完整的生命周期可能要 20 年以上，无论是 CO_2 的捕集环节、运输环节，还是 CO_2 的驱油利用与封存环节，均存在系统运维更新的情况。处理这些情况，需要一定量的资金支持。仅以 CO_2 驱油利用与封存为例，注入井、采出井存在油、套管腐蚀风险。项目运行过程中的监测、维护与管柱更新措施将增加资金投入和工作量。数据统计表明，在杏北和罗 1 区块，碳钢（J55）在地层水中腐蚀速率为 $0.2\sim0.4mm/$年。CO_2 驱环境下，碳钢的腐蚀速率加剧，最高可达 $1.6mm/$年，腐蚀不仅影响 CO_2 驱油与封存过程的正常运行，还带来安全隐患。

CO_2 驱油与封存过程还会引起输运与处理产出流体的金属管道与设备严重结垢的问题。杏河北和罗 1 区地层水型属于 $CaCl_2$ 型，成垢离子含量较高，结垢风险增加，特别是 CO_2 驱生产井和地面系统存在结垢风险。以三元化学复合驱技术为例，强碱导致的严重结垢拉高了生产成本，影响了经济效益。研究 CO_2 驱采出流体中碳酸钙结垢机理和预测模型，并研究结垢与腐蚀的耦合关系，不仅对防垢、防腐具有重要意义，还对项目的可持续运行具有实际意义。

因此，在项目设计阶段，不仅考虑 CCUS 项目完整的生命周期的投入和资金需求，还要考虑一些随机的不可预见的风险的处置、处理的工作量及资金的需求。

3. 气源稳定性和价格水平影响项目技术经济效果

CO_2 气源稳定注入是保障 CCUS 项目达到预期效果的关键环节。国内多个矿场试

验曾经遇到过因 CO_2 供应不足，导致试验项目终止或达不到预期效果的情况。从技术上分析，如果 CO_2 注入量达不到设计要求，则会造成驱油区块不能混相，直接导致技术经济效果差。个别项目也曾因为 CO_2 价格过高导致驱油类项目失去经济效益。确保 CO_2 气源稳定供应、价格水平可接受，是保障 CCUS 项目顺利运行，并取得预期技术经济效果的重要前提。本次设计选择煤化工碳源也出于这些考虑。

4. 地质认识不确定性影响试验技术经济效果

地质体的复杂性、地质资料的有限性、地质理论的局限性、研究手段的限制和地质人员自身素质都会给试验区有关地质认识和储层三维地质模型带来不确定性，进而影响注气生产指标的预测可靠性。区域内裂缝系统相对发育，注水开发过程中已有水窜现象，注 CO_2 过程中也存在气窜风险，带来了过早气窜的风险，对 CO_2 驱平稳生产构成挑战，极大增加了项目的经济风险。

二、CCUS 项目的安全、环境和社会风险

CCUS 涉及 CO_2 捕集、运输、驱油利用与地质封存等环节。任何一个环节出现问题，都会造成不同程度的安全风险、环境风险，甚至社会风险，影响到 CCUS 项目的顺利运行。因此，CCUS 项目的安全、环境与社会风险的管控是 CCUS 产业化并可持续发展的重要工作内容。

(一) CCUS 项目的安全风险

CCUS 项目的部分环节具有完整的工艺管理流程，它们一直处于操作者或管理者视野范围之内，其生产远行动态和安全状态可以通过与之相连的仪器仪表的数值变化进行了解和管控。例如 CO_2 捕集环节的安全状态（运行动态）可以通过安装在工艺流程上的各类监测仪表（温度、压力、流量）的信息进行安全管控；再如 CO_2 管输环节的安全状态（运行动态）可以通过首站、末站，以及中间泵站的监测信息进行安全管控。而 CCUS 项目的某些环节（如驱油利用与地质封存）的安全状态是操作者或管理者无法直观感知的，这些环节是 CCUS 项目安全风险管控不可或缺的。CO_2 驱油利用与地质封存环节的安全风险❶主要是不可预知的 CO_2 泄漏。由于预知概率低，风险管控难度大，一旦发生突发的 CO_2 泄漏，可能给人类生态圈造成大的地质和环境灾害。CO_2 漏失主要有两个方面，即 CO_2 从井筒中或封存地质体构造中泄漏。

1. 井筒漏失 CO_2 的安全风险

注采井井筒破裂造成的泄漏可能导致 CO_2 快速地释放。当空气中 CO_2 的浓度大于 7% 将会危害人们的生活和健康。由于实施 CCUS 的场所有人工建设的注采井、监测井，以及废弃的油气井。在一些地方，井的密度达到了每平方千米有 0.5～5 口井。例如在美国的得克萨斯州，就有超过一百万口油气井。CO_2 从井筒的泄漏有以下几个部位（见图 6-1）：

---

❶　这里专指 CO_2 注入地层带来的安全风险。

① 井筒套管外壁与固井水泥环之间；

② 井底水泥塞与套管之间；

③ 固井水泥环密度不均处；

④ 套管腐蚀和刺穿处；

⑤ 固井水泥环破裂或裂缝处；

⑥ 固井水泥环和地层岩石之间等。

另外，在水驱油转 CO_2 驱油与封存的油藏区块，已建的油水井也必须考虑 CO_2 泄漏风险。这些井存在的主要风险点是：

① 套管丝扣为平扣，非气密封，存在丝扣漏气风险；

② 部分井完井时水泥返高未到井口，存在发生套管气窜的风险；

③ 井口套管底法兰、井口耐压等级低，气密封性差，存在高压漏气风险等。

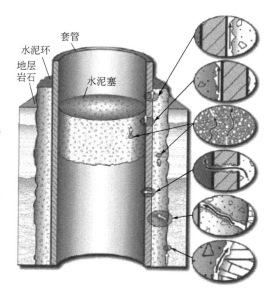

图 6-1　典型井井筒漏失风险点示意图

2. 地质体构造渗漏 CO_2 的安全风险

地质体构造渗漏 CO_2 的原因在于地质体构造的复杂性，以及现有方法与手段尚不能完全有效地辨识地质体构造的复杂性。以现有的技术水平分析，CO_2 从地质体构造渗漏主要可能发生在以下几个部位（见图 6-2）：

① CO_2 可能通过未被发现的断层或断裂处从油气储层渗漏到上部（或附近）的地下含水层中，并逐步扩散到地表土壤中；

② CO_2 可能通过地质体上部盖层密封性薄弱的部位渗漏到上部（或附近）的地下含水层中，并逐步扩散到地表土壤中。

当 CO_2 渗漏到地下含水层并逐步扩散到地表土壤时，将影响饮用蓄水层和相关的生态系统；当 CO_2 渗漏并聚集在地面（地表）低洼处时，就形成重大危险源，严重的可能导致重大事故。

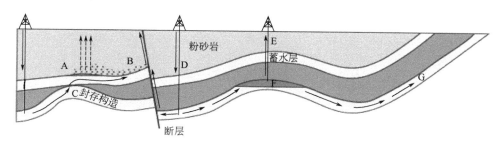

潜在的逃逸机制

图 6-2　地质体构造渗漏 CO_2 的示意图

A—CO_2 以扩散形式逃逸；B—CO_2 沿断层泄漏；C—CO_2 通过隔层破缺进入邻层；

D—近断层压注 CO_2 开启断层；E—CO_2 通过废弃井逃逸；

F—构造封存 CO_2 被流水携带；G—CO_2 沿露头逃逸至地面和海

3. CO_2 运输、存储的安全风险

在我国，压缩的或液化的 CO_2 被列为危化品，无论是车载公路运输，还是管道输送，均存在安全风险。

① 车载公路运输。受路况与天气条件等影响较大，主要是行车安全和运输的连续性问题。例如公路拥挤、道路坡度相对较大、雨雪路滑等造成车辆难行，难以保障 CO_2 安全运送至现场。

② 长距离输气管道在一定程度上存在发生管道破裂和爆炸的安全风险隐患。

③ 罐储是储存 CO_2 的主要方式之一。液态 CO_2 罐储的温度为 $-20℃$ 左右，CO_2 泄漏时常常伴随相变，CO_2 相变是吸热过程，低温 CO_2 对接触者有冻伤的风险。

CO_2 在运输、存储、注入与封存过程中，存在泄漏的风险。CO_2 无色无味的特性使得人们不容易发现 CO_2 泄漏；CO_2 重于空气的特性，使得其极易在低洼处聚集。因而，CO_2 一旦泄漏，可能存在人员窒息的风险。

(二) 环境风险

现代学术意义上的环境风险是指"由人类活动引起或由人类活动与自然界的运动过程共同作用造成的，通过环境介质传播的，能对人类社会及其生存、发展的基础——环境产生破坏、损失乃至毁灭性作用等不利后果的事件的发生概率"。本节所说的环境风险是指"在 CCUS 项目实施过程中由 CO_2 泄漏可能导致的环境风险"。因为，在 CCUS 项目实施过程中，可能存在 CO_2 通过未被发现的断层、断裂处或地质体上部盖层密封性薄弱的部位，直接泄漏到地下含水层，进而扩散到近地表地层或地表土壤中的风险。若地下含水层与生活水源相关，则会污染水源；若 CO_2 扩散到地表土壤，有可能导致土壤酸化或影响土壤的"呼吸"；如果 CO_2 泄漏量较大，可能会引发生态环境问题，或许会威胁周边一定范围内可能存在的人和动物的生命健康。当这些情况导致了大面积的生态变化，就会形成环境灾害。为了应对可能出现的 CO_2 泄漏及其可能造成的环境风险，需要建立包括监测队伍、专用设备、应急预案等在内的一整套环境风险管控体系。

虽然鲜见 CO_2 泄漏造成环境风险或灾害的报道，但我们不能掉以轻心，要防患于未然，要警钟长鸣。

(三) 社会风险

现代学术意义上的社会风险意指"在一定条件下某种自然现象、生理现象或社会现象是否发生，及对人类社会财富和生命安全是否造成损失和损失程度的客观不确定性"。本节所说的社会风险是指"在 CCUS 项目实施过程中由 CO_2 泄漏可能导致的社会风险"。相较于地震、洪水、台风等自然界灾难，或矿难、燃爆等工矿企业安全灾祸产生的社会影响而言，CCUS 项目及其运行过程的安全风险及可能导致的灾害极少。首先，在我国 CCUS 是新兴领域，发展时间短，尚未形成规模，安全问题尚未暴露。其次，在科普和宣传 CCUS 方面，对其社会效益和经济效益讲述的多，对其安全隐患及风险介绍的少。公众和社会对 CCUS 的了解程度较低，对 CCUS 安全风险问题的了解更少。

因此，要通过多种渠道系统全面地科普和宣传 CCUS 知识，提高全社会对 CCUS 的认知程度和接受程度。我们常说应对气候变化是国际社会关注的热点。我们希望作为应对气候变化活动措施之一的 CCUS 不仅成为国际社会关注的热点，也要成为公众关注的热点。

除了做好 CCUS 科普外，尽量选择在远离居民的偏远地区实施 CCUS 项目，从根本上避免社会风险，以最容易的路径获得社会许可。

三、CCUS 活动的法律及其他风险

大规模全流程 CCUS 项目往往具有跨行业、跨部门、跨地域特点，CCUS 项目运营和管理是一个长期的过程，存在许多难以预测的法律风险及其他风险。

(一) 法律风险

法律风险是指在项目实施过程中，由于企业外部的法律环境发生变化，或由于包括企业自身在内的各种主体未按照法律规定或合同约定行使权利、履行义务，而对企业造成负面法律后果的可能性。法律风险主要包括合规风险和监管风险两种类型。

合规风险是指 CCUS 活动违反目前或潜在的监管规定和原则，而招致法律诉讼或遭到监管机构处罚，进而产生妨碍项目运营的风险。监管风险是由于法律或监管规定的变化，可能影响项目正常运营，或削弱技术竞争能力、项目效益、可持续性的风险。比如，随着安全环保意识和安全环保标准的提升，依据过去标准的在运行项目达不到新法律法规的要求，存在设备升级改造、监测技术手段升级换代的可能性，甚至存在着导致项目关停的风险。比如"新两法"（新《安全生产法》和新《环境保护法》）的实施，就造成了一些安全或排污不达标企业生产线的关停。再如，过早将 CCUS 纳入碳交易体系，可能造成企业承担的第三方量化核查与监管成本高于碳税减免的收益，从而影响项目经济性的情况。又如，在利用外资合作过程中，可能存在外方过度宣传或夸大其在项目实施中作用的情况，进而影响国家自主碳减排形象的问题。

(二) 其他风险

CCUS 项目建设、运行过程中，还存在一些除安全、环境和社会风险之外的隐性风险，或非技术性的难题。之所以将其称之为隐性风险，是因为在项目设计阶段容易为设计者忽略或只有在项目建设实施和运行管理阶段才显现暴露出来的风险或需要解决的非技术性难题。以美国的 FE0002314 项目为例，在该项目长达 800 多页的最终环境影响报告附录中展示了诸多的历史文件。其中，最重要的文件之一是美国陆军部签署的该项目部分用地的许可证书及时间跨度为 5 年（2008～2012 年）的多个附件。这也许是一个特例，但是可以想象，类似的情况可能导致项目建设迟滞，以及由此可能造成的项目非技术性投资风险。

随着国家、地方在 CCUS 领域的相关政策、法规方面不断衔接、配套和完善，从事 CCUS 的企业面临的非安全、环境和社会的隐性风险或非技术性的难题将会越来越少。同时，随着 CCUS 产业的做大，还会产生新的难题或风险。

第二节　规模化CCUS项目的风险管控

CO_2 驱油与封存既是大幅度提高低渗透油藏采收率的有效手段，也是碳减排工作重要抓手。在 CCUS 实施过程中，既有安全、环境和社会风险，也有潜在的风险，要做好事前、事中和事后的有效规范管理，规避风险，确保安全生产。

一、事前管理要求

① 定期对操作人员和管理者安全教育，对工区周边居民进行安全宣传，提高全员安全意识；

② 制定 CO_2 管输安全预案和安全操作规程，包括编制 CO_2 硫醇加臭处理实施方案，在井场、站场、地势低洼处、居民点周边设置固定式 CO_2 浓度探测装置、声光报警装置，现场操作人员配备便携移动式 CO_2 浓度探测装备等，为 CO_2 管输安全运维提供保障；

③ 制定 CO_2 车辆运输安全预案和安全操作规范，包括提前办理 CO_2 运输相关运行手续，运输车辆定期检查，驾驶员定期进行安全培训，以及雨雪天气时及时预警，确保运输途中安全，合理调节或调整源汇平衡；

④ 制定 CO_2 储存、注入等环节的安全预案和安全操作规范，包括储存、注入液态 CO_2 的设备及管道的保冷，设备、管道、管阀件的有效监测和检测，CO_2 输送、注入系统的压力、流量、进出站参数实时管控等，及时发现和处置安全风险。

二、建设与运行管理要求

1. 现场注入管理要求

① 加强管理，严格按照注采工程方案设计进行现场注入。

② 设立 CO_2 驱现场注入联系人，确保实施数据及信息及时沟通。

③ 对执行过程中存在问题及工艺需要整改的内容，需要技术人员及管理人员集体讨论审批后方可执行。

2. 现场施工要求

① CO_2 驱注入时要注意高压及防止冻伤。

② CO_2 驱注入井以及一、二线突破的采油井高含 CO_2，注意防止 CO_2 窒息。

③ 安装井口大四通和采气树要求。安装井口采气树，根据 GB/T 22513—2013 规范和 API 6A-19 版标准执行，保证气密封合格，满足安全生产。井口装置安装完毕后地面用清水或高压气对井口进行试压，确保投产后井口装置密封良好。

④ 通洗井要求。进行通洗井探人工井底作业，选择合适的通井规进行通井，经过悬挂位置时要格外小心，下放速度为 3m/min，不得猛提猛放，实探人工井底三次，记

录数据；探到人工井底后上提 5m，做好油管挂，顶好顶丝，连接好进出口管线，泵车大排量进行循环洗井，洗井液上返速度大于 2m/s，水温保证在 50℃ 以上，达到进出口液性一致，机械杂质含量小于 0.2% 为洗井合格。

⑤ 严格按施工设计要求进行施工，施工前要做好技术交底，严格组织，明确分工，紧密配合，确保施工顺利进行。

⑥ 作业队要准备齐全、合格的井口防喷设施和消防器材，井口要安装防喷装置，做好防喷准备，采用单闸板防喷器和油管旋塞，防喷压力等级为 21MPa，防喷器闸板芯子尺寸与油管尺寸相一致。

⑦ 施工前先按设计连接好注入管线，压缩机与措施井口管线之间都要安装高压放空旋塞阀和单流阀，并用清水对管线进行试压，压力为 25MPa，不渗不漏为合格。

⑧ 井口高压注入管线必须牢固连接，并固定牢靠。作业过程中长时间在空井筒状态或停工，须关闭井口闸门或井口旋塞，使井口处于关闭状态。一旦出现泄漏，须停泵泄压后进行无压整改，严禁带压作业。

⑨ 所有施工人员必须着劳保护具上岗。注入过程中，除操作人员外，其他人员未经允许，不得进入距井口 15m 以内区域。现场施工人员必须服从指挥，不得擅自行动。

⑩ 现场施工要做好防爆、防腐、防堵和防冻等措施。施工中注意环保，遵守健康、安全、环境（HSE）守则，严格按环保措施要求进行施工，井内返出液和罐内残液必须全部用罐车回收，并妥善处理，以免污染环境。

3. 资料录取要求

① 做好注入前对井筒井况的检测与资料录取。

② 对注入压力及对应一线、二线油井动态数据需每日记录一次。所有注入井注入前必须测吸水剖面和吸水指示曲线，注入后每半年再测一次进行对比。实时监测记录井口注入压力和注入量。

③ 产油量、产水量和综合含水监测每天进行一次，动液面、示功图每 10 天测试一次，动液面测试仪需用氮气枪。

④ 产出液 pH 值每 5 天检测一次，产出液中原油组分、地层水离子每 30 天检测一次，当产出气中检测出 CO_2 或 pH 值异常时，每 10 天检测一次。

⑤ 建立资料报送流程，对施工参数需建立周报和月报制度。

4. 环境 CO_2 监测要求

① CO_2 浓度监测：利用便携式监测仪，每 5 天对油井进行一次监测。当发现 CO_2 产出时，每天监测一次。

② 油井产出气监测：注气前对油井产出气组分进行一次分析，注气后每 30 天对产出气组分进行一次检测，发现 CO_2 产出时，每 10 天进行一次取样，分析产出气组分变化。

5. 井控要求

① 施工过程严格按中国石油天然气集团公司《石油与天然气井下作业井控规定》和《长庆油田石油与天然气井下作业井控实施细则》（长庆字〔2006〕18 号），做好井

控工作。

② 严格按照《中国石油长庆油田分公司井控安全管理办法》中的要求，保证应持证上岗人员必须全部持证，持证率要达到 100%。

③ 管理人员和从事施工方案、施工设计的技术人员以及进行现场技术指导、技术服务的工作人员井控持证率也要求达到 100%。

④ 严格按照《关于加强钻井与井下作业工程井控安全工作的补充规定的通知》（长油技管字〔2006〕5 号）配齐井控设备。

⑤ 施工中所有施工人员都要坚守岗位，听从指挥，不得随意进入高压区，防范危险。

⑥ 在井下作业施工过程中，严格按照《长庆油田石油与天然气井下作业井控实施细则》和单井井控设计中规定的安全和井控措施进行作业。

6. 地面工程要求

① 地面工艺设备选择应在排量、耐压、注入量方面满足油藏需要。

② 仪表、气体计量系统（注气量、注气温度、注入压力等）计量精度准确、观测方便，且能连续运行。

③ 在 CO_2 驱现场注入站内、注气井、采出井、试验区低洼处、居民点附近安装 CO_2 报警仪，以便于及时发现 CO_2 的泄漏情况，避免发生人员伤害。

④ 注入管道内加注硫醇加臭剂，以便于泄漏时对周边人员起警示作用。

⑤ 注入设备、管道设置防低温警示牌，以防人员接触冻伤。

⑥ 生产过程存在一定的危险性和危害性，针对注入介质特点，对操作人员加强安全教育工作，岗位人员经过培训，考核合格后才能上岗，并配备相应的防护设备。

7. 健康、安全、环境要求

（1）相关的标准规范

① 施工单位应遵守国家和当地政府有关健康、安全与环境保护法律、法规等相关文件的规定。

② 施工单位应执行 SY/T 6276—2014 石油天然气钻井健康、安全与环境管理体系指南标准中的规定。

③ 在投产过程中涉及的健康、安全与环境工作应符合《石油天然气工业健康、安全与环境管理体系》行业标准（SY/T 6276—2014）。

④ 施工作业队伍所在的公司应通过钻井健康、安全与环境管理体系的认证。

（2）健康管理要求

① 劳动保护用品按 GB/T 11651—2008 有关规定及钻井、采油、作业队所在区域特点按需发放特殊劳保用品。

② 进入作业区要穿戴劳动保护用品、遵守作业区安全规定，操作人员要遵守安全操作规程。

③ 作业队按要求配置医疗器械和药品，执行饮食管理、营地卫生、员工的身体健康检查等具体要求。

④ 加强有毒药品及化学处理剂的管理。

（3）安全管理要求

① 防冻伤。储存、输送的 CO_2 为带压低温液体，须采用良好的设备、管道、阀门和管件，防止泄漏；在 CO_2 输送、注入系统中，其压力、流量等进站参数均安装仪表测量监测，以防止意外事故的发生。

② 防窒息。由于 CO_2 为窒息性物质，因此存在发生工作人员窒息的可能性。主要防治措施如下：在平面布置中，各区域、装置及建、构筑物之间均设置足够的安全间距，道路则根据要求进行设计与布置；设备设计严格执行压力容器设计规定，并按规定装设安全阀以防止超压；试验站主要设备露天布置，防止气体积聚。

③ 安全教育。对员工实施定期安全教育，对周边居民进行安全宣传。

④ 实时监测。结合 CO_2 无色无味的特性，如果发生泄漏极易造成人员窒息，因此在 CO_2 输送管道进行硫醇加臭处理，在一、二线井场，站场内，地势低洼处，居民点周边设置固定式 CO_2 浓度探测装置、声光报警装置，现场人员配备便携移动式探测设备，为现场安全运行提供保障。

⑤ 降噪。设计选用低噪声设备；有条件的可放至室外，在室内有影响的则采取减震消音措施，从而保证操作工人无噪声危害，生产环境相对安静。

⑥ 环保。采出含 CO_2 伴生气作为站场燃料或火炬燃烧。

（4）环境管理要求

① 严格按照中石油及长庆油田井控规范和标准执行。

② 严格执行投产作业环境管理要求和注 CO_2 采油作业环境管理要求。

③ 修井过程中要严格执行修井作业环境管理要求。

④ 严格执行 CO_2 驱注入期间环境管理要求。

⑤ 执行环境检测及动态监测，防止 CO_2 泄漏造成安全事故。

⑥ 在实施注入 CO_2 期间严格按施工要求、防爆要求及井控要求实施。

⑦ 严格执行测试、监测作业期间环境管理要求。

⑧ 严格执行《中华人民共和国环境保护法》相关规定。

项目承担单位须严格按照方案和相关标准要求，强化现场管理，组织实施好 CCUS 项目。

第三节　CCUS产业发展政策法规建议

研究制定相关法律法规，建立利用 CCUS 应对气候变化的总体政策框架和制度安排，明确各方权利义务关系，为相关领域工作提供法律基础。研究制定应对气候变化部门开展碳减排活动的规章和地方政策法规。完善应对气候变化相关法规。根据需要进一步修改完善能源、循环经济、环保等相关领域法律法规，发挥相关法律法规对推动

CCUS 应对气候变化工作的促进作用，保持各领域政策与行动的一致性，形成协同效应[1-7]。

一、形成 CCUS 相关国家标准体系

（1）研究制定温室气体排放与封存量化核查相关标准

鼓励地方、行业开展相关标准化探索。国家已经出台了电力、钢铁、水泥、化工、建筑等行业温室气体量化核查的相关标准，石油和石化行业的温室气体量化核查相关标准还需要及早制定，为 CCUS 项目碳减排的量化核查提供技术依据，并降低量化核查的成本。

（2）制定碳排放与封存量统计上报和披露规则

2019 年港交所要求大型上市公司披露应对气候变化的重大行动和影响。建议有关部门制定相关规则以指导能源、化工、建筑等重点行业和上市企业的温室气体排放与封存量的统计和披露，保证不同出口公开数据的一致性，维护国家应对气候变化的良好形象。

（3）CCUS 标准体系应由国家部委牵头制定

全流程 CCUS 项目往往具有跨行业、跨部门、跨地域特点，CCUS 产业综合性强，产业边界超出单一行业边界。CCUS 政策法规、商业模式、量化核查等涉及产业链上不同利益主体，涉及"中央-地方-企业""行业-行业""地方-地方"多重关系。CCUS 标准体系应由国家部委牵头制定，国家标准构建之间应立足于现有法律框架（环保、安全、监管），突出适应性和引导性，规范和服务 CCUS 产业发展。

二、逐步完善碳排放权交易体系

（1）逐步形成全国碳排放权交易体系

目前我国碳排放权交易市场以电力行业为主体，有必要考虑逐步将煤炭、石油、化工、运输等更多有利 CCUS 产业技术快速发展的行业纳入碳排放权交易体系，形成更综合、更高效、更公平的全国碳排放权交易体系。

（2）健全碳排放交易支撑体系

制定不同行业减排项目的减排量核证方法学，建立碳减排核查队伍并以多种形式开展宣贯。制定工作规范和认证规则，开展温室气体排放第三方核证机构认可。研究制定相关法律法规、配套政策及监管制度。建立碳排放交易登记注册系统和信息发布制度。统筹规划碳排放交易平台布局，加强资质审核和监督管理。

（3）建立碳减排项目独立申报制度

依据《碳排放权交易管理暂行条例》，完善碳排放权交易和碳排放配额获取情况申报。在碳排放量申报基础上，建立 CCUS、CCS、CCU 等项目碳减排量的独立申报制度，研究涉二氧化碳跨地区、跨企业、跨部门转移项目的碳排放与减排量申报办法。

（4）丰富碳排放权交易项目

结合北京、天津、上海、重庆、湖北、广东、深圳等碳排放权交易试点工作，总结评估上述试点工作的经验，推动基于全流程 CCUS 项目的碳排放权交易。通过跨行业

投资人工森林建设、大型地质埋存、规模转化固碳等负碳技术应用，以最简路径和最低成本获取碳排放配额，强化碳排放权交易体系的原本功能定位。

（5）谋划对接国内外碳排放权交易体系

积极参与全球性和行业性多边碳排放交易规则和制度的制定，密切跟踪其他国家（地区）碳交易市场发展情况。根据国情，研究我国碳排放交易市场与国外碳排放交易市场衔接可能性，探索我国与其他国家（地区）开展双边和多边碳排放交易活动相关合作机制，为"走出去"的中国企业更好应对国际碳排放税提供技术指导。

三、建立碳排放认证与量化核查制度

（1）建立碳排放认证制度

研究产品、服务、组织、项目、活动等层面碳排放核算方法和评价体系。加快建立完整的碳排放基础数据库。建立低碳产品认证制度，制定相应的认证技术规范、认证评价标准、认证模式、认证程序和认证监管方式。推进各种低碳标准、标识的国际交流和相互认可与互学、互鉴。

（2）加强碳排放认证能力建设

加强认证机构能力建设和资质管理，规范第三方认证机构服务市场。在产品、服务、组织、项目、活动等层面建立低碳荣誉制度。支持出口企业建立产品碳排放评价数据库，提高企业应对新型贸易壁垒的能力。

（3）构建第三方认证核查体系

第三方机构进行碳排放认证核查是国际间减排合作、国内减排监管以及碳市场运行的重要制度安排。借鉴清洁发展机制、欧盟碳市场碳排放第三方排放认证与核查机制的国际经验，应研究制定碳排放第三方核证机构准入制度，培育一批具有法律约束力的碳排放核证机构，制定不同行业碳排放认证核查标准，构建对碳排放第三方机构的监管体系，加强对碳排放监管的立法，规范碳排放的监管工作，出台企业层级的碳排放监测核算指南，夯实企业碳排放监测核算基础。

（4）建立重点碳排放企业碳排放数据报送制度

生态环境部门会同相关行业主管部门制定企业排放报告管理办法，完善企业温室气体核算报告指南与技术规范。各省级、计划单列市应对气候变化主管部门组织开展数据审定和报送工作。重点排放单位应按规定及时报告特定时期内的用能和碳排放数据，重点排放单位须对数据的真实性、准确性和完整性负责。企业申报的碳排放量在误差允许范围内的可靠性纳入企业法定代表人诚信体系建设，地方环境主管部门负责监督审核，国家自然资源和税务主管部门不定期抽查核查。企业年度碳排放量申报表作为碳排放环境税征收和碳排放权交易的共同依据。

四、形成碳减排财税和价格政策

（1）加大财政投入

进一步加大财政支持应对气候变化工作力度。在财政预算中安排资金，支持应对气候变化试点示范、技术研发和推广应用、能力建设和宣传教育；加快低碳产品和设备的规模化推广使用，积极创新财政资金使用方式。

（2）完善税收政策

综合运用免税、减税和税收抵扣等多种税收优惠政策，促进低碳技术研发应用。研究对低碳产品生产与流通的增值税和企业所得税的优惠政策。企业购进或者自制低碳设备发生的进项税额，符合相关规定的，允许从销项税额中抵扣。在资源税、环境税、消费税、进出口税等税制改革中，积极考虑应对气候变化需要。

（3）研究符合国情的二氧化碳排放环境税制

国务院法制办曾将二氧化碳纳入环境税的征税范围，设置为环境税的一个税目（即通常所说的碳税制度）。对二氧化碳排放进行征税是控制碳排放、减缓温室效应的一种最具市场效率的经济措施，但对包括存量在内的总碳排放征碳税会影响能源的价格、供应与需求，从而对经济增长造成影响，须慎重稳妥推进。建议二氧化碳环境税的制定与征收，须在经济社会发展情况和碳排放强度下降目标约束下对碳排放进行纳税，并通过明确功能力界的方法解决碳排放权交易与碳税两种机制的功能重叠问题。

（4）完善价格政策

加快推进能源资源价格改革，建立和完善反映资源稀缺程度、市场供求关系和环境成本的价格形成机制。逐步理顺二氧化碳驱替产出原油与可替代能源比价关系，积极推进陕北等缺水地区水价改革，推动 CO_2 驱等注气采油技术应用，促进水资源节约合理配置。

五、完善碳减排投融资政策保障

（1）完善投资政策

研究建立重点行业碳排放准入门槛。探索运用投资补助、贷款贴息和无息贷款等多种手段，引导社会资本广泛投入应对气候变化领域，鼓励拥有先进低碳技术的企业进入应对气候变化领域和公用事业领域。支持外资投入低碳产业发展、应对气候变化重点项目及低碳技术研发应用。

（2）强化金融支持

引导银行业金融机构建立和完善绿色信贷机制，鼓励金融机构创新金融产品和服务方式，拓宽融资渠道，降低融资成本，积极为符合条件的低碳项目提供融资支持。提高抵抗气候变化风险的能力。根据碳市场发展情况，研究碳金融发展模式。出台政策引导外资进入国内碳市场开展交易活动。

（3）发展多元投资机制

完善多元化资金支持低碳发展机制，研究建立支持低碳发展的政策性投融资机构。吸引社会各界资金特别是创业投资基金进入低碳技术的研发推广、低碳发展重大项目建设领域。积极发挥中国清洁发展机制基金和各类股权投资基金在低碳发展中的作用，以中央财政转移支付、重点碳排放企业和社会资本多方联合方式，设立 CCUS 管道建设公共基金。

（4）强化法律法规和政策综合约束

建议中央出台强制性、有约束力的碳减排法律，规范和引导地方政府根据自身情况积极制订碳减排政策。比如，依据加拿大环境保护法（Canadian Environmental Protection ACT4）制定的 2012 年加拿大煤基火电项目碳减排法规，对于加拿大边界坝项目发展并形成规模起到了促进作用。挪威对海上石油行业碳排放征收高额碳税对于 Sleipner 气田开展规模化 CCS 起到了重要推动作用。金融方面，引导银行为绿色低碳项目提供融资支持。例如，欧洲投资银行出台政策不再支持碳排放强度超过 550t/（GW·h）的各类发电项目。还要出台配套法规引导外资投入我国低碳产业发展及低碳技术研发应用。

六、丰富碳排放源头综合控制手段

（1）CCUS 项目碳减排特征研究

不同类型 CCUS 项目的减排特征不同，低浓度 CO_2 提纯过程耗能，化学吸收法还涉及溶剂再生与消耗问题，超临界管道运输项目的压缩过程，CO_2 液化压缩过程，罐车运输过程，以及利用与封存过程均产生碳排放，要研究以上碳排放特征，才能确定 CCUS 项目的净减排量。时间上，地质利用的封存项目与单纯封存项目封存时效有所不同，后者具有动态变化特征。空间上，碳捕集项目易于识别和界定，而封存项目则可能涉及跨界运输甚至地下的跨界流动而导致项目的空间上的迁移。

（2）研究地区碳排放总量控制评价指标

选择 Kaya 恒等式或者新型科学依据作为分析各地区碳排放总量控制目标函数，研究确定 GDP 增长率、单位 GDP 能耗下降率、单位能源消费碳排放下降率三个指标作为地区碳排放总量的主要驱动因素，综合考察主要指标的代表性、科学性及数据可获得性，并根据发展水平和发展阶段进行统一打分，在不同地区之间进行排序与科学考核。

（3）强化碳排放源头控制

实施量化核查制度，对已建成碳排放企业定期勘测碳排放源成分；实施碳捕集比重约束，对重点行业新建工程项目碳排放量和废气组成严格控制。特别要重视煤化工类高纯度碳排放企业，要完善碳排放核算方法和体系，建立碳排放监测与报告机制，为支持和引导碳捕集利用和封存的规模应用创造条件。

（4）涉及 CCUS 项目的碳排放量申报

建议对 CCUS 项目的碳排放实行单独申报，拥有或参与 CCUS 项目的地方和企业在向国家申报涉及 CCUS 项目的碳排放量时，仅申报本地区或企业负责运行的 CCUS 产业链条的排放量。具体为：碳源企业应将进入某 CCUS 项目的碳捕集设施的二氧化碳量申报为正的排放量 CE1，并将转移给该 CCUS 项目碳运输环节的二氧化碳量申报为负的排放量 CE2（存在 CE1≥－CE2 的情况）；碳运输企业应将接收的二氧化碳量申报为正的排放量 TE1，将转移给碳利用企业的二氧化碳量申报为负的排放量 TE2（存在泄漏，即 TE1≥－TE2 的情况）；碳利用企业应将接收的二氧化碳量申报为正的排放量 USE1，并将封存量申报为负的排放量 USE2（存在二氧化碳未循环利用的情况，即

USE1≥—USE2 的情况；同时，封存量－USE2 是获得碳减排财政补贴或申请税收减免的依据）。该申报方法可以确保获得各个涉及 CCUS 项目企业的实际排放量。建议国家及早对所有 CCUS 项目进行编号，并明确项目类型（先导试验、扩大试验、工业试验和工业推广等），促进 CCUS 工业项目全流程循环密闭，而对于 10 万吨级以下先导或扩大试验项目的少量碳排放抱宽容态度，为二氧化碳跨区转移情况的碳排放量申报提供法律法规依据。

七、健全 CCUS 立项行政审批制度

CCUS 一体化项目涉及面宽，CCUS 法律法规构建应立足国情、基于现有法律框架（环保、安全、审批、监管），突出适应性、引导性和阶段性，规范和服务 CCUS 产业发展。

（1）CCUS 立项审批内容

建议 CCUS 立项审批内容应该包括地下空间利用授权、封存地质条件评价要求、封存井的归属与变更、全流程技术成熟度、CCUS 全流程技术方案、跨行业项目的协同情况、投融资情况、商业运营模式构建、环境影响评估、项目安全生产全过程监管、公众知情与勾通等重要方面的论证与阐述。

（2）CCUS 项目审批权力

明确规模化全流程 CCUS 建设项目审批的主管部门、制订审批程序与流程、办结时限、核准效力、核准项目的调整办法、核准法律责任。确保 CCUS 项目从建设到运行到后期移交等全过程的安全无虞，从源头上规避法律风险，为碳减排活动的合规开展保驾护航。

（3）走向国际碳市场的法律依据

建议出台我国 CCUS 项目实施企业与国际环境能源商品专业投资交易机构合作的指导性意见，为国内碳市场或碳减排企业与国际碳市场有效对接融合提供法律依据。

八、规范大型 CCUS 活动的商业模式

有必要建议广泛可借鉴的解决方案，整合 CCUS 参与方的内外各要素，通过最优实现形式满足国家与利益攸关方的需求，实现多方共赢以及项目的价值，达成 CCUS 全流程系统可持续发展目标。

（1）对 CCUS 基础设施赋予特定属性

由于我国 CCUS 项目的经济性一般较差，非单个企业能够承受或愿意承受。因此，对 CCUS 全流程工程项目或某一环节赋予特定属性（比如，将长距离二氧化碳输送管道视为应对气候变化基础设施），获得国际社会、我国政府和公众的理解认同，并在国际财团、企业、政府和社会之间达成共识时，则可以纳入不同商业模式进行融资和建设，形成一个完整有效的系统，使规模化 CCUS 项目能够顺利运行。

（2）规范外资参与的深度和广度

对于开展跨部门、跨行业、跨区域的全流程 CCUS 项目要有明确的、长效的指导

性意见；因涉及国际上自主碳减排形象和国土资源信息问题，对于外资如何参与我国 CCUS 项目以及参与的深度需要明确界定，并出台配套法规引导外资投入我国以 CCUS 为代表的低碳技术研发及应用。

（3）碳减排补贴或税收减免

二氧化碳是引发温室效应的废气，又是可资源化利用的资产。从鼓励减排应对气候变化角度，有效减排企业（仅包括实施全流程 CCS 项目或全流程 CCUS 项目的企业）应得到国家的碳减排财政补贴，或者可以根据碳封存量向国家提出税收减免申请（美国采取了这一做法）；仅实施碳捕集却未开展封存的企业，不应获得碳减排财政补贴或税收减免；仅承担碳输送的企业，亦应得到碳减排财政补贴或税收减免。

从控制大气污染角度，超额碳排放企业应缴纳二氧化碳环境税；对于仅开展碳捕集并将所捕集的二氧化碳合法转移至其他企业者，不必缴纳与捕集量相应的二氧化碳环境税；承担碳输送并发生碳泄漏者，除承担其他法律责任外，还应缴纳与泄漏量相当的环境税；碳利用与封存企业在项目实施过程中若发生碳泄漏或排放，亦需缴纳与泄漏或排放量相当的环境税。

从碳资产转移和碳排放权交易角度，赋予二氧化碳商品属性，支持碳转移企业与接受碳转移的企业之间达成碳源供给合同（包括碳捕集企业与碳运输企业之间、碳运输企业与碳利用企业之间、碳捕集企业与碳利用企业之间）。鼓励企业之间碳资产的等量置换，为 CCUS 等碳减排活动创造便利。

（4）激励措施的力度

建议单位质量的碳减排补贴（或税收减免）额度与二氧化碳到达封存地的总成本（捕集与输送成本之和）相当。当碳源免费转移给碳利用企业时，建议碳利用企业将碳减排补贴分为三部分，一部分给予碳捕集环节，另一部分给予输送环节，自留一部分可用于支付利用过程中可能的碳排放缴税与环境监测成本，以保障碳源的长期稳定供应，为 CCUS 项目收益在产业链上所有利益攸关方之间共享创造条件，充分调动各方积极性。

九、CCUS 适时纳入碳排放权交易体系

CCUS 技术产业化既离不开碳市场，又将丰富碳交易的项目，促进我国碳市场成熟。然而，将 CCUS 项目纳入碳交易体系面临技术性问题。

（1）CCUS 项目纳入碳交易需要考虑附加成本

针对我国代表性 CCUS 项目特点，明确资源和环境效益方法，考虑量化核查成本，建立全流程 CCUS 项目经济评价模型，分析将 CCUS 纳入碳交易体系对于项目经济性的影响。基于我国 CCUS 项目发展现状，选取燃烧后捕集结合 EOR 封存和煤化工高浓度 CO_2 捕集结合 EOR 封存分别展开研究。

（2）研究 CCUS 纳入全国碳交易体系的方法学

针对全流程 CCUS 项目的跨部门、跨行业、跨区域的特点，研究将产业链上各环

节单独纳入还是整体纳入碳交易体系更为有利的问题，以及目前碳税下纳入时机的问题。鉴于煤化工过程产生的高浓度 CO_2 捕集的低成本优势和 CO_2 驱油带来的早期项目示范机会，研究基于 CCUS 项目的减排特征分析，选取煤化工捕集结合 CO_2 驱油利用封存，开展将 CCUS 纳入碳交易的相关方法学的初步研究，可以为后续方法学的确立提供参考。

（3）鼓励与国际碳排放权交易市场有效融合

鼓励我国碳减排企业与国际信誉良好的环境与能源商品专业投资和交易机构合作，通过利用发达国家成熟多元的碳交易机制和碳市场，对已实施 CCUS 项目（二氧化碳驱油与埋存、油藏伴生气或冻土甲烷回收利用）进行认证与核查，可从国际碳市场获得与碳减排额度相应的收益。国家宜及早出台企业碳排放配额相关的政策性文件，为碳减排企业的跨国碳交易行为提供遵循。

十、将 CCUS 列入清洁能源技术范畴

（1）建立具有竞争力 CCUS 企业的遴选标准

借鉴国际经验，从碳减排规模与潜力、CCUS 产业项目建设速度、技术创新程度与成熟度、地理位置和地区社会经济发展水平、拉动地方经济和创造就业岗位等方面，建立具有竞争力 CCUS 企业的筛选标准和信用标准。对于通过遴选的企业，在项目立项审批、碳减排量申报、享有清洁能源技术政策待遇等方面具有优先权。

（2）CCUS 技术应像清洁能源技术一样被同等对待

国家和政府要扶持 CCUS 技术发展和应用，在财税政策上给予 CCUS 产业一定倾斜，对增值税、所得税税率进行减征，对 CCUS 产出原油在三次采油资源税减征比例基础上予以免征，或者允许企业申请减免与碳减排量相应的增值税或企业所得税。国家发改委、自然资源部和科技部，以及石油、煤炭和电力等承担政府职能的有关行业协会应在 CCUS 产业发展基础设施建设、产业项目攸关方协调、关键装备研发等方面予以有力支持，积极引导企业进行 CCUS 技术推广。

十一、将二氧化碳输送管道视为应对气候变化基础设施

完善的基础设施对加速社会经济活动，促进其空间分布演变起巨大推动作用。在一个相当长的时期内，驱油类 CCUS 都会是 CCUS 技术的主要类型。我国 CCUS 源汇资源空间配置条件较为不利（以鄂尔多斯盆地为例，煤化工企业和油藏平均距离往往超过 300km），CCUS 产业化发展涉及跨行业、跨地区利用规模碳源。二氧化碳长距离输送管道建设可极大调动企业参与全流程 CCUS 活动的热情，加速区域内 CCUS 技术的产业化进程，规模化 CCUS 项目可显著增加国民生产总值（GDP）。二氧化碳输送管道的建设具有"乘数效应"，即能带来几十倍于其投资额的社会需求和国民收入，正所谓"一条长管道，一堆大项目"。作为连接煤化工、电力等碳排放企业和石油企业的二氧化碳输送管道无疑是 CCUS 产业发展的基础设施。

我国社会经济发展已经进入新常态，发展的环境、条件、任务、要求等都发生了新的变化。适应新常态、把握新常态、引领新常态，必须有新理念、新举措。拓展基础设施建设空间、加快新型基础设施建设是支撑转变发展理念和发展方式的重大举措。CCUS可实现深度减排和满足长远战略削峰需要，是拓展利用国土空间以应对气候变化的重要途径，对于加快我国传统能源行业提质增效升级、实现绿色发展具有重要意义，对于构建产业新体系、拓展国土空间利用方式、培育发展新动力均有示范带动效应。因此，建议将二氧化碳输送管道视为应对气候变化基础设施，纳入我国新型基础设施建设予以支持。

"将二氧化碳输送管道视为应对气候变化基础设施"的理念，也会丰富绿色发展基础设施的内涵。

十二、编制国家 CCUS 技术发展规划

（1）编制国家层面的发展规划的时机基本成熟

科技部已多次组织编制和更新了CCUS技术路线图，对我国CCUS技术发展起到了引导作用。根据十多年来的研究认为，CCUS技术的中长期发展环境比较有利，产业链各环节的主流技术比较明确，不同类型的CCUS技术应用潜力比较明确，编制国家CCUS发展规划的时机基本成熟。

（2）编制国家规划，有力推进 CCUS 技术发展

编制国家CCUS规划可以明确CCUS产业状态、产业发展方向，以及产业发展做大的目标与路径，从根本上消除企业的观望和等靠心态；编制国家CCUS规划，梳理企业发展CCUS资源、资金、政策需求，有利于国家掌握CCUS发展状态，出台相关政策措施，势必对CCUS的可持续发展起到有力推动作用。编制国家CCUS发展规划需要考虑的若干重要技术问题：

① 明确CCUS技术构成要素及其成熟度。

② 分析不同环节主流工艺技术运行的单位成本。

③ 开展跨行业CCUS资源调查和潜力评价。

④ 解决不同阶段CCUS产业发展动力问题（第一阶段为应对气候变化和绿色发展理念引导，企业自主开展为主；第二阶段为国家碳交易制度推动，行业间自发联合开展；第三阶段为国家碳市场成熟，强力推动CCUS活动跨行业协同）。

⑤ 按照关键时间节点分三个阶段制定规划（2020～2025年、2026～2035年和2036～2050年）。

⑥ 根据就近原则对接碳源与碳汇企业间的发展战略。

⑦ 基于全流程情景和项目案例分析提出定量化产业发展建议。

⑧ 优化确定不同阶段CCUS发展目标，形成国家CCUS产业发展规划。

建议国家CCUS发展规划由自然资源部和科技部联合牵头，并在CCUS技术路线图专家组和CCUS专业委员会的基础上，成立发展规划编制专家委员会。

第四节　CCUS商业模式设想

　　商业模式的定义是，为实现客户价值最大化，把能使企业运行的内外各要素整合起来，形成一个完整的、高效率的、具有独特核心竞争力的运行系统，并通过最优实现形式满足客户需求、实现客户价值，同时使系统达成持续赢利目标的整体解决方案[8,9]。将全流程CCUS工程的二氧化碳输送管道视作应对气候变化的基础设施，由政府主导建设，可以纳入不同商业模式，进行融资和建设。本节主要介绍CCUS项目建设与运营可以借用的主要商业模式。

一、设计-采购-施工模式

　　设计-采购-施工模式，即EPC模式，是指公司受业主委托，按照合同约定对工程建设项目的设计、采购、施工、试运行等实行全过程或若干阶段的承包。通常公司在总价合同条件下，对所承包工程质量、安全、费用和进度负责。

　　当项目单位资金较为充裕且应对气候变化动力较强，自身又缺乏CCUS项目建设与运营经验时，可以采取EPC模式，找到经验丰富的企业，快速完成项目建设并实现运行。

(一) EPC总承包模式优势

　　EPC总承包模式较传统的建设工程承包模式所具有的基本优势：

　　① 强调和充分发挥设计在整个工程建设过程中的主导作用。对设计在整个工程建设过程中主导作用的强调和发挥，有利于工程项目建设整体方案的不断优化。

　　② 有效克服设计、采购、施工相互制约和相互脱节的矛盾，有利于设计、采购、施工各阶段工作的合理衔接，有效地实现建设项目的进度、成本和质量控制符合建设工程承包合同约定，确保获得较好的投资效益。

　　③ 建设工程质量责任主体明确，有利于追究工程质量责任，确定工程质量责任的承担人。

(二) EPC总承包模式基本特征

　　① 在EPC总承包模式下，发包人（业主）不应该过于严格地控制总承包人，而应该给总承包人在工程项目建设中较大的工作自由。譬如，发包人不应该审核大部分的施工图纸，不应该检查每一个施工工序。发包人需要做的是了解工程进度，了解工程质量是否达到合同要求，建设结果是否能够最终满足合同规定的建设工程的功能标准。

　　② 发包人对EPC总承包项目的管理一般采取两种方式：过程控制模式和事后监督模式。所谓过程控制模式是指，发包人聘请监理工程师监督总承包商"设计、采购、施工"的各个环节，并签发支付证书。发包人通过监理工程师对各个环节的监督，介入对

项目实施过程的管理。所谓事后监督模式是指，发包人一般不介入对项目实施过程的管理，但在竣工验收环节较为严格，通过严格的竣工验收对项目实施总过程进行事后监督。

③ EPC 总承包项目的总承包人对建设工程的"设计、采购、施工"整个过程负总责，对建设工程的质量及建设工程的所有专业分包人履约行为负总责。总承包人是EPC 总承包项目的第一责任人。

(三) EPC 模式在我国推广的法律及政策、规章依据

（1）法律依据

为加强与国际惯例接轨，克服传统的"设计-采购-施工"相分离承包模式，进一步推进项目总承包制，我国现行《中华人民共和国建筑法》在第二十四条规定："提倡对建筑工程实行总承包，禁止将建筑工程肢解发包。建筑工程的发包单位可以将建筑工程的勘察、设计、施工、设备采购一并发包给一个工程总承包单位，也可以将建筑工程勘察、设计、施工、设备采购的一项或者多项发包给一个工程总承包单位；但是，不得将应当由一个承包单位完成的建筑工程肢解成若干部分发包给几个承包单位。"这一规定，在法律层面为 EPC 项目总承包模式在我国建筑市场的推行，提供了具体法律依据。

（2）政策、规章依据

为进一步贯彻《中华人民共和国建筑法》第二十四条的相关规定，2003 年 2 月 13日，建设部颁布了《关于培育发展工程总承包和工程项目管理企业的指导意见》（建市〔2003〕30 号），在该规章中，建设部明确将 EPC 总承包模式作为一种主要的工程总承包模式予以政策推广。

(四) EPC 模式工程造价确定与控制的重要性

在项目实施阶段，总承包单位应派驻有经验的造价工程师到施工现场进行费用控制，根据初步设计概算对各专业进行分解，制订各部分控制目标。施工图设计与初步设计在一些材料设备的选用上可能还有些出入，造价工程师都应该及早发现并解决。通过设计修改把造价控制在概算范围内。具体措施包括：通过招标、投标确定施工单位，通过有效的合同管理控制造价，严格控制设计变更和现场签证以及 EPC 项目竣工阶段的造价控制。

(五) EPC 模式案例

① 中亚天然气管线项目。该项目由中石油海外工程集团承建，GE 调动沿线国家的本土团队，协助进行项目沟通，从中亚进口的天然气，通过中亚管道接入西气东输管道，覆盖国内 25 个省市和香港特别行政区的用户，造福 5 亿多人。

② 巴基斯坦乌奇联合循环电站项目。GE 与中国 EPC 作为联合体合作的第一个项目，为中国 EPC 公司带来了 GE 的先进理念。

③ 长庆油田黄 3 区块 CO_2 驱油试验项目。吉林油田利用其丰富的 CO_2 驱油建设和运营经验，总体负责长庆 CO_2 驱油项目的设计、采购和建设。在 EPC 基础上，发展形成的设计采购与施工管理总承包〔EPCM，即 Engineering（设计）、Procurement（采

购）、Construction management（施工管理）的组合〕是目前推行总承包的另一种模式。EPCM 承包商是通过业主委托或招标而确定的，承包商与业主直接签订合同，对工程设计、材料设备供应、施工管理进行全面负责。根据业主提出的投资意图和要求，通过招标为业主选择、推荐最合适的分包商来完成设计、采购、施工任务。设计、采购分包商对 EPCM 承包商负责，而施工分包商则不与 EPCM 承包商签订合同，但其接受EPCM 承包商的管理，施工分包商直接与业主具有合同关系。因此，EPCM 承包商无需承担施工合同风险和经济风险。当 EPCM 总承包模式实施一次性总报价方式支付时，EPCM 承包商的经济风险被控制在一定范围内，承包商承担的经济风险相对较小，获利稳定。

二、公私合伙模式

公私合伙或公私合营（public-private partnership），即 PPP 模式。最早由英国政府于 1982 年提出，是指政府与私营商签订长期协议，授权私营商代替政府建设、运营或管理公共基础设施并向公众提供公共服务。PPP 是指政府与私人组织之间，为了合作建设城市基础设施项目，或是为了提供某种公共物品和服务，以特许权协议为基础，彼此之间形成一种伙伴式的合作关系，并通过签署合同来明确双方的权利和义务，以确保合作的顺利完成，最终使合作各方达到比预期单独行动更为有利的结果。PPP 以其政府参与全过程经营的特点受到国内外广泛关注。

当政府资金不是很充沛，但推动实施 CCUS 减排 CO_2 和增产石油的动力又较强时，可以引导社会资本参与到 CCUS 项目建设中。

(一) PPP 模式内涵和结构

PPP 模式将部分政府责任以特许经营权方式转移给社会主体（企业），政府与社会主体建立起"利益共享、风险共担、全程合作"的共同体关系，政府的财政负担减轻，社会主体的投资风险减小。项目 PPP 融资是以项目为主体的融资活动，主要根据项目的预期收益、资产以及政府扶持措施的力度，而不是项目投资人或发起人的资信来安排融资。项目经营的直接收益和通过政府扶持所转化的效益是偿还贷款的资金来源，项目公司的资产和政府给予的有限承诺是贷款的安全保障。PPP 融资模式可以使民营资本更多地参与到项目中，以提高效率，降低风险。PPP 模式可以在一定程度上保证民营资本"有利可图"。PPP 模式在减轻政府初期建设投资负担和风险的前提下，提高公共服务质量。

PPP 模式的典型结构为：政府部门或地方政府通过政府采购形式与中标单位组成的特殊目的公司签订特许合同（特殊目的公司一般是由中标的建设公司、服务经营公司或第三方投资公司组成的股份有限公司），由特殊目的公司负责筹资、建设及经营。政府通常与提供贷款的金融机构达成一个直接协议，这个协议不是对项目进行担保的协议，而是一个向借贷机构承诺将按与特殊目的公司签订的合同支付有关费用的协定，这个协议使特殊目的公司能比较顺利地获得金融机构的贷款。采用这种融资形式的实质是：政府通过给予私营公司长期的特许经营权和收益权来换取基础设施加快建设及有效运营。

(二) PPP 模式优点

PPP 模式优点在于将市场机制引进了基础设施的投融资。不是所有城市基础设施项目都是可以商业化的，应该说大多数基础设施是不能商业化的。政府不能认为，通过市场机制运作基础设施项目等于政府全部退出投资领域。在基础设施市场化过程中，政府将不得不继续向基础设施投入一定的资金。对政府来说，在 PPP 项目中的投入要小于传统方式的投入，两者之间的差值是政府采用 PPP 方式的收益。

① 消除费用的超支。在初始阶段私人企业与政府共同参与项目的识别、可行性研究、设施和融资等项目建设过程，保证了项目在技术和经济上的可行性，缩短前期工作周期，使项目费用降低。PPP 模式只有当项目已经完成并得到政府批准使用后，私营部门才能开始获得收益，因此 PPP 模式有利于提高效率和降低工程造价，能够消除项目完工风险和资金风险。研究表明，与传统的融资模式相比，PPP 项目平均为政府部门节约 17% 的费用，并且建设工期都能按时完成。

② 政府部门和民间部门可以取长补短，发挥政府公共机构和民营机构各自的优势，弥补对方身上的不足。双方可以形成互利的长期目标，以最有效合理的成本为公众提供高质量的服务。使项目参与各方整合组成战略联盟，对协调各方不同的利益目标起关键作用，促进了投资主体多元化。利用私营部门来提供资产和服务能为政府部门提供更多的资金和技能，促进了投融资体制改革。同时，私营部门参与项目还能推动在项目设计、施工、设施管理过程等方面的革新，提高办事效率，传播最佳管理理念和经验。

③ 风险分配合理。与 BOT 等模式不同，PPP 在项目初期就可以实现风险分配，同时由于政府分担一部分风险，使风险分配更合理，减少了承建商与投资商风险，从而降低了融资难度，提高了项目融资成功的可能性。政府在分担风险的同时也拥有一定的控制权。

④ 应用范围广泛，该模式突破了引入私人企业参与公共基础设施项目组织机构的多种限制，可适用于城市供热及道路、铁路、机场、医院、学校等各类市政公用事业。

(三) PPP 模式分类

PPP 的分类在不同国家、地区和国际组织都有所不同，世界银行主要基于市场准入和融资模式进行分类。世界银行将 PPP 分为如下四大类。

（1）管理与租赁合同

一个私人组织机构获得在一定期限内对一个国有企业的管理权，同时国家仍拥有投资决策权。具体有两种形式：管理合同，指政府支付给私人运营方费用，用于管理特定公共设施，此模式的运营风险在政府一方；租赁合同，政府将资产有偿租赁给私人运营方，此模式下运营风险在私人运营机构一方。

（2）特许经营合同

世界银行将特许经营合同定义为以私人资本支出为主的管理与运营合同，指一家私营机构从国有企业获得一定期限内的经营管理权。该模式主要针对已存在或部分存在的设施。具体模式包括：修复-运营-移交（ROT）、修复-租赁-移交（RLT）、建设-修复-运营-移交（BROT）。

（3）未开发项目

一家私营机构或公私合营机构，在特定合同期限内建设、运营一个新的设施。该设施的所有权应在合同期满后移交给公共部门。具体模式包括：建设-租赁-移交（BLT）、建设-运营-移交（BOT）、建设-所有-运营（BOO）、市场化、租用5类。

（4）资产剥离

私营机构通过参与资产拍卖、公开发行或规模私有化项目等方式，获得国有机构的资产。具体模式包括：

① 全部资产剥离。政府将该项资产所属在国有公司的全部转移给私营机构（运营机构、机构投资者等）；

② 部分资产剥离。政府将该项资产所属在国有公司的一部分转移给私营机构（运营机构、机构投资者等）。购买此项资产的私营机构不一定拥有资产的管理权。

从以上分类及其定义可以看出，首先，PPP是政府为了提供公共产品而引入私营机构参与的一种合作机制，合作的具体模式取决于项目的条件、风险和目标；其次，特许经营是PPP的一个子分类，不等同于PPP，主要适用于自身有固定收入流的"使用者付费"且已存在的项目。

世界银行的研究表明，国际上对PPP核心属性存在共识，各国在此基础上决定了PPP的识别、法律基础、业务框架和监管框架等一系列重要的顶层设计。PPP的核心属性主要包括：政府部门与私营机构的长期合同，基于此合同，由私营机构负责提供某项公共服务；私营机构能够通过合同获取收入流，收入来源可能是使用者付费或政府预算分配，也可能是两种收入来源的组合。同时根据合同，有关服务获得和需求方面的风险，从政府部门转移至私营部门；私营部门必须投资建立相关公司以进行资本运营；根据情况，除了预算分配，政府部门还可能需要提供必要的资本支出，包括土地、现存资产、债务或资本融资；并有可能提供多种形式的担保，以实现与私营部门有效的风险共担；合同结束时，相关资产应按照合同约定转移其所有权至政府部门一方。

(四) PPP 发展的必要条件

（1）政府部门的有力支持

在PPP模式中公共民营合作双方的角色和责任会随项目的不同而有所差异，但政府的总体角色和责任——为大众提供最优质的公共设施和服务——却是始终不变的。PPP模式是提供公共设施或服务的一种比较有效的方式，但并不是对政府有效治理和决策的替代。在任何情况下，政府均应从保护和促进公共利益的立场出发，负责项目的总体策划、组织招标，理顺各参与机构之间的权限和关系，降低项目总体风险等。2015年10月20日，国家发展改革委员会和全国工商联在北京举行政府和社会资本合作（PPP）项目推介电视电话会议，江苏、安徽、福建、江西、山东、湖北、贵州七个省份在会上推出总投资约9400亿元的287个项目，涉及市政、公路、轨道交通、机场、水利、能源等多个领域。国家发展改革委员会副主任张勇在会上说，推广实施PPP模式对于深化投融资体制改革、激发民间投资活力、提高公共产品和服务供给效率、扩大有效投资等具有重要意义。当前，从中央到地方，从政府到企业，推广实施 PPP 模式的热情很高，取得了积极进展。但与此同时，民间资本的参与度仍不足，同时由于对政策不了解，还存在分散和投资无序等问题。将具有较好盈利预期的项目对民间资本开放，有助于调动民间资本积极性。

（2）健全的法律法规制度

PPP 项目的运作需要在法律层面上，对政府部门与企业部门在项目中需要承担的责任、义务和风险进行明确界定，保护双方利益。在 PPP 模式下，项目设计、融资、运营、管理和维护等各个阶段都可以采纳公共民营合作，通过完善的法律法规对参与双方进行有效约束，是最大限度发挥优势和弥补不足的有力保证。

PPP 模式在快速推进并取得明显成效的同时，面临一些亟待解决的突出问题，包括合作项目范围有泛化倾向、实施不够规范、社会资本方顾虑较多、相关管理制度措施存在"政出多门"等。PPP 立法在我国很有必要。与许多发达国家不同，我国 PPP 相关政策繁多，但效力层级低，存在相互冲突、模糊不清等问题，同时项目的规范性、各方契约精神还需进一步加强。通过立法，可以切实保障各方合法权益，尤其是增强民间资本投资信心、消除其后顾之忧，进一步提高公共服务供给的质量和效率。

2015 年 6 月 1 日，我国《基础设施和公用事业特许经营管理办法》正式施行。该办法明确了在能源、交通、水利、环保、市政等基础设施和公用事业领域开展特许经营，境内外法人或其他组织均可通过公开竞争，在一定期限和范围内参与投资、建设和运营基础设施和公用事业并获得收益。《基础设施和公用事业特许经营管理办法》确立了社会资本可参与特许经营权的制度性创新，业界均默认其为"PPP 基本法"。2017 年 7 月 21 日国务院法制办会同国家发展改革委员会、财政部起草的《基础设施和公共服务领域政府和社会资本合作条例（征求意见稿）》公开向社会征求意见。规定了总则、合作项目的发起、合作项目的实施、监督管理、争议解决、法律责任等问题。征求意见稿着力规范项目合作协议，规定政府实施机构与其选定的社会资本方或者项目公司应当签订合作项目协议，并明确规定了合作项目协议应当载明的事项。在行政监管体系方面，征求意见稿规定由国务院建立 PPP 项目工作协调机制，协调解决 PPP 项目合作中的重大问题，这样从源头上避免了政出多门的现象；规定了各职能部门及地方政府的监管范围，为今后 PPP 项目的开展奠定了良好的基础。

PPP 立法不仅对社会资本是一种保障，对地方政府、金融机构、社会公众等其他利益相关者也同样是一种合法权益的保障。目前，应加快 PPP 条例正式出台，采取框架性立法、重点解决突出问题，不宜约定过细过死。规范发展是推进 PPP 事业可持续的基础。只有做真正的、规范的 PPP，才能为 PPP 发展注入持久的动力和活力。

（3）专业人才

专业化机构和人才的支持。PPP 模式的运作广泛采用项目特许经营权的方式，进行结构融资，这需要比较复杂的法律、金融和财务等方面的知识。

一方面要求政策制定参与方制定规范化、标准化的 PPP 交易流程，对项目的运作提供技术指导和相关政策支持；另一方面需要专业化的人员和相关中介机构提供具体专业化的服务。

三、协调推动 CCUS-EOR 产业化

针对我国源汇资源的分析表明，CCUS 技术可持续产业化发展需要跨行业利用规模碳源。由于未来的碳减排政策图景不够清晰、CCUS 项目经济风险较高，碳排放源和碳汇企业之间主动转移大规模碳源的可能性较低。若想让 CCUS 技术在应对气候变化和保障国家能源安全方面有大的贡献，需要国家能源和资源主管部门发力激活各方参与 CCUS 的积极性。

(一) 跨行业协调碳源的必要性

十多年来，在国家应对气候变化和绿色发展理念引导下，在一批国家科技和产业项目的推动下，以石油行业为主开展了系列 CCUS-EOR 工程示范，建成了 30 万吨年产油规模和百万吨年注入 CO_2 规模，推动我国驱油类 CCUS 技术发展到工业试验阶段，国内油企为此累计投入近 50 亿元。这些驱油用二氧化碳主要来自含 CO_2 的天然气净化厂、石化厂、煤化工和油田自备电厂。我国 CO_2 气源不落实、不稳定、价格过高等因素造成一批试验项目难以运行或试验项目经济性差。比如，吉林、大庆、冀东、新疆、长庆、胜利等油田先导试验阶段外购 CO_2 价格 400～1000 元/吨。CO_2 气源问题突出，成为制约我国 CCUS 技术工业化推广应用的瓶颈。如果能够协调长庆、新疆油区的煤化工排放的数千万吨的高纯度低成本气源，CCUS 技术应用规模将能够于近期获得突破。受气源成本过高影响，我国驱油类 CCUS 项目，特别是早期试验项目的经济性比较差。

现阶段发展 CCUS 技术的意义在于树立我国自主务实碳减排的国际形象、增加碳减排领域的话语权；在于储备远期削峰技术能力；在于服务条件具备地区的低碳发展。根据我国 CCUS 资源配置情况和发展状态进行较为乐观的估计，2035 年我国二氧化碳地质利用总量可能达到 5000 万吨规模，仍然远远小于我国百亿吨级的碳排放。若国家对包括存量在内的二氧化碳排放征税，而石油行业可以消纳的二氧化碳排放是极其有限的，即使较大的油区也难以消化周边的存量碳排放。此外，我国目前社会经济尚处于不发达阶段，二氧化碳排放环境税的税率在一个较长的时期都不会高于 100 元/吨。进入微利时代的电力、煤炭和石化等传统能源行业届时会较快接受和习惯缴纳碳排放环境税，而不会在高成本的二氧化碳地质减排上花费大量资源和精力。

目前，我国石油资源的开采主要被中石油、中石化、中海油和延长石油这几大国资企业控制。虽然 2020 年我国已经全面放开油气勘查开采，允许民企、外资企业等社会资本进入油气勘探开发领域。因油气上游的技术、资金壁垒高，并且新探明储量劣质化加剧已是事实，可以预计，较长时期内我国难以出现大量市场主体从事油气开发的繁荣活跃局面。因此，我国中长期的 CCUS 活动，特别是二氧化碳地质利用方面，仍然会以国有石油企业为主导开展。

能够提供碳源的企业主要是石油企业自有的天然气净化厂、石化厂等，以及跨行业

的煤化工厂、发电厂等；可持续的 CCUS 产业化发展，需要跨行业利用煤化工和发电厂的规模性碳源。截至目前，业内还没有一个可广泛接受的 CCUS 商业模式。由于CCUS 项目投资大、效益差、有风险，以及碳减排政策和力度不够明朗等问题，石油企业主动去跨行业协调碳源的意愿并不强烈，特别是在低油价常态化时期。若驱油类CCUS 在国内得以产业化发展，每年可以净增千万吨规模的原油，也可以每年减排数千万吨的二氧化碳。因此，根据应对气候变化和保障国家能源安全要求，能源和资源主管部门出面协调气源，把各方参与 CCUS 活动的积极性给调动起来，也是一项很有意义的工作。

(二) 依法推动商业模式落地

在 PPP 模式中，由政府部分出资建设输气管道等应对气候变化基础设施，可以充分调动各方参与大型 CCUS 项目的积极性；政府与有关国企共同投资建设和运营二氧化碳输送管道，石油企业或管网公司可以承担管道建设工作，国家管网公司或石油企业均可以承担二氧化碳输送管道的后期运营工作；在 PPP 项目中，参与各方既是利益共同体，又是责任共同体，二氧化碳有望以较低的价格转移给石油企业，有利于 CCUS 项目获得较好的经济效益，实现可持续发展。

在 EPC 模式中，国家能源主管部门和具有管理职能的行业组织出面协调气源，石油和煤化工等企业积极接洽碳源供给合作，政府出资并招标引入经验丰富的企业（优先考虑石油企业或国家管网公司）建设二氧化碳输送管道，并实现委托运营。该模式里，提供碳源服务的价格也是可以比较低的。

在新出台的《政府投资条例》等法律法规的指引下，发挥 CCUS 各个环节专业公司的积极作用，加强 CCUS 规划、项目可行性分析与项目方案设计等前期工作的集成，将 CCUS 项目纳入中央和地方政府的发展规划和年度投资计划，可有力推动 CCUS 产业化发展。

第五节　CCUS产业发展建议总结

根据前述章节的论述，下面进一步明确和总结了基于 CCUS 实践、CCUS 潜力评价和百万吨级 CCUS 工程项目可行性等案例分析的主要成果，为国家、地方和相关企业制定支持 CCUS 产业发展的政策法规提供决策依据。

一、我国 CCUS 工作已取得重要进展

中国在过去十多年对油气、电力、核能等行业的 CCUS 试验与应用给予了积极的关注和大力的支持，开展了一系列工作推动该技术的发展：

① 明确 CCUS 研发战略与发展方向；

② 加大 CCUS 研发与示范的支持力度；

③ 重视二氧化碳利用技术的研发与推广;

④ 注重 CCUS 相关能力建设和国际交流合作。发展 CCUS 应注重二氧化碳的资源化利用,通过"变废为宝",在实现碳减排、应对气候变化的同时,创造一定的经济效益,增强企业投入的积极性。

未来需要进一步加强世界各国和国际组织的合作,以可持续发展的视角,将 CCUS 纳入清洁能源技术范畴,建立配套政策和机制,协调 CCUS 技术研究与示范。

二、我国驱油类 CCUS 技术进入工业化试验阶段

驱油类 CCUS 技术兼具有增产石油和减排二氧化碳双重功能,在各类 CCUS 技术中实际减排能力居首位而备受青睐,也是国际上最为重视的二氧化碳利用与减排技术。经过近 20 年集中力量攻关,我国基本完成驱油类 CCUS 理论与技术配套理论和技术。我国累积开展 30 多个驱油类 CCUS 项目,矿产试验井组近 300 个,涵盖了多种气源和油藏类型。我国 CO_2 驱技术年产油 35 万吨左右,年注入二氧化碳达到百万吨规模。

目前,中石油吉林油田和大庆油田都已经实现了 CO_2 注入、驱替和采出系统密闭循环,大庆油田 CO_2 驱年产油约 10 万吨,驱油类 CCUS 技术在我国已处于工业化试验阶段,吉林油田和延长油田的试验项目还取得了良好的国际影响。还应指出,在取得成绩的同时,也暴露出了一些问题,主要包括:气源问题依然突出,气源成本过高,成为制约我国 CO_2 驱油技术工业化推广的瓶颈;地面工艺技术不完善,地面建设规模偏大、投资大、运行成本高;气驱油藏管理经验积累不足等,都对注气效果产生不良影响;国家配套的政策法规不完善,也影响了该清洁负碳技术的推广应用和可持续发展。

三、我国驱油类 CCUS 技术基本具备推广条件

国家和各大石油公司对 CO_2 驱油和封存技术研发高度重视,几十年来,通过多层次的 CO_2 驱油与封存相关的技术研发和示范项目攻关研究,已基本形成 CO_2 驱油试验配套技术,建成 CO_2 驱油与封存技术矿场示范基地,育成智力支持团队。CO_2 驱油矿场试验提高采收率幅度有望达到 10% 以上,基本实现依靠 CO_2 驱大幅度提高低渗透油藏采收率目标。

发展 CO_2 驱在提高低渗透油田采收率的现实需要的同时又契合国家低碳发展战略。从机理上,CO_2 驱具有增产石油和碳减排的双重功能。我国陆上油田技术可行 CO_2 驱潜力约 68.4 亿吨,其中鄂尔多斯盆地为 37 亿吨,CO_2 驱年产油有望达千万吨规模,年减排 CO_2 可超过 3000 万吨,减排潜力巨大。如果国家给予重大政策支持,鄂尔多斯盆地技术潜力、油藏潜力全部转化为经济潜力,则油藏资源的碳封存潜力可达 10 亿吨,达到消纳区域内乃至周边省份每年的碳排放增量,为我国碳减排事业做出巨大贡献。

从 CO_2 驱油技术准备、CO_2 驱资源潜力和国际国内碳减排形势判断,CO_2 驱在我国初步具备大规模推广的现实条件。鄂尔多斯盆地是中国最大的油气生产基地,油田周边存在亿吨级规模煤化工碳排放源,区域地质构造稳定,地震活动比渤海湾盆地弱,而社会与民族关系较之新疆地区简单和谐。我国政府首选鄂尔多斯地区进行 CCUS 规模

示范有充分依据。

四、鄂尔多斯盆地百万吨级 CCUS 项目可行性

在项目概念设计和预可行性研究基础上，鄂尔多斯地区百万吨级 CO_2 注入项目投资主要包括注采工程投资、地面投资（含输气管道和煤化工高纯 CO_2 捕集处理系统以及征地费用），以及少量油藏工程费用三大部分，投资总额 58.83 亿元，建成 300km 长距离超临界输气管道，有望建成 80 万吨年产油能力，年输送 CO_2 能力 400 万吨，评价期内累积注入 CO_2 达 2273 万吨，评价期末二氧化碳封存率约 80%。

针对该"鄂尔多斯地区百万吨级二氧化碳注入项目"的经济性分析认为：

① 在没有国家和地方政策支持条件下，开展 CO_2 驱油与封存类型的碳减排项目的经济性堪忧。当油价低于 75.5 美元/桶时，项目净现值均小于零，该百万吨注入项目不具有经济可行性；若要达到 8% 的内部收益率，原油价格需高于 80.7 美元/桶。

② 假设可按照清洁低碳技术应用项目争取到无息贷款时，如果油价低于 71.3 美元/桶，项目净现值均为负，不具有经济可行性；若要达到 8.0% 的内部收益率，原油价格需高于 70 美元/桶。

③ 即便国家出资建设 300km 长距离输气管道工程，当油价低于 67.3 美元/桶时，在项目经济上仍然不可行，但国家出资建设长输管道工程降低了项目对油价的依赖。

④ 在国家出资建设管道和无息贷款组合双重支持条件下，当油价低于 65 美元/桶时，项目经济上也不可行；欲使项目内部收益率达到 8.0%，油价需高于 67.5 美元/桶。

⑤ 在国家出资建设管道、无息贷款以及地方政府实施碳补贴 60 元/t 条件下，当油价低于 60.8 美元/桶时，项目经济上不可行；若要该百万吨级 CCUS 项目内部收益率达到 8.0% 以上，原油价格需要高于 63 美元/桶。

⑥ 国家出资建设管道、无息贷款以及地方政府实施碳补贴条件下，若要该百万吨级 CCUS 项目内部收益率达到 8.0% 以上：油价 55 美元/桶时的碳补贴（或税收减免）须达到 192 元/t，油价 60 美元/桶时的碳补贴须达到 110 元/t 以上，油价高于 65 美元/桶时，基本上可以取消碳补贴（或税收减免）政策。

多家机构预测，油价将长期在低位震荡运行。低油价背景下，国家和地方给予 CCUS 项目务实的政策支持并承担一定的碳减排费用很有必要。

五、加快推进鄂尔多斯盆地百万吨注入项目的具体建议

鄂尔多斯盆地是中国最大的油气生产基地，有开展大规模 CCUS 源汇匹配的最佳条件。要在陕西省建立中国第一个百万吨级的碳捕集封存项目，目前世界上该级别仅有十几个，且主要集中在发达国家。建成鄂尔多斯地区百万吨级 CO_2 注入项目对于树立我国在主动减排 CO_2 的国际形象和赢得碳减排方面的重要话语权作用极大，因此，该项目具有战略创新和示范意义。

根据前述研究成果，提出在维持现有法律法规和能源行业财税体系不变的基础上，

将二氧化碳输送管道视为应对气候变化基础设施，由国家出资建设长输管道工程（11.2亿元），并提供无息贷款（23.8亿元），陕西、甘肃、宁夏、内蒙古相关省区地方政府实施碳封存补贴（减排每吨CO_2补助110元），鼓励相关能源企业在低油价下（油价低于65美元/桶）实施该规模化CO_2驱油与封存项目，并获得经济效益（项目收益可由油企、气源企业、国家和地方共享），从而为碳减排活动的可持续性提供保障，体现了地方政府对绿色发展国家战略的重视和务实担当。

开展大规模CCUS项目可带来大量就业机会，拉动CCUS相关技术与装备制造业的发展，推动地方经济转型并带动区域内碳减排和经济发展。此外，还能带动学科交叉和产业人才的培养。CCUS技术可以大幅度减少油田开发对注水量的需求，还可以提高10%左右的原油采收率，既减少了碳排放还创造了新经济增长点。实施百万吨级CCUS工程是陕西、甘肃、宁夏、内蒙古等能源资源丰富省区实现绿色发展的一个重要机遇。

六、CCUS 产业发展政策法规建议

根据生态环境部、财政部、港交所、行业协会发布的种种讯息判断，控制碳排放强度具有紧迫性，包括石油石化在内的传统能源行业面临巨大的碳减排压力。美国二氧化碳驱油项目已经累积封存十亿吨规模的二氧化碳。可以讲，驱油类CCUS作为一项经过长期验证的能够实现大规模减排的地质封存技术，一定能够在传统能源企业甚至在国家碳减排进程中发挥重要作用。

我国驱油类CCUS技术推广应用后可达到千万吨年产油规模，年碳减排量有望达到3000万吨。若2030年达到该规模，根据前述案例分析结果，未来10年需新建8个年产油百万吨级的全流程CCUS项目，累计投资464亿元，年均新增投资约46亿元。近中期二氧化碳环境税按20元/吨测算，每年排放2亿吨二氧化碳的石油企业需上缴碳税约40亿元，与年新增CCUS投资基本持平。发展驱油类CCUS业务实现增油和减排协同，对我国原油稳产将发生关键支撑作用。

完善应对气候变化相关法规。根据需要进一步修改完善能源、节能、可再生能源、循环经济、环保等相关领域法律法规，发挥相关法律法规对推动CCUS应对气候变化工作的促进作用，保持各领域政策与行动的一致性，形成协同效应。我国发展CCUS的政策法规需求主要包括十二个方面的内容：形成CCUS相关国家标准体系、稳步扩大碳排放权交易体系、建立碳排放认证与量化核查制度、完善碳减排财税和价格政策、完善碳减排投融资政策、丰富碳排放源头综合控制手段、健全CCUS立项行政审批制度、规范大型CCUS项目商业模式、CCUS适时纳入碳排放权交易体系、将CCUS列入清洁能源技术范畴、将二氧化碳输送管道视为应对气候变化基础设施、编制国家CCUS技术发展规划。

七、结束语

CCUS是温室气体深度减排的重要选项，是碳交易制度下能源企业低碳发展的必然选择。驱油类CCUS可实现二氧化碳地质封存并提高石油采收率，契合国家绿色低碳发展战略，是最现实的CCUS技术方向。

从战略高度重视驱油类 CCUS 技术，加强气源工作、推动规模应用、采用低成本工程技术、提升气驱油藏经营管理水平、积极争取国家政策支持是加速 CCUS 技术商业化进程，实现 CCUS 产业技术可持续发展的重要任务。

我国能源企业应把握全国碳排放权交易体系建设和二氧化碳排放环境税征收准备战略机遇期，通盘筹谋并加快驱油类 CCUS 技术推广，为应对气候变化、保障国家能源安全、实现绿色低碳发展做出新贡献。同时，国家能源和资源主管部门出面协调碳源，中央和地方政府还应将 CCUS 管道视为应对气候变化基础设施给予务实的政策和资金支持，对于推进 CCUS 大项目建设和 CCUS 产业技术的可持续发展亦有必要。

参 考 文 献

［1］ 国家发展和改革委员会. 中国应对气候变化的政策与行动年度报告［R］. 2011.

［2］ 国家发展和改革委员会. 中国应对气候变化的政策与行动年度报告［R］. 2012.

［3］ 国家发展和改革委员会. 中国应对气候变化的政策与行动年度报告［R］. 2013.

［4］ 国家发展和改革委员会. 中国应对气候变化的政策与行动年度报告［R］. 2016.

［5］ 国家发展和改革委员会. 国家应对气候变化规划（2014—2020 年）［R］. 2014.

［6］ Asian Development Bank. Roadmap for Carbon Capture and Storage Demonstration and Deployment in the People's Republic of China［R］. 2015.

［7］ 江怀友，沈平平，罗金玲. 世界二氧化碳埋存技术现状与展望［J］. 能源与环境，2010，32（6）：28-32.

［8］ 亚历山大·奥斯特瓦德，伊夫·皮尼厄. 商业模式新时代［M］. 北京：机械工业出版社，2011.

［9］ 林伟贤. 最佳商业模式［M］. 北京：北京联合出版公司，2011.

致 谢

　　本书出版受中国清洁发展机制基金赠款项目"陕甘宁蒙地区二氧化碳捕集、驱油与埋存重大现场试验方案编制与百万吨级示范项目预可行性研究"（项目编号：2014068）资助，并得到了生态环境部应对气候变化司、国家能源局石油天然气司、中国石油天然气集团有限公司、中国石油和化学工业联合会、国家能源投资集团有限公司（原神华集团有限责任公司）、陕西延长石油集团有限责任公司等单位的大力支持。

　　李高、赵政璋、侯启军、杨华、赵文智、沈平平、袁士义、何江川、杨震、徐婷、施伟、钟太贤、李海平、李兆国、廖广志、张连春、郑明科、吴春荣、杨乃树、孙锐艳、吴秀章、张继明、张传江、陈茂山、卢为民、张俊江、王香增、高瑞民、林千果等，为项目研究和本书编写提供了重要支持，在此表示衷心的感谢。

　　特别感谢中国石油勘探与生产公司、中国石油勘探开发研究院、长庆油田、吉林油田李鹭光、宋新民、李忠兴、王峰等领导和专家用自己丰富的知识和经验，为项目开展提供了具体的指导和多方面支持。感谢中国石油和化学工业联合会产业发展部及节能与低碳发展处的同志，在项目规划、启动、组织、汇编、结题诸方面所做的大量卓有成效的工作，以及为本书的编辑出版做出的重要贡献。

　　特别鸣谢中国石油和化学工业联合会李润生副会长对本项目研究和陕甘宁蒙地区二氧化碳捕集和驱油一系列工作的开展发挥的重要作用。谨在本书出版之际，向润生会长致以崇高的敬意！